"绿十字"安全基础建设新知丛书

安全心理学运用知识

"'绿十字'安全基础建设新知丛书"编委会　编

中国劳动社会保障出版社

图书在版编目（CIP）数据

安全心理学运用知识/《"绿十字"安全基础建设新知丛书》编委会编. —北京：中国劳动社会保障出版社，2014

（"绿十字"安全基础建设新知丛书）

ISBN 978-7-5167-1086-9

Ⅰ.①安…　Ⅱ.①绿…　Ⅲ.①安全心理学　Ⅳ.①X911

中国版本图书馆 CIP 数据核字（2014）第 105872 号

中国劳动社会保障出版社出版发行

（北京市惠新东街1号　邮政编码：100029）

*

三河市华骏印务包装有限公司印刷装订　新华书店经销

787 毫米×1092 毫米　16 开本　18 印张　350 千字

2014 年 6 月第 1 版　　2014 年 6 月第 1 次印刷

定价：46.00 元

读者服务部电话：(010) 64929211/64921644/84643933

发行部电话：(010) 64961894

出版社网址：http://www.class.com.cn

编 委 会

内 容 提 要

　　心理学是研究人的心理现象及其规律的科学。安全心理学是心理科学以及安全科学的一个分支。通俗地讲，安全心理学是一门研究人们心理和安全行为的科学。目前，随着人们对心理因素和安全行为的重视，安全心理学的应用领域也日趋广泛。了解安全心理与安全行为方面的知识，了解安全心理对人员行为的影响，并且将安全心理学相关知识运用于企业安全管理，将会促进安全管理水平的提高，对于纠正人员违章、及时消除不安全因素、预防事故的发生有着积极的作用。

　　在本书中，比较详细地介绍了安全心理学基本知识、人的心理过程与安全、人的个性心理与安全、影响生产安全的生理心理因素、违章操作心理因素与安全、企业管理心理因素与安全，以及企业安全文化功能与建设。

　　本书是各类企业开展安全生产教育活动的重要参考读物，也是各类企业安全管理的必备图书。本书可作为企业开展安全管理人员、班组长安全教育培训的教材，也可作为班组安全生产活动的读物。

前　言

党中央、国务院高度重视安全生产工作，确立了安全发展理念和"安全第一、预防为主、综合治理"的方针，采取一系列重大举措加强安全生产工作，目前，以《安全生产法》为基础的安全生产法律法规体系不断完善，以"关爱生命、关注安全"为主旨的安全文化建设不断深入，安全生产形势也在不断好转，事故起数、重特大事故起数连续几年持续下降。

"十二五"时期，是全面建设小康社会的重要战略机遇期，是深化改革、扩大开放、加快转变经济发展方式的攻坚阶段，也是实现安全生产状况根本好转的关键时期。安全生产工作既要解决长期积累的深层次、结构性和区域性问题，又要积极应对新情况、新挑战，任务十分艰巨。随着经济发展和社会进步，全社会对安全生产的期望不断提高，广大从业人员安全健康观念不断增强，对加强安全监管、改善作业环境、保障职工安全健康权益等方面的要求越来越高。

2003—2013年十年间，国务院先后发布了许多重要的安全生产法律法规，国家安全监管总局也制定了一系列安全生产监管规章，开始逐渐形成比较完善的安全生产法律法规体系。企业也迫切需要按照国家安全监管总局制定的安全生产"十二五"规划和工作部署，按照新的法律法规、部门规章的精神和实际需要的新知识丛书。

由于这些变化，我们在2003年出版的"'绿十字'安全生产教育培训丛书"的基础上，根据新的法律法规、部门规章组织编写了"'绿十字'安全基础建设新知丛书"，以满足企业在安全管理、安全教育、技术培训方面的要求。

本套丛书内容全面、重点突出，主要分为四个部分，即安全管理知识、安全培训知识、通用技术知识、行业安全知识。在这套丛书中，介绍了新的相关法律法规知识、企业安全管理知识、班组安全管理知识、行业安全知识和通用技术知识。读者对象主要为安全生产监管人员、企业管理人员、企业班组长和员工。

  本套丛书的编写人员除安全生产方面的专家外，还有许多来自企业，其中大部分人对企业的各项工作十分熟悉，有着切身的感受，从选材、叙述、语言文字等方面更加注重班组的实际需要。

  在企业安全生产工作中，人是起决定作用的关键因素，企业安全生产工作都需要具体人员来贯彻落实，企业的生产、技术、经营等活动也需要人员来实现。因此，加强人员的安全培训，实际上就是在保障企业的安全。安全生产是人们共同的追求与期盼，是国家经济发展的需要，也是企业发展的需要。

"'绿十字'安全基础建设新知丛书"编委会

2014 年 1 月

目 录

第一章 安全心理学基本知识

心理学是研究人的心理现象及其规律的科学。现代心理学是一个学科体系，它由众多心理学分支组成，大致可以把这些分支分为两大领域：基础研究领域和应用领域。安全心理学是一门交叉学科，是心理科学以及安全科学的一个分支。通俗地讲，安全心理学是一门研究人们心理和安全行为的科学。目前，随着人们对心理因素和安全行为的重视，安全心理学的应用领域也日趋广泛。了解安全心理与安全行为方面的知识，了解安全心理对人类行为的影响，并且将安全心理学相关知识运用于企业安全管理，将会促进安全管理水平的提高，对于事故的预防有着积极的作用。

第一节 安全心理学的研究内容与应用领域

现代心理学建立于19世纪初，在以前，心理学、教育学等学科都同属于哲学的范畴，后来才各自从哲学范畴中分离出来。现代心理学不仅对心理现象进行描述，更重要的是对心理现象进行说明，以揭示其发生、发展的规律。随着社会的发展和心理学科的发展，心理学已经发展成为具有100多个分支学科的庞大学科体系，并且不断发展出新的支系，例如普通心理学、社会心理学、教育心理学、法律心理学、管理心理学、商业心理学、经济心理学、消费心理学、安全心理学等。随着人类社会实践活动的发展，心理学的分支学科还会继续增加，心理研究与人们的生产、生活的联系将更加紧密。

一、心理学的发展过程

1. 心理学的研究范围

"心理学"一词来源于希腊文，意思是关于灵魂的科学。"灵魂"在希腊文中也有气体或呼吸的意思，因为古代人们认为生命依赖于呼吸，呼吸停止，生命就完结了。随着科学的发展，心理学的研究对象由灵魂改为心灵。

心理学是一门涵盖多种专业领域的科学，但就其本质而言，它是一种研究人类行为和心理过程的科学。心理学既是一门理论学科，也是应用学科，包括理论心理学与应用心理学两大领域。因此，心理学是研究心理现象和心理规律的一门科学。

心理学研究涉及知觉、认知、情绪、人格、行为和人际关系等诸多领域，也与日常生活的许多领域——家庭、教育、健康等发生关联。心理学尝试用大脑运作来解释个人基本的行为与心理机能，同时，心理学也尝试解释个人心理机能在社会的社会行为与社会动力中的角色；同时它也与神经科学、医学、生物学等科学有关，因为这些科学所探讨的生理作用会影响个人的心智。

现代心理学的发展经历 100 多年的时间。在发展的过程中，一方面，人们对心理学的研究对象与理论体系进行了数十年的争鸣，形成了各种不同的理论流派，最终在 20 世纪 50 年代达成基本共识，使心理学不断走向繁荣；另一方面，随着心理学研究的不断深入和扩展，心理学自身不断分化，衍生出了众多的心理学分支学科，使心理学的地位越来越重要。

2. 心理学主要研究对象

现代心理学主要研究对象包括心理过程与个性心理。

（1）心理过程是指一个人心理现象的动态过程，涉及认识过程、情感过程和意志过程，反映正常个体心理现象的共同性一面。认识过程即认知过程，是个体在实践活动中对认知信息的接收、编码、储存、提取和使用的心理过程。它主要包括感知觉、思维、记忆等。情感过程是个体在实践活动中对事物的态度方面的体验。意志过程是个体自觉地确定目标，并根据目的调节支配自身的行动，克服困难，以实现预定目标的心理过程。认识过程、情感过程和意志过程不是彼此孤立的，而是相互联系、相互作用构成个体有机统一的心理过程的三个不同方面。

（2）个性心理是一个人在社会生活实践中形成的相对稳定的各种心理现象的总和，包括个性倾向、个性特征和个性调控等方面，反映人的心理现象的个别性一面。个性倾向是推动人进行活动的动力系统，它反映了人对周围世界的趋向和追求。它主要包括需要、动机、兴趣、理想、信念、价值观和世界观等。个性特征是个人身上经常表现出来的本质的、稳定的心理特征。它主要包括气质、性格和能力。个性的调控是针对个性特质的利弊两面性，通过采取预防的、思想的、技术的等多种调控方法，对自己原本思想个性中的性情、情感、意识、心理等内心活动，进行符合客观规律需要的思想认识上的调优校正，从而使自己的行为不因个性冲动而犯错误。

随着心理学研究的不断深入，心理学逐渐细化，开始出现许多分支，例如认知心理学、实验心理学、应用心理学、社会心理学、心理病理学、人格心理学、发展心理学、教育心理学、管理心理学、工业心理学、临床心理学、医学心理学、法制心理学、生理心理学、变态心理学等。

3. 心理学的研究方法

心理学的研究方法是指研究心理学问题所采用的各种具体途径和手段，其中也包括对仪器和工具的利用。心理学的研究方法有很多，主要有观察法、实验法、调查法、测验法、个案法等。

（1）观察法

观察法是研究者有目的、有计划地在自然条件下，通过感官或借助于一定的科学仪器，对社会生活中人们行为的各种资料的收集过程。从观察的时间上划分，可以分为长期观察和定期观察；从观察的内容上划分，可以分为全面观察和重点观察，前者是观察被试在一定时期内全部的心理表现，后者是重点观察被试某一方面的心理表现；从观察者身份上划分，可以分为参与性观察和非参与性观察，前者是观察者主动参与被试活动，以被试身份进行观察，后者是观察者不参与被试活动，以旁观者身份进行观察；从观察的场所上划分，可分为自然场所的现场观察和人为场所的情境观察等。

（2）实验法

实验法是指在控制条件下操纵某种变量来考查它对其他变量影响的研究方法。它是有目的地控制一定的条件或创设一定的情境，以引起被试的某些心理活动来进行研究的一种方法。

（3）调查法

调查法是指通过书面或口头回答问题的方式，了解被试的心理活动的方法。调查法的主要特点是，以问题的方式要求被调查者针对问题进行陈述。根据研究的需要，可以向被调查者本人作调查，也可以向熟悉被调查者的人作调查。调查法可以分为书面调查和口头调查两种。

（4）测验法

测验法即心理测验法，就是采用标准化的心理测验量表或精密的测验仪器，来测量被试有关的心理品质的研究方法。常用的心理测验法有：能力测验、品格测验、智力测验、个体测验、团体测验等。在管理心理学的研究中，心理测验经常被作为人员考核、员工选拔、人事安置的一种工具。

（5）个案法

个案法就是对某一个体或群体组织在较长时间内连续进行调查、了解、收集全面的资料，从而研究其心理发展变化的全过程的方法。

心理学研究方法除了上述常用的几种外，还有内省法（自我观察法）、思维法、临床法、模拟法、日记法等。

4. 心理学的研究任务

心理学的研究任务主要体现在以下几个方面：

（1）描述心理事实

这是从科学心理学的角度对各种心理现象进行科学界定，以建立和发展心理学中有关心理现象的一个完整的、科学的概念体系。这涉及大至对整个心理现象、小至对某一具体心理现象的概念内涵和外延的确定。

（2）揭示心理规律

科学的心理学不能只限于描述心理事实，还应从对现象的描述过渡到对现象的说明，即揭示某些现象所遵循的规律。一方面研究各种心理现象的发生、发展、相互联系，以及表现出的特性和作用等；另一方面研究心理现象所赖以发生和表现的机制，它包括心理机制和生理机制两个层面上的研究。前者研究心理现象所涉及的心理结构组成成分间相互关系的变化；后者研究心理现象背后所涉及的生理或生化成分的相互关系和变化。

（3）指导实践应用

这是指指导人们在实践中如何了解、预测、控制和调节人的心理。例如，可以根据智力、性格、气质、兴趣、态度等各种心理现象表现的情况，研制各种测试量表，以了解人们的心理发展水平和特点，为因材施教和人职匹配提供依据。

5. 心理学的研究目的

心理学的研究目的主要是：

（1）认识内外世界

学习和研究心理学，可以加深人们对自身的了解。通过学习和研究心理学，可以知道人们为什么会做出某些行为，这些行为背后究竟隐藏着什么样的心理活动，以及人们的个性、脾气等特征又是如何形成的等。例如，学习了遗忘规律，就可以知道自己以往记忆方法存在哪些不足；了解了感觉的适应性，就可以解释为什么"入芝兰之室，久而不闻其香"了。同样，也可以把自己学到的心理活动规律运用到人际交往中，通过他人的行为推断其内在的心理活动，从而实现对外部世界的更准确的认知。例如，作为企业中的班组长，如果能够了解班组员工的知识基础和认知水平，以及吸引班组员工注意力的条件，就可以更好地组织班组的安全学习，收到良好的学习效果。

（2）调整和控制行为

心理学除有助于对心理现象和行为做出描述性解释外，还揭示了心理活动产生和发展变化的规律。人的心理特征具有相当的稳定性，但同时也具有一定的可塑性。因此，企业以及班组，可以在一定范围内对企业员工及班组成员的行为进行预测和调整，也可以通过改变内在或外在因素实现对行为的调控。也就是说，可以尽量消除不利因素，创设有利情境，引发自己和他人的积极行为。例如，奖励和惩罚就是利用条件反射的原理，在培养员工的良好习惯和改变不良习惯方面发挥着重要的作用。

（3）直接应用于实际工作

心理学分为理论研究与应用研究两大部分，理论心理学的知识大部分是以间接方式指导着人们的各项工作，而应用研究的各个分支在实际工作中则可以直接起作用。例如，教师运用教育心理学的规律，在教学活动中可以改进教学实践，或者利用心理测量考查学生的知识掌握程度，设计更合理的考试试卷等；商场的工作人员利用消费和广告心理学的知识，可以设计更加吸引人的橱窗、陈设商品，以吸引更多的顾客；企业领导、车间主任以及班组长，可以利用组织与管理心理学的知识激励员工、鼓舞士气等。

二、安全心理学的特点、研究内容、研究及应用领域

1. 安全心理学的特点

安全心理学是心理学的一个分支，属于一门应用学科，它是将心理学的研究成果及其一般原理运用到安全生产而形成的一门新兴学科。同时，安全心理学又是一门交叉学科，主要研究生产经营活动中各类事故发生的心理规律，并为防止事故发生提供科学依据。

心理学是研究人的心理活动规律的科学。人的心理活动不仅与人的一些先天因素有关，更重要的是它要受到周围环境、活动领域、实践内容等外在因素的影响。因此，处于不同环境、从事不同活动的人表现出来的心理反应会有不同。例如，购买商品的消费者和操作机床设备的员工就会有不同的心理活动和心理要求。此外，人们为了达到某种目的，还可以从不同侧面和角度研究人的心理活动规律，由此可形成相应的心理学学科分支。如果从安全的角度出发，在安全生产决策、计划、组织和控制等活动过程中，为实现保证人身安全、防止事故发生、消除不安全心理因素等目标，采用心理学的理论和方法，研究人的心理活动规律，则形成安全心理学。概括地说，安全心理学就是以生产劳动中的人为研究对象，从保证生产安全、防止事故、减少人身伤害的角度，研究安全生产过程中人的心理活动规律，用科学的方法改进安全工作，充分调动人的能动性，提高安全管理效果的一门科学。

2. 安全心理学研究的内容

安全心理学主要是从安全的角度，即从如何保证人的劳动过程中的安全，防止事故发生，消除不安全心理因素出发，研究人的心理活动规律。

安全心理学研究的内容主要有以下几个方面：

（1）各类事故发生人的因素的分析，如疲劳、情绪波动、注意力分散、判断错误、人事关系等对事故发生的影响。

（2）工伤事故肇事者的特性研究，如智力、年龄、性别、工作经验、情绪状态、个性、身体条件等与事故发生率的关系。

（3）防止各类事故发生的心理学对策，如进行从业人员的选拔（即职业适宜性检查）、

机器的设计要符合工程心理学要求、开展安全教育和安全宣传，以及培养安全观念和安全意识等。

通过对事故规律的研究，人们目前已经认识到，生产事故发生的重要原因之一是人的不安全心理和行为。因此，研究人的安全心理规律，激励安全行为，避免和克服不安全行为，对于预防安全事故有重要作用和积极的意义。人的心理千差万别，影响人的行为安全因素也多种多样，而且同一个人在不同的条件下有不同的安全行为表现，不同的人在同一条件下也会有各种不同的安全行为表现。因此，安全心理学的研究，就是要从纷繁复杂的现象中揭示人的安全行为规律，以便有效地预测和控制人的不安全行为，使员工能按照规定的生产和操作要求活动、工作，以符合安全生产的需要。

对我国工矿企业安全事故的研究表明，人通过生产和生活中的行为直接或间接地与事故发生联系。安全心理学可以通过分析、认识、研究影响人的安全行为因素及模式，掌握人的安全行为规律，以达到激励安全行为、防止行为失误和抑制不安全行为的目的。

3. 安全心理学的研究领域

安全心理学研究和应用的目的，就是要有效控制人的失误，激励人的安全行为。具体而言，心理科学对安全问题的研究涉及如下领域：

（1）人的安全心理规律的认识和分析

包括认识人的个体自然生理行为模式和社会心理行为模式；分析影响人的安全行为心理因素，如情绪、气质、性格、态度、能力等。

（2）安全需要对安全行为的作用

需要是一切行为产生的来源，安全需要是人类安全活动的基础动力，因此，从安全需要入手，在认识人类安全需要的基本前提下，应用需要的动力性来控制和调整人的安全行为。

（3）劳动过程中安全意识的规律

安全意识是良好安全行为的前提条件，是作用于人的心理行为的要素之一。这部分内容研究劳动过程的感觉、知觉、记忆、思维、情感、情绪等对人的安全意识的作用和影响规律，从而达到强化安全意识的目的。

（4）个体差异与安全行为

主要认识和分析个性差异与职务（职业、职位）差异对安全行为的影响，通过协调、适应、调控等方式，控制、消除个性差异与职务差异对安全行为的不良影响，促进其发挥良好作用。

（5）导致事故的心理因素分析

人的心理状态与行为有着密切的关系。探讨事故形成和发生的过程中，导致人失误的心理过程和影响作用规律，对于控制和防止失误有着重要的意义。这部分主要探讨人的心理因素与事故的关系、致因的机理、作用的方式和测定的技术等。

（6）挫折、态度、群体与安全行为

研究挫折这一特殊心理条件下人的安全行为规律；态度心理特征对安全行为的影响；群体行为与领导行为在安全管理中的作用和应用。

（7）注意力在安全行为中的作用

探讨人的注意力的规律，即注意的分类、功能、表现形式、属性，以及在生产操作、安全教育、安全监督中的应用。

（8）安全行为的激励

应用心理学的激励理论来激励员工个体、企业群体和生产领导的安全行为。

（9）心理手段的应用

即总结、发现，把心理科学应用于事故分析、安全管理、班组建设、工种安排与协调、安全教育、安全宣传、安全技术人员和员工素质提高等方面。

4. 安全心理学的应用领域

人是生产力中最活跃的因素，是安全管理的主体。健康的、良好的心理状态，对安全生产有积极的作用；反之，不良的心理状态，如怠慢、反抗、不满等不良态度，烦躁、紧张、恐怖、心不在焉等精神状态，偏狭、固执等性格缺陷对安全生产会造成负面影响。在导致事故发生的种种原因中，人的不安全因素是一个很重要的方面。要想搞好安全生产，防止事故发生，必须及时矫正各种影响安全的不良心理和纠正各种违章行为。这就要求我们研究并运用安全心理学，探索人的安全心理，从而减少人的不安全心理和行为。

安全心理学的研究，能够揭示员工在生产作业中意外事故发生的心理规律，并为防止事故发生提供科学依据。以人的性格与事故之间的关系为例，安全心理学的研究表明：粗心的员工，容易导致观察失误；工作马虎的员工，注意力往往不集中；自以为是的员工，往往工作麻痹大意，容易出现过失行为；性情急躁的员工，往往冲动性强而缺少耐心，容易出现违规操作，对可能出现的危险常抱有侥幸心理；以自我为中心的员工，往往缺少合作与团队精神，常不顾他人安危；不能控制自己情绪的员工，操作行为易受生产作业现场环境和情景的影响，往往会有冒险行为。因此，注意研究包括人的性格、情绪、心态在内的各种心理活动，是安全生产管理活动中不可缺少的重要内容。

下面，我们来看几个事例。

事例之一：思想松懈，麻痹大意，违章横跨溜子招来的事故

一个春光明媚的周末，我套上假肢、挂着拐杖，来到煤矿俱乐部，参观那里正在举办的历年煤矿"安全典型事故案例"图片展。我6年前受伤的事故案例，成了展览的反面教材之一。看见自己受伤的图片，我不由自主地用手擦了擦眼角的泪水。由于疏忽大意，安全意识差，违章横跨溜子，那次事故使我的左腿骨折，以至于最终造成了残废的后果。

2002年4月19日上中班，当时，我和一名工友负责采面机巷的端头支护和机尾巷的回撤工作。采煤机割煤到机尾时停下来了，我就和工友开始在端头进行移工型钢梁和支护工作，当剩下最后一根单体支柱未打好时，顶板的矸石突然落下，造成溜子停止了运行。工友从另一方向拖了一根单体支柱，我看他拖着吃力，就去帮他。我双脚站在溜子里，用双手去抱单体支柱时，停止的溜子突然恢复了运行，溜子内的刮板将单体支柱拉动，致使我的左腿被夹在采面溜子的机头，造成左腿粉碎性骨折。

事后我才清醒地认识到，如果当时溜子司机在重新启动溜子时，能按照规定先实行"点动"的操作；如果当时我在搬运单体支柱时，能先通知一声溜子司机不要开车；如果当时我不去违章横跨溜子，就不会出现这种事故了。种种假设的偶然性，造成了必然受到伤害的结果，这是我思想松懈、麻痹大意、安全意识差造成的苦果。现在，我虽然已伤退在家，可一说起这件伤心的往事，就让我追悔莫及。

事例之二：抱有侥幸心理，没有及时支护碎矸突然冒落招来的事故

我在某矿基建工区从事采掘工作。别看我年纪轻轻，可在煤矿工作已经快满7年了，算得上"老煤矿"了。刚来的时候，我很遵章守纪，可随着时间的推移，我的思想发生了变化，安全意识也变得淡薄了，终于因为一时的侥幸心理，让我留下了永远的遗憾。

那是2008年7月4日凌晨2时10分左右，我们班在1404二号下山负责切眼开门，在放完炮后准备进行临时支护。当时，班长安排我先进行敲帮问顶，然后再施工临时支护。我认真地观察完顶板后，发现左帮上肩窝部位有一开裂碎矸。我便马上用钢钎撬，试了几次，尽管每次都使出了很大力气，但碎矸还是纹丝不动。我向班长汇报后，班长指示必须想办法把这个问题解决，否则就不准施工支护。我又用钢钎试了几次，但碎矸仍然不动。

此时我见班长离开现场去找车皮，便产生了侥幸心理，觉得碎矸很牢固，不会在我干活的时候"凑巧"掉落。于是，我便趁班长没有看到，贸然进行了临时支护施工。我扒完右帮下边的棚窝后，就到左帮下侧去扒棚腿窝。正干得起劲，没想到那块碎矸突然冒落，掉下一块重约5千克的矸石，我躲闪不及，矸石重重地打在我的腰部，当时我疼得真是死去活来，心中追悔莫及。事后，经医院检查，我的腰部第四脊柱骨轻度骨折。

正所谓"无巧不成书"，天底下"碰巧"的事情就是很多，"碰巧"说不定就会在你我身上发生。因此，我真诚地告诫大家，只要心存侥幸，事故就极有可能发生。希望大家以我为鉴，牢记我的惨痛教训，切勿让"侥幸"再次成为"凶手"。

事例之三：清理排水井，缺乏安全知识冒险蛮干导致的伤亡事故

2005年7月5日15时，山西省某热电厂供水车间在生产中，安排农民工马某、任某等4人，清理排水井内的沉积物。清理工作开始后，马某在井内清理。任某在井口用桶吊运。

任某吊上第一桶沉积物倒在马路边，再返回井口时，发现马某倒在井内。任某立即召集另外两人，由任某下井救人，其他两人用绳子往上拉。任某在救人过程中，也晕了过去。井上两人将任某拉上来后立即报告车间领导，车间领导赶到现场，安排人将任某送往医院抢救，同时想方设法用弯钩将马某拉上来送往医院。但是马某中毒严重，经抢救无效，于当日 17 时 20 分死亡。

造成事故的直接原因，是排水井内沉积的有机物质由于腐烂变质，产生甲烷、硫化氢、一氧化碳、二氧化碳等有毒有害气体，井内长期通风不良，氧气含量不足，聚集的有毒有害气体浓度过高。从事清理作业的 4 名民工，缺乏基本安全知识，违章冒险蛮干，对井内可能存在有毒有害气体认识不足，最终导致了这场悲剧事故的发生。

安全心理学在我国的发展与应用，有着多方面的原因。一是社会生产生活的需要。在现代化生产、商业、交通、企业、事业等的管理工作中，人的心理因素的重要作用越来越引起人们的重视，职业安全、身心健康也引起社会各界的普遍关注。各类事故带来个人生命安全问题和社会安定问题，也要求人们采取有效的对策。这一切都推动了安全心理学的研究。二是安全心理学自身发展的需要。一门学科的生命力，在很大程度上与是否能够满足社会生活的需要密切相关。安全心理学只有找到了自己应用的社会领域，才能真正得到社会的承认、支持。三是安全心理学的发展，也切合我国安全生产形势的需要。这三个方面的原因，是促进安全心理学快速发展和深入研究的动力，也为安全心理学的实际应用提供了有利的外部条件。

将安全心理学的研究成果应用到企业安全管理和事故预防的活动中，可以为保障员工生命安全、健康和安全生产服务。对企业中人与人之间的相互关系以及与此相联系的安全行为现象，个体安全行为、群体安全行为等方面进行研究，能够为企业安全生产提供服务。一个企业中由于人员分工的不同，有领导人员、管理人员、技术人员、生产作业人员等，他们所从事的劳动对象、劳动环境、劳动条件等也不一样，加之个体心理的差异，所以他们在安全管理过程中的心理活动必然是复杂而不同的。因此，在分析人的个体差异和各种职务差异的基础上，了解和掌握人的个体安全心理活动，分析和研究个体安全心理规律，对于了解安全行为、控制和调整安全行为是很重要的，这是安全管理最基础的工作之一。

第二节　安全心理学的实际应用

在安全生产管理工作中，安全心理学是对安全管理内容的一个补充，同时也是安全管理的一个组成部分。运用安全心理学知识，可以进一步研究和探讨对员工进行安全教育培训的方式方法，提高员工的安全技能与安全素质；可以采取新的方式方法，改变和控制员工的不安全行为，提高安全管理水平，从而减少事故的发生；还可以运用安全心理学知识，强化员工的安全意识、安全责任感，引导员工积极排查事故隐患，消除事故危害，保障生产作业安全。因此，安全心理学在企业安全管理中，在员工生产作业中，有着广阔的运用前景。

一、员工在生产作业中的生理与心理活动

1. 员工在生产作业过程中的主要心理活动

心理活动是大脑对客观世界反映的过程。人的心理活动包括认识活动、情感活动与意志活动三个方面，它们不是彼此独立和并列的三种心理活动，而是统一的心理活动过程中三个既有联系又有区别的方面。员工在生产作业过程中，必然存在着心理活动，并且随着环境的变化、任务的变化、时间的变化等，心理活动也会随之出现变化。

就员工在生产作业过程中的主要心理活动而言，员工在生产作业活动中不断接受关于机器工作状况、周围环境和加工物件等各种变化信息，根据这些信息，需要不断调节自己的活动以保持有效的劳动。外界的各种信息是通过人体的各种感觉通道传到大脑的。在生产作业过程中，外界的许多不利条件和员工的个体不良状态都可以影响工作能力的稳定性和工作效率，如果外界不利条件和员工的不稳定状态超过一定限度时，就会造成感觉系统机能障碍，甚至导致事故发生。例如，噪声强度太大或作业环境太复杂、变化太快时，人的感觉系统就会由于无法适应而发生故障。

人的各种感觉在生产作业中的用途是不同的。从安全管理及员工安全的角度来看，视觉、听觉、运动感觉、皮肤感觉比较重要，它们在生产作业活动中分别感受生产作业环境中各种客体的形态、声音、温度以及振动和肌肉运动。其中视觉最为重要，它接受 90％的外界信息，另外 10％左右的信息经听觉系统以及皮肤和本体感受系统传入。嗅觉、味觉在一般生产作业活动中作用较少。

人的记忆过程、思维过程对生产作业活动的顺利进行也有极其重要的作用。员工在生产作业活动中通过感官接收各种信息，并根据记忆中有关的知识和经验，在感觉和知觉表象材料的基础上进行分析综合、抽象概括，从而做出正确的判断，产生有效的操作行为。积极的思维，不仅能使员工尽快掌握技术，正确处理生产中出现的各种复杂情况，而且还能使员工深入了解或发现与生产作业有关的各种事物的内在规律，或创造性地实行革新。

注意力在生产作业活动中也具有非常重要的作用。员工观察或监视机器工作情况，倾听机器的振动声音，考虑排除故障的方案，控制或操作机器，在这些操作活动过程中，正是因为员工把注意集中在某种机器上，才使周围整个环境的某一部分在头脑中比其余部分

反映得更加明显与清楚。而对那些与人的意识指向无关的部分，则反映得模糊而不清楚。因此，员工在操作活动中有目的、有方向地集中注意力，是提高产量、保证作业质量的重要因素，也是防止发生事故的有效途径。

员工在工作中不仅需要正确认识生产作业活动的环境以及生产作业活动本身的进展状况，而且要有目的、有计划地主动作用于外部环境，要自觉地调节自己的行为。不仅要克服来自外部条件的障碍，如作业困难、环境恶劣、时间紧张、人际关系及舆论压力等，而且要克服来自自身内部条件的困难，如技术知识贫乏、经验不足、缺乏兴趣、信心不足、身体疲劳和心理恐惧等。因此，员工必须具备坚强的意志品质，才能达到预期的目的。

员工对生产作业的兴趣和工作动机，也是保证生产活动顺利进行的必不可少的条件。人们经常看到，那些热爱自己的工作岗位，对自己的本职工作有直接兴趣，能保持高度工作热情的员工，往往具有一种追求达到预定目的的强大内在动力，这些员工通常能精力集中地坚持长时间的工作，创造出惊人的成绩，但并没有感到过度疲劳。而那些对工作缺乏兴趣、动机水平很低的员工，即使没干多少活儿，也常常感到疲乏无力。

在企业的生产作业活动中，人的心理活动是多方面的，它是人们通过感觉、知觉、思维和注意等一系列心理活动来能动地认识事物的过程，也是人们受某种自我的激励，积极地指引生产作业活动按一定规范进行的过程。

2. 员工生产中生理与心理活动的相互联系

员工在生产作业过程中，其生理活动和心理活动是相互联系、相互影响的，即生理活动会影响到心理活动，而心理活动又会影响到生理活动。在这里，生理系统方面包括员工的年龄、性别、体力条件、神经系统、循环系统、呼吸系统及内分泌系统等一系列生理活动的因素；心理系统方面包括员工的工作态度、动机水平、情绪状态、感觉和思维能力、知识水平与经验基础、意志品质、个性特征等一系列心理因素。

（1）生产作业中的生理活动

员工在生产作业中的主要生理活动是骨骼肌肉运动。在这种运动中，骨骼起着杠杆的作用，关节是骨骼的交点，肌肉附着骨骼之上是力的作用点。当肌肉收缩时，骨骼就以关节为中心，产生位移活动。一般而言，每一种动作都是依靠多种关节的配合，动员多种骨骼和肌肉的参与才能完成。当机器和工具的设计符合关节与肌肉的活动特点时，就可以产生最自然、不易疲劳而且效率又高的运动。

（2）生产作业中的心理活动

员工在生产作业中的心理活动主要是中枢神经系统活动。中枢神经系统活动中最高的中枢是大脑皮质，大脑皮质是集中身体各部传递的信息，加以认识、记忆、判断并发出指示的地方。各部位有其特殊的功能，彼此之间又是相互关联的。大脑皮层兴奋过程和抑制过程的交替不仅是动作协调性和精确性的必要条件，同时也是使大脑皮层细胞得以轮流休息、减少疲劳的产生与积累的一种保护机能。例如，立正的姿势之所以容易疲劳，就是因为在这种条件下，几种肌肉总是较长时间处于紧张状态，与此相对应的大脑皮层的某些细胞也总处于兴奋状态。因此，为了减少疲劳，员工的生产作业活动应当有张有弛，并应在允许的范围内经常变换身体姿势。

（3）生理活动与心理活动的相互联系

对一名员工而言，生理活动与心理活动是相互联系、相互影响的。如果员工的生理状态不佳，例如生病、过度疲劳、睡眠不足等就会影响其心理状态，如兴趣降低、意志减退、注意力不易集中等；反之，如果心理状态不佳时，则易造成生理系统的紊乱和失调。因此，生理系统和心理系统的整体状态将影响员工生产作业的效率与作业的可靠性。

员工在生产作业活动时，个体内在的心理系统和生理系统是在一定的背景条件下发生相互联系、相互影响的。因此，个体的生产作业活动过程本身并不是一个内部闭合的系统，而是一个受外部环境的影响、与外部环境发生相互作用的开放式系统。这里的外部环境包括自然物理环境与社会组织环境两大部分，其中前者是指生产作业活动中的各种客观条件，如工作空间的大小、机器设备的布局、机器设计和操作工具的合理性、噪声强度、照明与色彩、有害气体或粉尘、温度和湿度等；后者是指员工在劳动群体中所处的社会地位、上级管理人员的领导作风、管理制度、奖励制度、人际关系等。所有这些外部环境因素都可以影响员工的生理与心理状态，从而最终对生产作业行为和作业可靠性产生影响。

二、安全事故中人的因素分析

1. 事故致因理论中有关人的因素

事故致因理论是从大量典型事故的本质原因的分析中所提炼出的事故机理和事故模型。这些机理和模型反映了事故发生的规律性，能够为事故原因的定性、定量分析，为事故的预测预防，为改进安全管理工作，从理论上提供科学的、完整的依据。

事故致因理论认为安全工作应以预防为主。这是因为除了自然灾害以外，凡是由于人类自身的活动而造成的危害，总有其产生的因果关系，探索事故的原因，采取有效的对策，原则上就能预防事故的发生。

随着科学技术和生产方式的不断革新与发展，事故发生的本质规律在不断变化，人们对事故发生原因的认识也在不断深入，因此先后出现了十几种具有代表性的事故致因理论和事故模型。其中，与人的心理过程有关的事故致因理论主要有海因里希因果连锁理论、博德事故因果关系理论、威格里斯沃思事故模型、瑟利事故模型、劳伦斯事故模型、乌兹纳捷定势理论等。

（1）海因里希因果连锁理论

1936 年，美国人海因里希最早提出事故因果连锁理论。他用该理论阐明导致伤亡事故的各种因素之间以及与伤害之间的关系。该理论的核心思想是：伤亡事故的发生不是一个孤立事件，而是一系列原因事件相继发生的结果，即伤害与各原因相互之间具有连锁关系。

海因里希提出的事故因果连锁过程包括如下五种因素：

1）遗传及社会环境（M）。遗传及社会环境是造成人的缺点的原因。遗传因素可以使人具有鲁莽、固执、粗心等对于安全来说不良的性格；社会环境可能妨碍人的安全素质培养，助长不良性格的发展。这一种因素是因果链上最基本的因素。

2）人的缺点（P）。即由于遗传及社会环境因素所造成的人的缺点。人的缺点是使人产生不安全行为或造成物的不安全状态的原因。这些缺点既包括诸如鲁莽、固执、易过激、神经质、轻率等性格上的先天缺陷，也包括诸如缺乏安全生产知识和技能等的后天缺点。

3）人的不安全行为或物的不安全状态（H）。这两者是造成事故的直接原因。海因里希认为人的不安全行为是由于人的缺点而产生的，是造成事故的主要原因。

4）事故（D）。事故是一种由于物体、物质或放射线等对人体发生作用，使人员受到或可能受到伤害的、出乎意料的、失去控制的事件。

5）伤害（A）。即直接由事故产生的人身伤害。

上述事故因果连锁关系，可以用五块多米诺骨牌来形象地加以描述，如果第一块骨牌倒下（即第一个原因出现），则发生连锁反应，后面的骨牌相继被碰倒（相继发生）。因此，该理论也被称为"多米诺骨牌"理论。

该理论的意义在于，如果移去因果连锁中的任何一块骨牌，则连锁被破坏，事故过程被中止。海因里希认为，企业安全工作的中心就是要移去中间的骨牌——防止人的不安全行为或消除物的不安全状态，从而中断事故连锁的进程，避免伤害的发生。

海因里希曾经调查了 75 000 件工伤事故，发现其中有 98％是可以预防的。在可预防的工伤事故中，以人的不安全行为为主要原因的占 89.8％，而以设备的、物质的不安全状态为主要原因的只占 10.2％。按照这种统计结果，绝大部分工伤事故都是由于工人的不安全行为引起的。海因里希还认为，即使有些事故是由于物的不安全状态引起的，其不安全状态的产生也是由于工人的错误所致。因此，这一理论与事故倾向性格论一样，将事件链中的原因大部分归于工人的错误。

海因里希的理论有明显的不足，如对事故致因连锁关系的描述过于绝对化、简单化。事实上，各块骨牌（因素）之间的连锁关系是复杂的、随机的。前面的牌倒下，后面的牌可能倒下，也可能不倒下。事故并不全都造成伤害，不安全行为或不安全状态也不是必然造成事故……尽管如此，海因里希的事故因果连锁理论促进了事故致因理论的发展，成为事故研究科学化的先导，具有重要的历史地位。

（2）乌兹纳捷定势理论

苏联心理学家乌兹纳捷曾提出"定势理论"。所谓定势，就是指某一个人在一定时期内所产生的带有倾向性的心理趋向，而违章行为的选择便是作业者对遵章守纪、安全生产的非肯定甚至否定的行为定势的结果。

在现实生产中，普遍存在以下几种因素：

1）作业者的个性心理因素。作业者个性潜含着冒险、好胜、自负、标新立异等心理因素（而这些因素都往往容易被安全管理人员忽视）。例如，作业者出于某种需要，承担与自身身体素质、技术素质不相适应的工作等。如果这类行为经常发生，则逐渐形成作业者不安全作业的心理趋向。

2）作业者的主观愿望因素。作业者为了达到某种愿望和目的，采用不安全的行为手段。例如，为图省事而擅自简化操作程序，脱去繁重潮热的防护服装，为追求效率指标而驱使设备超负荷运行等。有时候这种行为顺利实现，且又未受到安全管理人员或领导的批评制裁，就会造成一种假象，似乎安全行为的代价高，而不安全行为却效率高。这是导致作业者违章行为定势的一个重要方面。

3）作业者的违章行为因素。在企业的日常管理中，如果忽视人们的心理需要，那么不利于安全的因素就会起作用，使作业者的违章心理加强。例如，企业内存在的一些与规章制度相抵触的风气、习惯、惯例等行为模式，某些领导对安全与生产的管理未能从理论和实践上做到和谐统一，规章制度的实施往往服从于生产效率的需要等，以致使作业者形成"安全工作固然重要但并不要紧"的错误观念。

4）作业者的环境心理因素。作业者工作环境的不安全因素为违章行为的产生提供了客观可能性，从而强化了这种行为的心理趋向。例如，各种机械设备的安全防护装置不能保证灵敏、齐全、可靠，护栏未能及时修复等，使作业者安全意识削弱。此外，作业场所的不良照明、色彩、噪声、温度、湿度以及作息时间等，对作业者的心理、生理会产生不良影响，降低工作能力，引起烦躁、疲劳、厌倦，强化违章行为的心理因素。

上述四种因素交织并存，使作业者产生较强的违章定势心理，进而在行为上选择违章行为，并忽视安全的行为。在这种情况下，作业者自认为发生工伤事故的可能性甚微，因而我行我素。当遇到问题时，往往从经验中选择某一习惯作为意识中心，这就是违章行为之所以发生并导致伤害事故的一种心理活动。

（3）对事故致因理论的认识

在海因里希理论的基础上，有的学者进一步指出这一理论中更符合现代安全观点的看法，即对于大多数工业企业来说，由于各种原因，完全依靠工程技术措施预防事故既不经济也不现实，只能通过采取完善的管理方法，才能防止事故的发生。

日本厚生劳动省通过对50万起工伤事故调查发现，只有约4％的事故与人的不安全行为无关，而只有约 9％的事故与物的不安全状态无关，有时人的不安全行为促进了物的不安全状态的发展，或导致新的不安全状态的出现，而物的不安全状态可以诱发人的不安全行为。

人的不安全行为和物的不安全状态是造成事故的表面的直接原因，如果对它们进行更进一步的考虑，则可以挖掘出两者背后深层次的原因，见表 1—1。

表 1—1　　　　　　　　　　　　事故发生的原因

基础原因（社会因素）	间接原因	直接原因
遗传、经济、文化、教育培训、民族习惯、社会历史、法律	生理和心理状况、工作态度、知识技能情况、规章制度、人际关系、领导水平	人的不安全状态
设计和制造缺陷、标准缺乏	维护保养不当、保管不良、故障、使用错误	物的不安全状态

从表 1—1 中可以看出，事故发生原因中，即使是物的原因，背后也充分表现出人为错误的因素，因此，事故的预防只有从人的失误入手，才是治本之策。

2. 员工有意违章行为的动因分析

所谓违章行为，是指员工的行为违反了国家所制定和颁布的安全生产的法律、行政法规、规章和条例等的规定，以及违反了生产经营企业的安全规章制度、安全操作规程等。

违章是一种行为，必然受其心理因素的影响，许多企业长期以来一直利用事故的心理威慑作用来纠正各种有意违章心理，但这种作用有时并不能收到很好的效果。因此，在许多企业，员工在生产作业中经常会出现违章行为，许多违章行为属于有意违章，久而久之成为习惯性违章。

（1）有意违章的特点

有意违章行为也称为故意违章行为，其含义是指员工在明知法律、法规、规章制度、强制标准等（以下统称"法规"）的有关规定的前提下，采取了法规所不允许的行动（如在有火灾、爆炸危险的场所擅自动明火，在起吊的重物下停留等）或不采取法规所要求的行动（如进入建筑工地不戴安全帽，机器设备危险部位未安装防护装置等）。

有意违章行为的特点就是在行为发生的过程中，员工存在着主观的故意性，即明知故犯。有意违章行为是员工的不安全行为的重要方面。由于员工在违章行为发生的过程中，具有主观故意性，同时具有隐蔽性，因此，会给安全生产管理工作带来很大的难度，是企业安全监督管理的难点之一。

（2）有意违章行为的动因

在企业的安全管理中，安全生产法律法规、规章制度的制定和遵守，其目的是建立生产劳动过程中的行为准则，以防止或减少人身伤害事故和财产损失事故的发生。有意违章行为破坏了这些行为准则，并使员工直接面临危险和伤害。客观上，违章行为可能会带来伤害,但在主观上员工采取有意违章行为的基本出发点并不是打算使自己或他人受到伤害。恰恰相反,员工在行为过程中一般要尽量避免事故和伤害的发生。这是分析有意违章行为动因的前提。

人从事任何活动都有一定的行为动机,动机可以是有意识的或是无意识的。动机是在需要的刺激下直接推动人进行活动的内部动力。动机是个体的内在过程,行为是这种内在过程的结果。有意违章行为是由违章动机引起的,违章动机又来自于违章的需要。所谓违章的需要是指这种需要所引起的动机以致产生的行动违反了法规制度等的规定。例如,在就餐时想喝酒是很多人的正常的生理和心理的需要,其本身不存在违章与否,只有在想喝酒的人明知喝完酒驾驶机动车是违反交通规则,并且将想喝酒的需要转化成实际行动,以及喝了酒后又去开车的情况下,喝酒的需要才成为违章的需要。存在违章需要是发生违章行为的前提,但是有违章需要并不是必然产生违章行为;从违章需要出现,到违章行为的发生,牵涉到比较复杂的心理过程。

员工在判断遵章行为和违章行为的获利或代价时,要综合考虑多方面的因素,可能牵涉到与其生理和心理过程有关的复杂的价值体系,在大多数情况下,这些判断和考虑并不是经过深思熟虑的,甚至只是根据自己的经验而进行的下意识的反应。员工在判断违章行为与遵章行为时所考虑的因素,可以分为三个方面,即需要的满足、法规的奖惩和人身的伤害,每一个方面都分别对违章行为起到激励作用或者抑制作用,三方面综合的结果就是主观获利总和,其决定了人所采取的行动。

(3)有意违章行为动因分析

人的任何行为均受到动机的驱使,而动机的产生必然有其生理或心理上的需求,有意违章的行为也不例外。一般有意违章行为的发生,是多种激励因素和抑制因素共同作用的结果。

1)违章行为与遵章行为满足生理或心理需要的作用。实际上,人们不是单独考虑违章与遵章的结果,而总是通过比较两者的差异,决定采取什么行动的。例如,违章跨越隔离护栏横穿马路,可以比绕道走地下通道节省时间、少花力气,则人们就有可能去违章;反之,若隔离护栏有足够的高度致使翻越困难,而地下通道又近在眼前,则肯定不会有人去违章翻越隔离护栏。因此,违章比遵章更能满足人的需要时,会激励行为人采取违章行动;反之,会抑制行为人采取违章行动。在这里,满足生理或心理需要包括多得薪酬、感觉舒服或愉快、获得他人认可或尊重、节省时间、少费力气、避免麻烦、减少不舒服、增强自信等。

2)违章行为惩处作用与遵章行为奖励作用的比较。人在实施违章行为时,除了考虑生理、心理的需要以外,还要考虑法规的制约作用。违章就要受到惩处,对此人们都比较明确。但遵章就会受到表彰,往往并非如此。除非做出了较为突出的成绩,一般的遵章行为被认为是应该的，不必有所奖励。

3）违章行为可导致人身伤害的主观感觉的作用。既然是有意违章，违章者对行为的危险性大小是有所了解的。如果认为自己违章的行为不会导致事故和伤害的发生，则遵章可以保障人身安全的作用对于违章行为来说，是没有什么效果的。这样对违章行为的抑制作用主要是行为人对违章导致人身伤害的恐惧作用。

一般来说，违章行为人往往有根据自己的知识和经验而建立的判断准则，很难受到简单说教的影响，所以简单说教对于纠正员工的有意违章行为作用并不大。如果能够有针对性地进行安全知识和技能教育以及事故案例教育，针对员工对危险的自我控制感，从安全动态过程的随机性和偶然性的角度向所有员工深入讲解安全规章制度的必要性，可以提高他们自觉遵章守纪的认识。同时努力创造良好的安全文化氛围，良好的安全文化氛围的建立，可以减弱甚至消除违章行为带来的诸如满足争强好胜心理、获取同伴尊重、免于被团体排斥等，降低违章行为的激励水平。

3. 人的反应、反应时间与事故

人与人是存在差异的，就受到外界刺激之后做出反应来讲，有的人反应快，有的人反应慢，都属于正常现象。反应速度的快慢被认定是衡量大脑信息处理能力强弱的指标之一，也是评估身体"系统完整性"的一种标记。反应速度的快慢会随着年龄的改变而有所变化，当然，不同职业的人员，由于受职业习惯的影响也会有所差异。

（1）反应时间

反应时间是心理实验中使用最早、应用最广的反应变量之一。反应时间是指从刺激的呈现到反应的开始之间的时距，即刺激施于机体之后到明显反应开始所需要的时间。

反应时间包括三个时段：一是刺激使感受器产生了兴奋，其冲动传递到感觉神经元的时间；二是神经冲动经感觉神经传至大脑皮质的感觉中枢和运动中枢，从那里经运动神经到效应器官的时间；三是效应器官接收冲动后开始效应活动的时间。

人类的反应时间：一般人的反应时间应该在 0.2 秒以上，经过训练的运动员的反应时间应该更短、更敏捷。在上海举行的国际田径比赛中，男子 110 米栏的比赛时，优秀运动员的起跑反应时间是 0.155 秒，凡是在枪响后 0.1 秒以内起跑的，说明该运动员在枪响前有预判（也就是在赌何时枪响），也算抢跑。根据以上信息，正常人最快的反应时间也不应少于 0.1 秒。

此外，反应时间和人的状态及心情有很大的关系。一般来说，心情好的时候比心情差的时候反应快，兴奋的时候比沮丧的时候反应快，人在没睡醒或喝酒后反应时间会大大延长。

（2）影响反应时间的因素

反应时间可以分为简单反应时间和选择反应时间。简单反应时间是指当单一刺激呈现时，人只需要做出一个特定反应所需的时间。选择反应时间是指当两种或更多种刺激呈现时，不同的刺激要求做出不同的反应所需要的时间。通常选择反应时间要比简单反应时间长 20～200 毫秒。

反应时间依赖于受刺激的器官，不同感官的反应时间是不同的（见表1—2）。不同的效应器官启动反应的速度不同，因此引起的反应时间也不同。例如，手的反应比脚快；刺激强度增大，反应时间缩短，如弱光刺激反应时间为 0.205 秒，强光刺激反应时间则为 0.162 秒；刺激的性质不同，反应时间也不同，例如味觉，对咸的刺激反应时间最短，对苦的刺激反应时间最长；刺激出现时间的不确定程度越大，反应时间越长；通过反复练习，可缩短反应时间。另外，反应的复杂程度影响反应时间的长短，简单反应的反应时间较短，而选择反应的反应时间则较长。在选择反应中，反应时间又随信息量的增加而延长，同时，选择反应时间也随选择任务复杂程度的增加而延长。因此，减少选择数目，提高刺激信号的清晰性和可辨性，也是缩短反应时间的一种方法。个体身心状态，如动机、气质、灵活性等也影响人的反应时间。

表 1—2 各种感觉通道的反应时间

感觉通道	反应时间（毫秒）
触觉	117～182
听觉	120～182
视觉	150～225
冷觉	150～230
温觉	180～240
嗅觉	210～390
痛觉	400～1 000
味觉	30～81 082

从表1—2中可以看出，听觉刺激比视觉刺激的反应时间要短。因此，如果我们选择报警信号的话，要优先选择声音信号。

（3）反应时间的个别差异与事故

反应时间因人而异，有的人反应快些，有的人反应慢些，并且与年龄、性别等都有关系。在运动员、飞行员的选拔和训练中，经常用反应时间作为指标，例如短跑运动员的起跑时间的长短对成绩有很大影响。在对车辆驾驶员的司机资格和驾驶适宜性测验中，反应时间也是一项重要指标，许多国家都用测量反应时间的仪器对司机加以能力测定。

对于企业生产作业人员来说，反应时间快慢也很重要，反应时间快，有可能防止事故的发生和少出废品。

国外对驾驶员的统计表明，反应时间长的人，出事故的可能性也就较高。表1—3所列为日本对一些驾驶员在9个月中的事故数与反应时间关系的调查情况。

表 1—3　　　　　　　　　　汽车驾驶员事故数与反应时间的关系

9个月中的事故数（件）	平均反应时间（秒）
0～1	0.57
2～3	0.70
4～7	0.72
8～9	0.86
10～12	0.86
13～17	0.89

从表1—3中可以看出，9个月中发生事故13～17件的司机反应时间达0.89秒，而发生0～1件事故的司机反应时间平均为0.57秒，两者相差0.32秒。我们可不能低估这0.32秒，如果汽车以每小时60千米的速度行驶，在0.32秒内车子将行进5.3米。而在不少情况下，交通事故往往就发生在几米的刹车范围内。

4. 条件反射、行为强化与安全的关系

对条件反射的解释是：神经系统通过不断地对有信号意义的刺激所形成的结果。这是动物在个体生活过程中适应环境变化而新形成的反射。俄国生理学家巴甫洛夫首先对此进行了系统性的研究。

诺贝尔奖获得者、俄国生理学家伊万·巴甫洛夫是最早提出经典性条件反射的人。巴甫洛夫注意到狗在嚼吃食物时淌口水，或者说分泌大量的唾液，唾液分泌是一种本能的反射。巴甫洛夫还观察到，较老的狗一看到食物就淌口水，而不必尝到食物的刺激。也就是说，单是视觉就可以使狗产生分泌唾液的反应。

（1）经典条件反射

巴甫洛夫在研究中发现，反射有两种：无条件反射和条件反射。无条件反射是与生俱来的反射。刺激物与反应之间有固定的联系，一定的刺激总是引起某种反应。如一个初生婴儿，用强光刺激他的瞳孔，就会引起他的瞳孔收缩。这些都是无条件反射，无条件反射又称本能。

对人类来说，主要的反射形式是条件反射。条件反射是机体在生活中学会的，只在一定条件下出现的反射。条件反射是在无条件反射的基础上建立的，是条件刺激与无条件刺激多次结合产生的。例如，狗吃到肉（无条件刺激）就流唾液，这是无条件反射，而狗看到灯光不会流唾液（这里，灯光是无关刺激或称中性刺激）。然而，当灯光出现和狗吃到肉相结合，经多次重复，灯光单独出现就可以引起狗流唾液。这时，狗对灯光的条件反射就

建立起来，灯光变成条件刺激物。为建立条件反射，要求先呈现中性刺激，然后呈现无条件刺激，两者在时间上要接近或有一定的重合。无条件刺激物和中性刺激之间的结合称为强化。强化的次数越多，条件反射建立得越巩固。

（2）操作性条件反射

美国心理学家斯金纳发展了一种所谓操作性条件反射的理论。他设计了一种实验装置，人们称之为"斯金纳箱"。这是一种适用于研究白鼠的操作条件作用的斯金纳箱，箱内有小杠杆和食盘，小杠杆与传递食物的机械装置相勾连，杠杆一被压动，就有一粒食物滚进食盘。饥饿的白鼠在箱内来回跑动，偶然踩压了杠杆，一粒食物就出现在盘内，于是它便吃掉；再次偶然踩压了杠杆时食物又出现了，再踩再有，多次重复后，操作条件反射就建立了起来。由于食物强化，可以看到动物此后踩压杠杆的次数会显著增加。如果动物踩压了杠杆而不再给予食物，压杆次数就会减少，直至不再出现。也就是说，没有（食物）强化，操作性条件反射包括经典条件反射，都会逐渐消退。

（3）条件反射和行为强化

在操作性条件作用中，强化指的是试验对象做出了我们所期望的某种反应以后，就给予食物或水（食物或水又称为强化物）等。这两种强化含义虽有差别，但其结果都是增加了所期望的反应出现的可能性。因此，可以把强化定义为：增加一种反应出现的概率的事件。

"奖赏"这个术语有时被看作是"强化"的同义词，它们的效果一般都能增加所希望事件的概率。而"惩罚"正与其相反，它能减少一种反应出现的概率。因此，有时称此为"负强化"。人们常用惩罚来制止所不希望的行为。

虽然惩罚在控制行为方面是有效的，但也有不利因素。惩罚会干扰正确反应的学习，例如一个小学一年级学生学习阅读，如果每当他念错一个词的发音就要受到老师的严厉训斥，这样做的结果是，虽然阻止了小孩对这个词的错误发音，但主要影响可能是使这个小孩情绪紧张，结果却影响了他对正确发音的学习。避免"惩罚"负面作用的方法是奖励正确反应，即加强和巩固正确的行为。在企业，对于成绩突出的员工、安全生产作业的员工予以奖励，从而奖励正确反应，能够起到引导员工加强和巩固正确行为的目的。

（4）行为强化与安全生产的关系

奖励与惩罚对安全生产有相当大的作用，它能促进员工提高安全生产的动机，阻止其违反安全规程的行为。奖励与惩罚相比，奖励的作用力更大。在生产中，要使员工的安全行为得到巩固，或使安全规程能够贯彻到每个员工的实际生产作业过程之中，就必须有个长期不断强化的过程。强化的手段总的来讲是奖励与惩罚，即奖励安全行为，惩罚不安全行为，两者结合能产生较好的促进安全生产的效果。

在安全生产的具体实践中，还要防止不安全行为的"自然"强化现象。例如，在工业生产中，违章作业有时比遵章作业显得更加便捷、更加省力。所以，违章作业行为有着一种自我强化因素，这种强化因素往往是很多屡次违章者的主要行为动机。这种屡次违章行为，通常被称为习惯性违章，因为习惯性违章行为而导致的事故并不鲜见。

在企业生产作业中，特别是劳动强度大、生产环境差的生产作业中，习惯性违章行为会更加突出。这对于保证安全生产是一个不利因素。生产班组应该运用强化的有关原理，通过加强安全监督检查工作，采取奖赏安全行为、惩罚不安全行为等办法，从而破坏其强化机制，使违章行为得以消退。

5. 加强对员工的安全教育和技能培训

按照经典条件反射理论，主要的反射形式是条件反射，条件反射是只在一定条件下出现的反射。对于条件反射来讲，强化的次数越多，条件反射建立得越巩固。这一理论不仅适用于员工的操作，更适用于对紧急情况的应急处置。

一般来说，在正常生产作业中，员工遇到紧急情况的机会很少，但是如果对所遇到的紧急情况一无所知，那么就无法进行正确处置，特别容易引发各类事故，造成自身或者他人的伤亡。因此，对于企业、班组以及员工自己来讲，掌握应急处置技能都是特别重要的。

（1）掌握应急处置技能的重要性

应急处置技能培训不同于安全生产知识教育，安全生产知识教育主要是提高职工的判断和反应能力，使他们在工作过程中明确哪些是危险因素，怎样消除；哪些不应该做，应该怎样做；哪些行为不正确。安全技能培训属于安全生产技能教育，主要是安全技能的实际掌握与运用，例如正确使用灭火器的技能，火灾避难脱险的技能，危险化学品泄漏应急处置的技能，发生人员意外伤害进行急救的技能等。同时，应急处置技能培训与安全生产知识又有许多联系，如果缺乏相应的安全知识，也就不能采取正确的行动。对于处于生产一线的员工来讲，最需要了解和掌握的，则是最基本的、最有用的知识和技能。

下面，我们来看两个事例。这两个事例充分说明在遇到危险时具有相应知识与没有知识之间的差别，也说明经过训练与缺乏训练之间的差别。

事例之一：关键时刻能救命的火灾知识

学习一些火灾知识，平时看没有什么用处，但是关键时刻就能救你的命。我自己就亲身经历过这样的事情，虽然事过多年，但是现在回想起来仍然感到惊心动魄、心有余悸，难以忘记。

1997年我在一家制衣厂工作，工厂的一楼是员工宿舍，二楼是仓库，三楼是加工车间，属于典型的"三合一"工厂。10月25日的晚上，工厂二楼的仓库起火了。当时，我们正在三楼加班，机器隆隆作响，没有及时发现。当我们发现着火的时候，火焰和浓烟已封死了楼道口，从楼道逃生已经不可能了；阳台上安装有防盗网，将防盗网撬开在短时间也根本不可能。我明白现在首先应找到有水源的地方，而三楼有水源的地方只有厕所。我大声呼喊另外两名工友快进厕所，可是她们被燃起的火焰与浓烟吓坏了，惊慌失措瞎闯乱跑，跑到阳台双手抓住防盗网号哭尖叫。这时一股浓烟向我扑来，我赶紧匍匐在地。

我曾经从一本消防杂志上看过火场逃生的知识，匍匐前进是脱险的诀窍，因为烟气一般首先充满空气的上部，而贴近地面的则是可以呼吸的空气层。我顶着浓烟和热浪艰难地向厕所爬去，及时找到了幸运之门——厕所。我把厕所门关紧，用砖头把厕所里的窗玻璃砸碎，以便从门缝进入厕所的黑烟能从窗户向外扩散。厕所里的烟越来越浓，我感到热浪都快熔化我了，便脱掉衣服在尿槽里将它浸湿，捂住自己的嘴和鼻子。据说一条普通的毛巾如果折叠，烟雾的消除率可达 60%～90%。我用湿衣服紧贴着脸，心里想着，坚持就是胜利。我大约在厕所里坚持了 20 分钟，最后是怎么昏迷过去的，已经没有一点记忆。结果我最后得救了，消防队员冲上楼来清除余火时在厕所里发现了我，把我送进了医院。当我在医院苏醒后，我发现自己还活着，感到很高兴。我受的伤不重，两天后就出院了。我的两个工友却没能逃过那场劫难。事后我听说，消防队员在阳台的防盗网下找到了两具完好的女尸，显然她们是被浓烟窒息而死的。

我要提醒工友们，在生产作业以及生活中，难免会遇到各种险情，平时要注意学习，一旦发生事故千万不要惊慌失措，像火灾死伤，绝大多数是因为选错了逃生途径和方法造成的，因此掌握正确的逃生方法特别重要。

事例之二：火灾中的受困者欠缺逃生技能的失误

2004 年 6 月 9 日下午，承担京民大厦游泳馆修建工作的北京××装饰装潢有限公司施工人员，用聚氨酯防水材料对游泳馆地面做防水处理，此时另一组施工人员在游泳馆上方 2 层平台，用氩弧焊焊接不锈钢扶手。由于为游泳池做防水的工人和楼上用电气焊焊接楼梯扶手的工人不属于同一个包工队，施工现场缺乏管理，没有交流和沟通，致使这两种必须避免同时作业的工作形成了交叉作业。结果溅落的焊花引燃了一层地面上的聚氨酯防水材料，火情迅速蔓延，形成大火。

火灾发生后，消防部门先后调遣 8 个消防中队和 1 个特勤大队共 36 部消防车前往扑救。16 时 39 分火势基本被控制；17 时 02 分火灾被扑灭。这起火灾共造成 11 人死亡、48人受伤。

令人扼腕叹息的是，这起火灾的伤亡者中，大部分都不是在游泳池施工的工人，而是受困于三四层的人员。也就是说，这些人是在大火燃起后的一段时间才受到的伤害。参加救火的消防队员透露这样一个惊人的事实：除了在游泳池施工现场的人员逃生机会渺茫外，受困于三四层的所有人几乎都有机会、时间、条件安全逃离火场，到达安全地点。由于他们没有这方面的常识和技能训练，就在原地干等着。据分析，缺乏避火常识、不懂如何逃离火场，是这起火灾人员伤亡惨重的深层原因。

消防队员介绍了几个受困人员可以利用的逃生机会。

机会之一：西配楼有两个楼梯，一个位于楼体南端，是员工平时上下楼的通道；另一个位于楼体东北端，是一个消防通道。火灾发生后，受困四层的员工统统涌到南侧楼道，想从这里逃离现场。但南侧楼梯恰恰是游泳池浓烟向上弥漫的通道，众人只得纷纷退了回去。与南侧楼梯截然不同，大火几乎没有殃及北侧的楼梯，从这里下楼不会有任何障碍。如果受困者向北跑，赶到逃生楼梯，那么即使是四五十人，也能在几分钟内从四层下到一层，跑到院子中。可事实是，没有一个人想到北侧的楼梯，看到南侧楼梯下不去，他们全都选择了退回房间。

机会之二：南侧楼梯是下层烟和火通向四层的唯一通道，虽然受困者曾经到达过这里，但他们没有注意到这里有一个消火栓。据消防队员讲，他们打开这个消火栓后，消火栓的水压极大，如果受困者利用这个消火栓和箱中的水枪喷射楼梯处的烟和火，他们完全有能力自己就把火灭掉，甚至可以从这个楼梯下楼，但情急之下，他们忘记了这个救命的设施。

机会之三：对于受困者来说，即使退回到宿舍，也不是进入绝地，因为宿舍通往疏散楼梯间的门全部是防火门。在灾后勘测中，消防队员看到，只要是关了的防火门，向火的一面即使被烧得面目全非，但屋内却没有损坏。如果被困人员把门关好，这个门可以很好地隔离浓烟和高温，就为救援赢得了时间。但当大多数被困者在跑来跑去的过程中，没有关好防火门，任由浓烟进入房间中，很多人因此缺氧窒息。

机会之四：在四层的十几间宿舍中，多时住着十几个人，少时也住着四五个人。这就是说，每个宿舍至少有四五条床单可以用来结绳，靠床单结绳完全可以到达一层。但大多数受困者干等救援，没有自救；少数使用床单结绳的人，结绳方法也不对，致使绳子中途断裂，坠地受伤。

机会之五：在宿舍内，每个人都有毛巾，而且热水瓶中装着水。即使热水瓶没有水，在四层北侧就是男女洗手间，可以取到水。如果受困者能把毛巾打湿，放在口鼻上，就能缓解浓烟带来的危害。但是在现场，只有很少的人采取了这种措施，大部分人就直接把口鼻暴露在烟中呼吸，导致呼吸道被灼伤。

在四层的职工宿舍里也发现了几名死者，他们是看到南侧楼梯跑不出去又回到屋内的，但是由于惊慌和自救意识差，连屋门都没有关，导致毒烟飘进房内或死或伤。与之相反，四层北侧的一间办公室中有4名女孩子，她们知道屋门是防火门，将房门关严，耐心等待救援，结果没有受到任何损伤。

种种迹象表明，受困者有相当多的机会和条件避险。现实却是，由于平时没有接受火灾逃生知识培训和训练，受困者没有顺利跑出火场，受到了火灾的伤害。

（2）应急处置技能培训的基本内容

从安全哲学的观点看，安全是相对的，危险是绝对的，在现代工业化生产条件下，哪里有生产活动，哪里就存在危险。在目前的安全科学技术条件下，还没有发展到能够有效预测和预防所有事故的程度，因此，事故发生后的应急处置与应急救援是必不可少的。

应急处置技能培训的基本内容十分广泛，大致可以分为三个方面的内容：

1) 基本安全技术知识。包括现场危险设备和区域及其安全防护的基本知识与注意事项；吊装机械、机械设备及有关电气设备的有关安全知识；个人防护用品的正确使用。

2) 应急处置知识。包括发生事故的报告、消防器材的使用、紧急救护、自救措施等。

3) 应急心理知识。包括心理素质训练，培养果断、准确的决策能力，使基本防抗灾措施变成印象深刻的形成条件反射的标准操作程序，对抗御初期灾害会有很大的帮助。不同的企业有不同的危险性，常见多发事故也有所不同，需要根据具体情况进行设置安排。

（3）提高员工安全技能的方式

在企业日常生产过程中，利用一些时间强化安全教育，尤其是应急处置技能培训，使职工能够更多地掌握预防事故的知识和技能，才能更好地防止事故的发生，当遇到意外事件的时候，这些知识就会救命。对此，许多职工是欢迎的、感兴趣的。这就需要主动组织引导，也可以将其作为一种安全教育活动。

下面，我们来看辽河油田公司的做法，从中可以获得一些借鉴。

辽河油田公司属于高危险行业企业，其性质决定了其安全生产工作的艰巨性、复杂性和长期性。随着辽河油田公司业务领域不断延伸，生产规模不断扩大，员工组成的不断变化，做好安全培训工作提高安全技能就显得尤为重要。特别是80％以上的事故是由于人员安全意识淡薄、安全技能低下以及违章作业所致，因此，加强职工安全教育培训工作，提高职工安全技能，对于实现安全生产是至关重要的，也是预防事故最直接、最有效、最经济的办法。

辽河油田公司采取创新培训方式改善安全培训效果的主要做法有：

1) 开发建立仿真模拟教学软件。公司安全培训机构研究开发采油、基建、炼化、供电、机加工等系统的培训软件，编制并落实开发计划。通过使用仿真模拟教学软件，培训更贴近生产实际，更加直观，有助于培训效果的提高。

2) 建立现场实物训练基地。公司主要生产部门结合本部门生产实际建立现场实物训练基地，完善锅炉、压力容器、厂内车辆、电气焊、电工等公司特种作业人员培训基地。

3) 开发多媒体培训软件。本着贴近生产、贴近基层、贴近操作的原则，按照生产工艺流程，突出关键工序，立足风险的辨识、危害评价和风险的控制措施，强化岗位安全操作规程的掌握，针对基层班组安全培训开发多媒体培训软件，用于班前安全培训。

4) 增加车间级岗前培训内容。岗前培训内容包括工作环境及危险因素，所从事工种可能遭受的职业伤害和伤亡事故，所从事工种的安全职责，操作技能及强制性标准，自救互救、急救方法、疏散和现场紧急情况的处理，安全设备设施、个人防护用品的使用和维护，本车间安全生产状况及规章制度，预防事故和职业危害的措施及应注意的安全事项，有关事故案例等。

5）依托岗位练兵，提高员工的安全技能。辽河油田公司要求其下属各单位积极开展岗位练兵活动，要把"百问不倒、百做不误"作为岗位练兵的工作目标，把岗位练兵作为一项重要、基础的工作抓好抓实。通过岗位练兵活动，使职工安全操作技能得到真正有效的提高，培养安全操作、标准操作、规范操作的良好习惯，不断提升员工标准化操作、处理初起突发事故和自我保护能力，杜绝违章操作的不安全行为。

6）依托技能竞赛，提高员工的安全技能。安全技能竞赛作为辽河油田公司职工技能大赛的重要组成部分，作为一个单项进行比赛，从而增强员工学习掌握安全技能的自觉性和主动性，在全公司上下形成了浓厚的学习氛围。

第二章　人的心理过程与安全

心理过程是指心理活动发生、发展的过程，也就是人脑对现实的反映过程。人的心理是复杂的，但总的来说可以分为两个方面：心理过程和个性心理特征。心理过程着重探讨人的心理的共同性，主要包括认知、情绪和意志三个方面，即常说的知、情、意。知是人脑接收外界输入的信息，经过头脑的加工处理转换成内在的心理活动，进而支配人的行为的过程；情是人在感知的基础上所产生的满意、不满意、喜爱、厌恶、憎恨等主观体验；意是指推动人的奋斗目标并且维持这些行为的内部动力。知、情、意并不是孤立存在的，而是相互关联的一个统一整体，它们相互联系、相互制约、相互渗透。研究人的心理活动过程的特点和规律，对于搞好安全工作具有重要意义。

第一节　认知心理过程与安全

认知主要研究人的心理过程，如注意、知觉、表象、记忆、思维和语言等，并由此发展成为心理学的一个分支——认知心理学。认知心理学关心的是作为人类行为基础的心理机制，其核心是输入和输出之间发生的内部心理过程。但是人们不能直接观察内部心理过程，只能通过观察输入和输出的东西来加以推测。因此，认知心理学所用的方法，就是根据可观察到的现象来推测观察不到的心理过程。

一、认知心理的含义与表现形式

1. 认知心理的含义

为了适应周围环境的变化，有利于生产生活的要求，人们需要对周围的事物、周围的人以及自身有所认识，以便采取适当的行为。正是在人与外界事物的相互作用过程中，才产生了人的认知心理。所谓认知心理，是指人在认识活动中所体现出来的心理现象或心理活动。认知心理的主要特点是强调知识的作用，认为知识是决定人类行为的主要因素。

认知心理学是 20 世纪 50 年代中期在西方兴起的一种心理学思潮，70 年代开始成为西方心理学的一个主要研究方向。它研究人的高级心理过程，主要是认知过程，如注意、知觉、表象、记忆、思维和语言等。与行为主义心理学家相反，认知心理学家研究那些不能观察到的内部机制和过程，如记忆的加工、存储、提取和记忆力的改变。

2. 认知心理与人的心理过程

心理过程是指心理活动发生、发展的过程，也就是人脑对现实的反映过程。心理过程包括认知过程、情绪情感过程、意志过程。

人的心理是复杂的，但总的来说可以分为两个方面：心理过程和个性心理特征。心理过程是心理活动的重要方面，个性心理特征是个体心理活动过程体现出来的特点。整个心理过程又包括认知过程、情感过程和意志过程，这三个过程既互相区别又互相联系。管理的中心问题就是要爱"人"，爱"人"就是要爱"心"。因此，研究人的心理活动过程的特点和规律，对于搞好安全管理工作具有极为重要的意义。

（1）认知过程

人在认识客观世界的活动中所表现的各种心理现象，例如感觉、知觉、记忆、思维、想象。

（2）情感过程

人认识客观事物时产生的各种心理体验过程。

（3）意志过程

人们为实现奋斗目标，努力克服困难，完成任务的过程。在意志过程中产生的行为就是意志行为。

认知是基础；意志是在认知的基础上和情感的推动下产生的，它能提高认识、增强情感、磨炼意志；控制行为、调节情感、提高认知。

3. 认知心理的表现形式

认知心理的具体表现形式是多种多样的。心理学的研究表明，人的认识过程是由一连串相互联系、相互影响的阶段或环节构成的，其中包括感觉、知觉、记忆、思维、想象等。其中感觉是人对直接作用于本身的感觉器官的事物的个别属性（如颜色、形状、硬度等）的反映过程。它是使外界事物的刺激进入人脑的中介和桥梁，是把人同外界事物联系起来的纽带。知觉是对直接作用于感觉器官的事物的整体的反映过程，体现为感觉的综合。记忆是人对以往曾经接触过的对象和现象的复现过程，是使人能够积累经验、丰富头脑表象储备的心理保证。思维和想象是人对进入人脑的各种信息、知识、表象进行概括、提炼、加工、改造的过程，是认知心理的关键环节和步骤。

二、人的感觉、知觉与安全

1. 感觉与知觉的含义

感觉是大脑对客观事物个别属性的反映。事物的个别属性即指客观事物最简单的物理属性（颜色、形状、大小、软硬、光滑、粗糙等）和化学属性（易挥发与易溶解的物质的气味或味道等）以及机体最简单的生理变化（疼痛、舒适、冷热、饥、渴、饱等）。感觉是一种简单的心理现象，是认识的起点。离开了对客观世界的感觉，一切高级的心理活动都难以实现。

感觉可以分为外部感觉和内部感觉两大类。外部感觉是个体对外部刺激的觉察，主要包括视觉、听觉、嗅觉、味觉、皮肤感觉。内部感觉是个体对内部刺激的觉察，主要包括机体感觉、平衡感觉和运动感觉。其中视觉和听觉是最重要的感觉。

然而事物总是作为整体存在并运动着的，在生活中事物的个体属性总是作为一个方面和整个事物同时被反映着。因此，客观事物直接作用感官不仅产生感觉，而且还会引起知觉。知觉是大脑对直接作用于感官的客观事物整体属性的综合反映。例如，有某一物体，人用眼睛看有黄的颜色、弯圆条的形状，用手触摸其表皮柔软光滑度一般，用鼻子嗅有清香的水果气味，用嘴尝是甜味……于是人脑便把这些属性综合起来，形成对该事物的整体印象并知道它是"香蕉"。这种对香蕉的反映就是知觉。按照知觉所反映对象的特点，可以将知觉分为物体知觉和社会知觉。按照知觉所凭借的感觉信息的来源不同，可以将知觉分为视知觉、听知觉、嗅知觉、味知觉、触知觉。按照知觉的性质和特点，在传统心理学领域内，通常把知觉分成时间知觉、空间知觉、运动知觉和错觉四大类型。

2. 人的感觉特性与安全

感觉可以分为外部感觉和内部感觉两大类。不管是哪种感觉，都同一个人的机体状况有关。人的机体不健康、有毛病或有缺陷，都直接影响感觉的发生和水平。

（1）所有感觉都与外在刺激的性质和强度有关

机能健全的感觉器官是感觉的物质基础和先决条件。虽然绝大多数人在正常情况下，都有较高的感受性，但个体差异比较大，而且从事不同工种的生产对某种感觉能力的要求也不一样。因此，为了使人与工作相匹配，在工种分配时应该对从业者的感受性进行检查和测定。例如，对驾驶员来说，视觉是非常重要的，因此对他们的视力应有特定要求。按机动车管理办法，两眼视力均应在 5.0 以上（或经矫正后达到这个水平）。低于这个水平，就容易发生交通事故。

一种感受器只能接受一种刺激。刺激包括刺激的强度、作用时间、强度—时间变化率三个要素，将这三个要素进行大小不同组合可以得到不同的刺激。能引起感觉的一次刺激必须达到一定强度，能被感觉器官感受的刺激强度范围称为感觉阈。刚能引起感觉的最小刺激量称为感觉阈下限；能产生正常感觉的最大刺激量，称为感觉阈上限。刺激强度不能超过感觉阈上限，否则感觉器官将受到损伤。为了保证安全生产，就要恰当控制外界刺激的强度，并根据不同目的适当调节和选用刺激方式。例如，作业现场的照明光线，既不能太弱，太弱会降低视觉感受性；也不能太强，太强则使人目眩。

（2）感觉的适应性

所谓适应，是指由于刺激物对感觉器官的持续作用而使感受性发生变化的现象。适应能力是机体在长期进化过程中形成的，表现在所有的感觉中。它对于人感知事物、调节自己的行为等具有积极意义。例如，夜晚与白天，亮度相差百万倍，若无适应能力，人就不能在不断变化的环境中精细地感知外界事物，调节自己的行动。但适应期的存在又给人感知事物造成了一定困难。因此，在变化急剧的环境中工作时就有可能出现感知错误，从而成为不安全因素。适应的一般规律为持续作用的强刺激使感受性降低，持续作用的弱刺激则使感受性增高。

（3）不同感觉间具有相互作用

对某种刺激物的感受性，不仅决定于对该感受器的直接刺激，而且还与同时受刺激的其他感受器的机能状态有关。例如，听到刺耳的电锯发出的"吱吱"声，不仅使听觉器官受到强烈刺激，而且使人的皮肤产生凉感或冷感。食物的颜色、温度等不仅影响人的视觉和温觉，并且也影响人的味觉和嗅觉。不同感觉间之所以具有相互作用，归根结底是因为人体作为一个有机整体，有着各种感觉，不同器官虽有不同功能，但它们之间存在相互联系，因而能相互影响。

尽管人的感觉器官具有很强的感受性，但对外界事物变化的感知却并不很精确，具有感觉的模糊性。同时，虽然外界刺激是客观的，但对不同的个体来说，其感受到的结果却有较大差异。这是因为感觉作为一种心理现象，并非由纯客观刺激所决定，而是由客观和主观的相互作用所决定的。从主观来看，人的经验、知识、情绪等对感觉都有很大的影响。基于这一点，在生产活动中，为了弥补感觉的这一局限性，必要时必须借助仪器、仪表等物质手段，以便客观、精确地反映事物及其变化。因此，为了保证生产的安全，应该把直接感知同间接感知有机地结合起来。

3. 人的知觉特性与安全

人对于客观事物能够迅速获得清晰的感知，这与知觉所具有的基本特性是分不开的。知觉具有选择性、理解性、整体性和恒常性等特性。

（1）知觉的选择性

知觉的选择性在于把一些对象优先地区分出来。客观事物是多种多样的，人总是有选择地以少数事物作为知觉的对象，对它们的知觉格外清晰，被知觉的对象好像从其他事物中突出出来，出现在"前面"，而其他的事物就退到后面去了。与此相关的生理基础是：大脑皮层中一个兴奋中心占优势，同时皮层的其余部分受抑制。知觉的选择性揭示了人对客观事物反映的主动性。

知觉的选择性依赖于个人的兴趣、态度、需要以及个体的知识经验和当时的心理状态；还依赖于刺激物本身的特点（强度、活动性、对比度等）和被感知对象的外界环境条件的特点（照明度、距离等）。

（2）知觉的理解性

知觉的理解性表现为人在感知事物时，总是根据过去的知识经验来解释它、判断它，把它归入一定的事物系统之中，从而能够更深刻地感知它。这就是知觉的理解性。

从事不同职业和有不同经验的人，在知觉上是有差异的。如工程师检查机器时能比一般人看到、听到更多的细节；成年人的图画知觉与儿童相比，能更深刻地了解图画的内容和意义。

影响知觉理解性的条件有以下三个：

一是言语的指导作用。言语是语言在交际过程中的应用。人的知觉是在两种信号系统的协同活动中实现的，词的作用有助于对知觉对象的理解，使知觉更迅速、更完整。例如，天空中的云彩，自然景色中的巨石形状，在感知时加以词和言语的指导，很快就能知觉到。

二是实践活动的任务。当有明确的活动任务时，知觉服从于当前的活动任务，所知觉的对象比较清晰、深刻，任务不同对同一对象可以产生不同的知觉效果。比如，对天安门的素描和用文字的描写，任务不同，感知效果就不同。

三是对知觉对象的态度。如果对知觉对象抱着消极的态度，就不能深刻地感知客观事物；只有对知觉对象产生兴趣，抱积极的态度才能加深对它的理解。

在安全工作中，对新进厂的工人要进行安全教育，由老工人有意识地提醒他注意哪些设备易出危险，可以强化他的安全意识。

（3）知觉的整体性

人在感知客观对象时，总是把它作为一个整体来反映，这就是知觉的整体性。知觉对象是由许多部分组成的，各部分具有不同的特征，但是人们并不把对象感知为许多个别的、孤立的部分，而总是把它感知为一个统一的整体。它是客观对象的许多部分形成的复合刺激物，大脑皮层对复合刺激物的各个组成部分及其相互关系，进行分析、综合，从而反映客观对象各种属性的关系，形成关于对象的完整映象。例如，走进教室，人们不是先感知桌椅，后感知黑板、窗户等，而是完整地同时感知它们。

知觉的整体性是多种感知器官相互作用的结果。知觉的整体性与感知的快慢，同过去经验和知识的参与有关，例如阅读速度就是随着人的阅读经验的积累及把较小的单元（词）组成较大的单元（句子）而逐渐加快的。

（4）知觉的恒常性

当知觉的条件在一定范围内发生改变时，知觉的印象仍然保持相对不变，知觉的这种特性即为知觉的恒常性。一般来说，对于对象原有的知识和经验越丰富，就越有助于感知对象的恒常性；反之，知觉的恒常性就差。此外，知觉恒常性还和环境有关。熟悉的环境有助于保持知觉恒常性。知觉恒常性的积极意义在于：它保证人在瞬息万变的环境条件下，仍能感知事物的真实面貌，从而有利于人适应环境，这对安全生产也很重要。例如，虽然有时某些东西挡住了视线，人们仍能感知其被遮掩部分。但知觉的恒常性也会给人带来错误的判断，因为它对于真正变化了的情况仍用原来的经验或老眼光去理解，因而不能随时调整自己的判断，使人易犯经验主义的错误，从而给安全带来消极的影响。例如，高层住户每天需要乘坐电梯，当电梯门打开的时候，往往习惯于直接进去，而不注意电梯是否真正停在本层，所以有时会出现看到电梯门开着就走进去，而电梯由于厅门联锁失灵，轿厢并不在该层，结果造成坠落事故。这样的事情，在生产和生活中十分常见。

三、人的记忆特点与安全

1. 人的记忆特点与记忆过程

在《辞海》中，对"记忆"的定义是：人脑对经历过的事物的识记、保持、再现或再认。识记即识别和记住事物特点及联系，它的生理基础为大脑皮层形成了相应的暂时神经联系；保持即暂时联系以痕迹的形式留存于脑中；再现或再认则为暂时联系的再活跃。通过识记和保持可积累知识经验。通过再现或再认可恢复过去的知识经验。从现代的信息论和控制论的观点来看，记忆就是人们把在生活和学习中获得的大量信息进行编码加工，输入并储存于大脑里面，在必要的时候再把有关的储存信息提取出来，应用于实践活动的过程。把两者结合起来，可以将记忆的含义表述得更确切一些。所谓记忆，就是人们对经验的识记、保持和应用过程，是对信息的选择、编码、储存和提取过程。

简单地讲，记忆是过去的经验通过识记、保持、再认和回忆的方式在人脑中的反映。在一个人的经历中，曾经感知过的事物、思考过的问题、采取过的行动、练习过的动作、体验过的情绪和情感，都会有一部分在头脑中保留下来，形成记忆。

记忆是包括"记"和"忆"的完整过程。所谓记，是指识记和保持，这是记忆的前提和关键。所谓忆，是指再认和回忆，这是记忆要达到的目的，也是检验记忆的指标。概括地说，记忆也是人脑的一种机能，它是过去的经验在人脑中的反映。具体地说，记忆是人脑对感知过的事物、思考过的问题或理论、体验过的情绪、做过的动作的反映。记忆也是一个复杂的心理过程，它包括识记、保持、再认和重现三个基本环节。

（1）识记

识记是记忆的第一步，是获得事物的印象并成为经验的过程。根据是否有预定的目的和意志努力的程度，识记可分为无意识记和有意识记两种。无意识记是事先没有自觉的目的，也没有经过特殊的意志努力的识记，又称为不随意识记。有意识记是事先有预定目的，并经过一定的意志努力的识记，又称为随意识记。人们掌握知识和技能，主要靠有意识记。

不管是无意识记还是有意识记，通常都是一种反复的感知过程，借以形成比较巩固的联系。例如，识记安全知识，常是经过多次听取或默想，形成巩固的知识，从而记住它。当然也可能经过一次感知就能记住，这取决于安全知识的易理解性和识记人的感兴趣程度。

（2）保持

保持是把识记过的内容在头脑中储存下来的过程，它是识记在时间上的延续。识记不等于保持。例如，上安全培训课程时对老师讲解的内容听明白了，这是识记的过程。但如果下课后有许多内容就忘记了，说明这些内容没记住，即没保持住。就两者的关系而言，识记是保持的前提，保持是识记的继续和巩固。

保持的对立面是遗忘。遗忘是指对识记过的事物不能（或错误地）再认和重现。遗忘的进程是不均衡的，有先快后慢的特点，以后基本稳定在一个水平上。防止遗忘的有效手段是对识记材料加强理解、及时回忆和复习，并经常应用。

（3）再认和重现

再认又称识别。当先前曾识记和保持过的事物再出现于面前时，人们能把它认出来，这就是再认。另一种情况是，即使先前感知或思考过的事物不在面前，甚至已隔了很长一段时间，人们仍然能把它在头脑中重现出来，这就是重现过程。重现也称为回忆。可见，再认和重现虽然都属于对过去感知过的事物在头脑中的恢复，但程度是有差别的。一般可以认为再认主要是以识记为前提，重现则主要以保持为基础。

2. 生产、生活中记忆的作用

记忆也是人类的一种心智活动，属于心理学或脑部科学的范畴。记忆代表着一个人对过去活动、感受、经验的印象累积，有多种分类，主要根据环境、时间和知觉来分。记忆作为一种基本的心理过程，是和其他心理活动密切联系着的。

记忆无论是在人的日常生活中，还是在生产、工作和学习中，都有非常重要的作用。如果一个人失去记忆，那么他的工作和生活都会被打乱。

记忆是人们积累经验的基础。没有记忆，人类的一切事情都得从头做起，无法积累经验，人类的各种能力也就不能得到提高，一切危险也就无法避免，安全也就没有保障。在生产活动中，人们要看图纸、领料、操作机器、加工零件、组装产品，其中每一个环节都需要记忆的参与。如果缺乏记忆，当看图纸时知道了加工产品需用什么型号的材料（直接刺激引起感知），而当一放下图纸就什么也不记得了，头脑立即呈现一片空白，那么生产将无法进行。为了提高劳动效率，人需要有熟练的操作技能，而技能并非天生的，是人在后天实践中通过经验的积累而逐步掌握的。同样，为了保证生产的安全，员工需要学习安全知识，熟悉安全操作规程，掌握机器的性能，接受以往生产事故的教训等。所有这些，都离不开记忆。总之，记忆作为一种普遍的心理现象，它与每一个人、每一种工作都息息相关。

记忆也是思维的前提。只有通过记忆，才能为人脑的思维提供可以加工的材料，否则思维就只能开空车。人之所以比动物"乖巧"，能在复杂多变的环境中求得生存和发展，一个重要原因就是人类会思维。但思维必须有原料，这就是丰富的信息储存，而信息的储存则要靠记忆。可见没有记忆，也就难以思维，更不可能做出预见性判断。而没有思维，人也就失去了同动物相比的优越性，只能停留在"刺激—反应"的低水平上，不得不承受着更多的危险，并为此付出更多的代价。

3. 记忆的特性

记忆具有许多神奇的特性，主要表现在以下几个方面：

（1）易变性

随着时间的推移，每个人对知识、经验、事件、物品等的记忆并不是原封不动的，其中的一些内容、形式或形象会潜移默化地发生着改变，一些原有经验在新经验的不断充实中逐渐丰富、完善和更新。

（2）不可见性

记忆是不可见与非直观的。只要人们不肯将记在脑中的内容转录，以说、写或其他方式复制出来，别人就无法得到它。

（3）不完全可靠性

记忆的易变性导致了回忆时的不完全可靠性。回忆起来的知识、经验、事件、物品的形象等，不能确保是首次识记时的原型，随着时间的推移，其中一些可能更完备，也有可能出现残缺，还有可能走形或变样。

（4）瞬捷性

据研究，在 50 毫秒至半秒钟的时间里，人脑可以记住 4 个不同的数据。正常人的大脑可以在一眨眼之间记住感兴趣的知识、经验、事件等。人们所记住的内容，取用时也具有瞬捷性。人们还能在很短的瞬间去比照记住的信息，如此事与彼事、过去和现在等。

（5）无穷性

每个正常人的记忆潜力都无穷大。记忆的容量究竟有多大，有人认为是 5 万～10 万个组块，也有人认为是 10^{15} 比特。总之，它有巨大的容量。

4. 记忆与安全的关系

记忆从人小的时候就开始了，所以人们对记忆并不陌生。记忆是一个真正的信息库，记忆容量似乎没有限度，它可以储存一个人关于世界的一切知识，为他的所有活动提供必要的知识基础。人们从来不觉得过去记得太多，现在一点也记不进去。记忆有着巨大的容量，可以将现在的信息保持下来供将来使用，或将过去储存的信息提取出来用于现在。

记忆对于安全生产也有着重要的作用，直接关系着员工自身的安全和他人的安全。需要提醒的是，对安全生产知识、安全操作规程等，千万不要认为没有必要而忽视记忆，忘记了这些重要的内容，就有可能伤害自己或者他人。

有这样三个事例，说明记忆的重要，重要到直接关系自己或者他人的生与死。

事例之一：盲目打开馒头机保护罩，违章用手清除面团招来的事故

提起我（邱某）失去的右手，真是懊悔不已。20 多年前，我在重庆永荣矿务局某单位后勤科伙食班当炊事员，单位为减轻炊事员的劳动强度，购买了馒头机。在一次班组学习会上，分管后勤的厂领导对伙食班提出了要求，强调安装馒头机要有接地保护装置，要注意馒头机螺旋转动设备的安全使用。当时，我觉得在这个问题上，领导太絮叨了，对此不以为然。

1991 年 11 月 3 日早晨，我当班，由于做的馒头不成形，就去找班长来检查原因。班长发现是因为我和的面太稀，面团粘在馒头机的螺旋上。于是，我与班长一起清理粘在螺旋上的面团，准备重新和面。我打开螺旋的保护罩，习惯性地用右手伸进去清理面团，突然螺旋转动起来，我没来得及躲闪，手被卷了进去，顿时血肉模糊。我痛苦地呼叫着："班长，我的手！班长，我的手……"

当我从昏迷中醒来时，发现自己的右手已经进行了截肢手术，真是痛苦万分。我失去一只手，都是由于缺乏安全知识、习惯性违章造成的。

由于对馒头机结构和性能不是很了解，对安全操作规程了解不够，在馒头机螺旋需要清理的情况下，我盲目地打开保护罩，又在没有停电的情况下擅自打扫，并且违章用手去排除面团。班长与我一起作业，缺乏互保意识，错误启动开关，让转动起来的馒头机"吃"掉了我的右手。

多年来，我尝到了习惯性违章的苦果。没有了右手，给我的生活带来诸多不便，我悔之莫及。如今，我失去了劳动能力，丈夫单位效益不好，孩子读书要花钱，事故给我的家庭带来了灾难性的创伤，这一切都是我不重视安全的结果。

事例之二：操作工忘记罐内有人作业导致的清罐人员烧伤事故

2004 年 9 月 21 日，河南某化工厂钛白粉酸解车间酸解工段安排清理 2 号烟囱尾气缓冲罐内积料，清理积料临时负责人毋某与酸解岗位操作工徐某联系，告知罐内有人进行清罐作业，进行反应或加水操作时应及时通知罐内人员出来。11时30分左右，站在三楼的操作工徐某准备往已熟化好的2号酸解锅内加浸出水，但是，由于他忘记了罐内有人进行清罐作业这件事，在未通知清理积料人员撤离缓冲罐的情况下，便通知二楼的另一操作工刘某将2号酸解锅锅底的加水阀门打开，致使管内的存水流入酸解锅内，与浸取物料反应放热生成蒸汽，蒸汽顺烟道进入缓冲罐，将正在罐内挖料的毋某、王某、林某3人灼伤，3人立即从烟囱入孔钻出，用大量清水冲洗，并被送往医院救治。最终毋某、王某2人伤势较重，烧伤面积达80%。

事故发生后，厂领导和车间领导十分重视，立即赶到现场查看，调查事故原因；生产技术部又组织安全、设备、工艺管理人员及事故现场操作人员、车间主任召开了事故现场会。调查分析结论认为，造成此次事故的直接原因，是操作工徐某安全意识淡薄，在毋某告知他罐内有人进行清罐作业后，进行反应或加水操作时，理应通知清理积料人员撤离，他不但未通知，反而通知另一操作工刘某按正常程序生产，结果导致事故发生。造成事故的间接原因，则是清理积料临时负责人毋某进入缓冲罐内作业，未能严格按《厂区设备内作业安全规程》办理入罐作业安全证，并停产作业，悬挂"有人工作禁止开启阀门"警示牌，并设专人监护，属于严重违章操作。

事例之三：粗心大意，轻率按下启动按钮招来的工友痛失前臂事故

2008年4月17日8时，新疆生产建设兵团某团焦化厂炼焦分厂粒焦班的早班职工，按时启动粒焦破碎设备，开始了一天的工作。8时10分，职工汪某、周某因往皮带机上装的焦炭过多，造成对辊机卡死，被迫停机。班长张某见状，让组长巴某安排职工清理机器尽快恢复生产，自己离开现场去了水泵房。此时，汪某主动去掏对辊机内的焦炭，周某、别某等人则去打扫皮带机。几分钟后，巴某询问周某、别某等人打扫完了没有，得到的回答是打扫完了，而没有询问汪某对辊机清理完没有。巴某在没有弄清职工是否全部撤离机器的情况下，走到电路控制器前，轻率地按下了启动按钮。随着机器的转动声，人们听到"啊——"的一声惨叫，只见汪某从对辊机上滚落下来，他的右前臂已被机器无情地绞掉了。

事故调查分析证实，巴某粗心大意违章操作，忘记了还有工友正在清理焦炭，违反厂安全操作规程和设备维护使用规程的规定，是这起事故的直接责任者。事故之后，固然对事故责任人员进行了处罚，但是却不能换回来汪某被机器无情绞掉的右前臂。一名年轻的职工失去了右前臂，许许多多的工作将无法承担，生活中将面临许许多多的困难，人生的路将因此而黯淡，那些美好的理想也会无情地失去。

四、人的思维特点与安全

1. 人的思维特点

思维有广义与狭义之分。广义的思维是人脑对客观现实概括和间接的反映，它反映的是事物的本质和事物间规律性的联系，包括逻辑思维和形象思维。狭义的思维是指心理学意义上的逻辑思维。

思维是一种高级的认知活动，是个体对客观事物本质和规律的认知。在日常生活中，人们经常说的"考虑""思考""想一想"等，都是指思维活动。

2. 对于思维的不同分类

认知心理学认为，思维是以已有知识和客观事物的知觉印象为中介，形成客观事物概括表征的认知过程。按照信息论的观点，思维是大脑对进入大脑的各种信息进行加工、处理变换的过程。

依据凭借物的不同，可将思维分为动作思维、形象思维、抽象思维。动作思维是以具体动作为工具解决直观而具体问题的思维。形象思维是以头脑中的具体形象来解决问题的思维活动。抽象思维是以语言为工具来进行的思维。在正常成年人身上，这三种思维往往是互相联系、互相渗透的，单独运用一种思维来解决问题的极少。从思维的发展来看，经历着从动作思维到形象思维，再到抽象思维的过程。

依据思维活动的方向和思维成果的特点，思维可分为辐合思维与发散思维。辐合思维是人们利用已有知识经验，向一个方向思考，得出唯一结论的思维。辐合思维是一种有条理的思维活动。例如，由 $A>B$、$B>C$、$C>D$，得出唯一结论：$A>D$。发散思维是指人们沿着不同方向思考，得出大量不同结论的思维。发散思维得出的各种结论是否适当，需要通过辐合思维进行检验。

根据思维活动及其结果的新颖性，思维又可分为常规思维和创造思维。对已有知识经验没有进行明显的改组，也没有创造出新的思维成果的思维叫作常规思维。对已有知识经验进行明显的改组，同时创造出新的思维成果的思维叫作创造思维。创造思维是高级的思维过程，它是辐合思维和发散思维的有机结合。

3. 思维的基本品质及其与安全的关系

思维品质是衡量思维能力优劣、强弱的标准或依据。一般思维的基本品质主要通过思维的广阔性、批判性、深刻性、灵活性、敏捷性等体现出来。这些基本品质与生产安全都有着密切的关系。

（1）思维的广阔性

思维的广阔性是指能全面而细致地考虑问题。具有广阔思维的人，在处理问题初做决断时，不仅考虑问题的整体，还照顾到问题的细节；不但考虑问题本身，而且还考虑与问题相关的一切条件。思维的广阔性是以丰富的知识经验为基础的。知识经验越丰富，就越有可能从事物的各个方面、各种内外的联系中来分析问题、看待问题和解决问题，因而思维的广阔性是安全的保证。

（2）思维的批判性

思维的批判性也称思维的独立性，是指能独立地分析、判断、选择和吸收相关知识，并做出符合实际的评价，从而独立地解决问题。思维的批判性或独立性是使自己保持创新头脑的重要品质。具有较强的思维批判性或独立性的人，往往有较强的自主性，对别人提出的观点和结论既不盲目地肯定和接受，也不盲目地予以否定，而是经过深入思考，得出自己独立的见解；相反，缺乏思维批判性的人，往往没有自己的主见。这样的人跟着好人学好，跟着坏人学坏。在生产活动中，这种人极易出事故。

（3）思维的深刻性

思维的深刻性是指能深入事物的本质去考虑问题，不为表面现象所迷惑。具有深刻性思维的人，喜欢追根究底，不满足于表面的或现成的答案。缺乏思维深刻性的人最多只能透过现象揭示其浅层次的本质，而具有思维深刻性的人则能揭示其深层次的本质，看出别人所看不出来的问题。例如，要分析事故发生的原因时，有的人只考虑造成事故的直接原因，而有的人则看得更深一层，不仅考虑直接原因，而且考虑造成事故的内在原因、间接原因，从而能找出防止事故发生的根本措施和方法。

（4）思维的灵活性

思维的灵活性是指一个人的思维活动能根据客观情况的变化而随机应变，不固守一个方面或角度，不坚持显然是没有希望的思路。平时人们所说的"机智"，主要是就思维的灵活性而言。思维灵活的人不固守传统和已得的经验，当一个思维方向受阻时可以转换到其他方向上去，但不是无原则地见风使舵，也不等于遇事浅尝辄止。缺乏思维灵活性的人往往表现得比较固执，爱钻牛角尖，人们经常形容为"一条道跑到黑""撞了南墙也不回头"，思想僵化，遇事拿不出办法。

（5）思维的敏捷性

思维的敏捷性是指能在很短的时间内提出解决问题的正确意见和可行的办法，体现在处理事务和做决策时能当机立断，不犹豫、不徘徊。思维的敏捷性不等于思维的轻率性。思维的轻率性也表现出快速的特点，但往往失之浮浅且多错。思维的敏捷性是思维其他品质发展的结果，也是所有优良思维品质的集中表现。它对于处理那些突发性的事故具有特别重要的意义。因为在这种情况下，即使是短暂的延误，都可能造成更为严重的后果，导致更大的损失或伤害。

此外，思维的品质还涉及思维的条理性或逻辑性、思维的新颖性和创造性等。它们在安全生产中也是非常重要的。思维的条理性差，说话办事就会缺乏条理、表达不清、叙述不明，人们不知所云或办事丢三落四，也容易引起事故。思维的创造性差，处理事情总是老一套，对简单问题可能还有效，但遇到新问题就会不知所措。

思维是高级的心理活动形式，良好的思维品质是人们做好一切工作的最重要的主观条件和基本保证，因此其在安全生产中不可缺少，在遇到困难复杂的问题时，需要认真思考、认真分析。

五、人的想象特点与安全

1. 人的想象特点

想象是思维活动的一种特殊形式，是人脑对已有的感知形象进行加工、改造并形成新形象的心理过程。想象也是一种高级认知活动。

按目的性程度和产生的方式，想象可以分为无意想象和有意想象两大类。

无意想象也称不随意想象，它是一种没有特定目的的、不自觉的初级想象，是一种"流变"式想象。例如，看到浮云，自然而然地想象为人面、奇峰、异兽；听到别人朗读诗词，不自觉地想象着诗词中所描述的景况。无意想象是最简单、最初级形式的想象。梦是无意想象的一种极端形式。

有意想象是有意识、有目的并需依赖意志的努力而进行的想象。有意想象中，根据观察内容的新颖性、独立性和创造程度，又可分为再造想象和创造想象。再造想象是根据现成的描述而在大脑中产生新形象的过程。它使得人们有可能超越个人狭隘的经验范围和时间、空间的限制，获得更多的知识，还可以更好地理解抽象的知识，使它们变得具体、生动、易于掌握。创造想象是不根据现成的描述，而在大脑中独立地产生新形象的过程。创造想象是一切创造性活动的重要组成部分。科学家的科学发明、建筑师的建筑设计、画家的精美构思，都包含了创造想象的成分。

2. 想象的品质

想象的品质主要反映在主动性、丰富性、生动性、现实性等方面。它们对安全生产都有一定的影响。

想象的主动性是和有意想象联系在一起的，是人驾驭的想象，能做到"当行则行、当止则止"。主动想象，无论对搞好生产、提高工作效率，还是保证生产中的安全，都很重要。在安排生产，从事实际操作时，要主动想象会出现哪些问题、困难，哪些有碍安全，并想象如何避免，可以做到临事不乱，处变不惊，工作井然有序；相反，缺乏想象，一旦祸事临头，就会惊慌失措。

想象的丰富性是指想象内容充实、具体。想象的丰富性取决于一个人的表象储备，这同经验积累有关。"见多识广"是想象丰富的必要条件。同时爱好思考也是必要的。对同一种现象或事物，爱好思考的人想得深、想得细、想得全。显然，这对预防事故是有好处的。但应指出，想象过于丰富，有时会使人谨小慎微，工作时放不开手脚，产生畏难情绪或恐惧心理，反而会影响生产的安全。

想象的生动性是指想象表现的鲜明程度。有的人对想象中的事物，如闻其声，如见其形，历历在目，栩栩如生。有的人则比较粗略、模糊。想象越生动，对想象的体验也就越深，记忆也容易持久。

想象的现实性是指想象与客观现实相关的程度。有现实性的想象是有根据的想象，它在一定条件下是可以实现的。无根据的想象是空想和瞎想。凡是想象都有可超越现实的特点。但有现实性的想象可以指导人的进一步行动，促进人们按这种设想去奋斗；而空想则起不到这种作用。因此，在想象中要注意提高其现实性程度。

3. 想象的实际应用

想象作为一种特殊的思维形式，是人在头脑里对已储存的表象进行加工改造形成新形象的心理过程，能突破时间和空间的束缚。想象能起到对机体的调节作用，还能起到预见未来的作用。

想象中最重要的是有意想象，有意想象也是实现科学预见的一部分。在班组安全生产管理中，所开展的危险预知分析活动，实际上也是一种想象活动。

危险预知分析活动以操作者为中心，对其能接触到的所有危险，进行全面的分析评价，制定针对性的防范措施，使每位职工在作业前对本岗位的危险分布、危险特征及防范措施熟悉并掌握，以达到对危险的识别、控制和预防的目的。

危险预知分析活动主要包括：

（1）危险的辨识

危险的辨识是危险预知分析的基础，要撇开隐患查找的习惯意识，把所有危险查找出来，尽量做到详细和完善。一般来说，危险来自操作环境和操作对象两个方面，针对这两个方面，结合岗位作业特点可分为上下岗途径、操作前的准备、操作过程、操作后的清理这四个方面。

（2）危险性质分析

危险性质是指危险产生和生存条件的特性。在管理中，常把危险分为隐患、危险源点、技术缺陷三类。

（3）伤害性质分析

伤害性质往往是由危险因素导致的，所以在进行危险因素分析时，要考虑危险转化成事故后的影响。

（4）伤害条件分析

物的不安全状态和人的不安全行为相互作用形成事故，是我国现行的事故理论，也就是说人的行为和物的状态相互独立。危险转化成伤害事故必须受人的行为的诱发。分析伤害条件就必须以物质缺陷为基础，以人的行为为导向，研究事故发生的爆发点。针对某种危险，要根据其特点研究事故形成的触发方式和触发条件。触发方式指人的行为，触发条件指物的状态。分析伤害条件不仅要分析正常情况，还要分析各种非正常情况。非正常情况主要是指违反作业规程和规章制度，颠倒或缩减作业程序等行为与危险因素作用的后果。例如，工作前不正确佩戴劳保用品，工作中检查确认不仔细，为抄近路穿越皮带或跨越栏杆等。

（5）危险重要度分析

为了有重点地控制，可引用危险重要度的概念。危险的重要度，由人员接触危险的概率和可能造成的伤害程度及伤害性质来决定。

（6）防范措施的制定

制定防范措施，首先根据危险的性质进行分类，按危险的重要度排列，按顺序逐个分析。

班组员工运用预先想象，通过开展危险预知分析活动，工前5分钟安全预知活动，危险点、危害点、事故高发点控制活动，岗位安全预案预控活动等，及时发现和处置事故隐患，消除不安全因素，有效地预防事故。

第二节　情绪、情感心理过程与安全

情绪和情感是人对事物态度的体验，是人的需要得到满足与否的反映，具有特殊的主观体验，显著的身体、生理变化及外部表情行为。人的情绪、情感是复杂多样的，自古以来就有好、恶、喜、怒、哀、乐的区分，还有愉快、痛苦、惊奇、愤怒、厌恶、惧怕、悲哀、害羞等不同的情绪、情感的变化。人的认识活动受情绪和情感的影响。积极的情绪和情感，能够推动人们克服困难、达到目的；消极的情绪和情感，能够阻碍人们的活动，削减人们的活力，甚至引起错误的行为。因此，了解人的情绪、情感的变化，对于预防人为错误操作和事故发生有重要作用。

一、人的情绪与情感

1. 情绪与情感的概念

情绪和情感有别于认识活动，它具有特殊的主观体验，具有显著的身体生理变化和外部表情行为。

情绪和情感两个词常可通用，在某些场合它们所表达的内容也有不同，但这种区别是相对的。人们常把短暂而强烈的具有情景性的感情反应看作是情绪，如愤怒、恐惧、狂喜等；而把稳定而持久的、具有深沉体验的感情反应看作是情感，如自尊心、责任感、热情、亲人之间的爱等。实际上，强烈的情绪反应中有主观体验；而情感也在情绪反应中表现出来。通常所说的感情既包括情感，也包括情绪。

在个体发展中，情绪反应出现在先，情感体验发生在后。新生儿一个月内就出现了愉快、痛苦的情绪反应。他们最初的面部表情具有反射的性质，而随后发生的社会性情绪反应就带有体验的性质，产生了情感。例如，在母子交往中，母亲哺乳引起婴儿食欲满足的情绪；母亲的爱抚引起婴儿欢快、享受的情绪。当婴儿与母亲形成了依恋时就产生情感了。这种依恋具有相对稳定而平缓的性质。然而，已经形成的情感，常常要通过具体的情绪表现出来。对成年人来说也是这样，爱国主义的情感，在具体情境下是通过情绪得到体现的。一个人对祖国的成就欢欣鼓舞，对敌人仇恨，这都是表达情感的情绪；而每当这些情绪发生时，又体验着爱国主义情感。

2. 人的情绪与情感的两极性

如前所述，情绪与情感是人对事物的态度和体验，是人的需要得到满足与否的反映。人在认识和改造世界的过程中，必然接触到自然界或社会中的各种各样的对象或现象，遇到得失、顺逆、荣辱、美丑等各种情境，从而产生高兴和喜悦、气愤和憎恶、悲伤和忧虑、爱慕和钦佩等种种内心体验，这些以特殊方式表现出来的主观体验就是情绪或情感。

情绪与情感不论从任何角度来分析，都可分为向、背两个方面，也就是情绪和情感具有两极性。

（1）情绪与情感的积极体验和消极体验

从性质上看，情绪与情感的两极性首先表现在积极的与消极的体验上。如果外界事物能够满足个体的需要，个体就会产生肯定的态度，从而引起满意、愉快、喜爱、羡慕等积极的内心体验；否则，就会产生否定的态度，从而引起不满意、烦闷、厌恶、轻蔑等消极的内心体验。

（2）情绪与情感四种动力特征的两极性

情绪与情感的两极性表现在动力特征方面，即每一种动力特征都可以表现为两个极端对立的情况。例如，在强度方面，有强与弱之分；在紧张度方面，有紧张与轻松之分；在激动度方面，有激动与平静之分；在快感度方面，有快感与不快之分。应当指出的是，每种动力特征的两极性并不是绝对互相排斥的，如"死里逃生"是由紧张转化为轻松，"乐极生悲"是由快乐转化为痛苦悲伤等。

（3）情绪与情感的增力作用和减力作用

情绪与情感的两极性还表现在对活动的增力作用和减力作用上。增力作用表现为提高人的活动能力，如情绪愉快、工作热情等，能鼓舞人积极地工作和学习，甚至忘我地拼搏。减力作用表现为降低人的活动能力，如忧伤、焦虑等，往往会降低人的工作和学习效率，甚至让人自暴自弃。不过，有的情绪与情感在一定的情境中既可能是增力，又可能是减力。例如，悲痛能降低人的活动能力，但也可以转化为奋发力量来提高人的活动能力，其转化的条件是人能否认识到这种情绪的消极作用，并有意识地加以调节。

二、人的情绪、情感变化与安全

1. 人的情绪变化与安全的关系

人有喜怒哀乐，有丰富强烈的情绪变化，这种情绪变化，是每个人都能经常体验到的。情绪状态的变化虽然每个人都能够体验得到，但是对其所引起的生理变化与行为却比较难以控制。人们处于某种情绪状态时，个人是可以感觉得到的，而且这种情绪状态是主观的。因为喜、怒、哀、乐等不同的情绪体验，只有当事人才能真正地感受到，别人固然可以通过察言观色去揣摩当事人的情绪，但并不能直接地了解和感受。

与情绪相关的情绪状态，是指在某种事件或情境的影响下，在一定时间内产生的激动不安的状态。其中最典型的情绪状态有心境、激情、应激三种。

（1）人的心境与安全

心境俗称心情。对个体而言，它是人的比较长时间的微弱、平静的情绪状态。对群体来说，则为"心理气氛"。心境不是对于某一件事的特定体验，而是弥散性的一般情绪状态，往往在一个较长时间内影响一个人的所有活动，蔓延范围较大。在日常生活中常常见到这种情况：一个人心情好时，看什么都好，都满意；心情不好时，看什么都不顺眼，心烦易怒。

心境有积极与消极之分。积极的心境是一种增力性情绪，它可以使人心情愉快、思维敏捷，充满克服困难的信心，因而有利于劳动效率的提高，对保证安全是一种有利因素。消极的心境是一种减力性或负面情绪，它容易使人产生懒散，精神萎靡不振，感受能力下降，思维迟钝，对活动提不起兴趣，思想和注意力不集中。对引起自己心情不好的某些事件或因素总是萦绕脑际，挥之不去，经常愣神或发呆。显然，这对安全是一种威胁，也是造成事故的隐患。

引起心境变化的原因有很多。客观因素方面有生活中的重大事件、家庭纠纷、事业的成败、工作的顺利与否、人际关系的干扰等；生理因素方面有健康状态、疲劳、慢性疾病等；气候因素方面有阴天易使人心情郁闷，晴好天气则使人心情开朗；环境因素方面有工作场所脏乱、粉尘烟雾弥漫，易使人产生厌烦、忧虑等负面情绪。

在生产作业中能够使员工保持良好的心境，避免情绪的大起大落是非常重要的。心境与生产效率和安全生产都有很大的关系。心理学家曾在一家工厂中观察到，在良好的心境下，工人的工作效率提高了 0.4％～4.2％；而在不良的心境下，工作效率降低了 2.5％～18％，而且事故率明显增加。这是因为工人在心境不佳时进行作业，认识过程和意志行动水平低下，因而反应迟钝、神情恍惚、注意力不集中。除了工作效率下降外，还极易出现操作错误和事故。因此，创造一个良好的生产作业环境，努力培养和激发员工的积极心境，对安全有重要的作用。

（2）人的激情与安全

激情是一种猛烈爆发的、短暂的情绪状态，如大喜、大悲、暴怒、绝望、恐怖等。猛烈性（张度）、爆发性（时间）、短暂性（延续）是激情的三个明显特点。激情不同于心境，它往往是对某件事的特定体验，情境性较强。激情来得快，但消失或减弱得也快（与心境相比而言）。伴随激情的发生，其外部表现较为明显，如怒发冲冠、暴跳如雷、声嘶力竭、手舞足蹈、涕泪皆流，严重时会产生昏厥。

激情也有积极与消极之分。积极的激情能鼓舞人们积极进取，为正义、真理而奋斗，为维护个人或集体荣誉而不懈努力，因而对安全是一种有利因素。但在消极的激情下，认识范围缩小，控制力减弱，理智的分析判断能力下降，不能约束自己，不能正确评价自己行为的意义和后果。或趾高气扬，不可一世；或破罐破摔，铤而走险，丧失理智，忘乎所以，冒险蛮干。负面激情不仅会严重影响人的身心健康，而且也是安全生产的大敌、导致事故的温床。因此，无论是在生产过程还是在日常生活中都应努力避免，否则会带来严重后果。

（3）人的应激与安全

应激是指当遇到出乎意料的紧张情况时所产生的情绪状态。应激也是一种复杂的心理状态，每当偏离最佳状况而操作者又无法或不能轻易地校正这种偏离时，操作者呈现的状态就为应激。例如，飞机在飞行中，发动机突然发生故障，驾驶员紧急与地面联系着陆；正常行驶的汽车意外地遇到故障时，司机紧急刹车等。

1）引起应激现象的四个因素。能引起应激现象的因素很多，大致可以分成四个方面：作业时的环境因素、工作因素、组织因素、个性因素。

环境因素。如工作调动、晋升、降级、解雇、待业、缺乏晋升机会等。

工作因素。恶劣的工作环境，工作环境中的人际关系干扰，工作负荷量过大常成为应激的来源。例如，在危险地段行车或运载危险物品的驾驶工作，长期从事需要高度注意力的工作（如仪表监视），长期担负重体力劳动强度的工作，会由于工作负荷量过大而感受应激。超时工作（加班）也是一个重要的应激源，据称每周超过 50 小时以上的工作能引起心理失调。

组织因素。组织因素主要体现在组织的工作性质、风气习惯、工作气氛等。

个性因素。与个性有关的应激源主要有：与健康有关的因素，如有病的工人可能有产生更大的工作应激的危险性；完成工作的任务与能力之间的匹配程度，失配越严重，员工感受到的应激越大，造成失误的可能性也增大；个人的性格，人的心理特性的差异也会影响对应激源的反应程度。

2）应激状态下人的生理反应变化。在应激状态下，人会产生一系列的生理反应变化，大致如下：当紧张刺激作用于人脑时，下丘脑发生兴奋，肾上腺髓质释放肾上腺素和去甲肾上腺素，从而增加通向脑、心脏、骨骼肌等的血流量，提高机体对紧张刺激的警戒能力和感受能力，增强能量，做出适应性反应。在这种状态下，人可能有两种反应：一种是目瞪口呆，手足失措，陷入一片混乱，判断力、决策力丧失；另一种是急中生智，头脑冷静清醒，动作精确，行动有力，能及时摆脱困境。前者是一种减力性应激状态；后者是一种增力性应激状态。人在增力性应激状态下，可以最大限度地发挥自己的潜能，做出在通常情况下难以做出的事情。

在应激状态下，究竟是产生增力效应，还是产生减力效应，具有较大的个体差异性，而且也视具体情境而定。总的来说，它和一个人原先心理准备状态、平时的训练和经验等因素有密切关系。如果平时提高警惕，注意增强意志锻炼，到时就会做到遇事不慌，处变不惊，当机立断，化险为夷。

3）应激状态下操作者的身心变化。在应激状态下，操作者的身心会发生一系列的变化。这种变化是应激引起的效应，称为"紧张"。职业性紧张是指人们在工作岗位上受到各种职业性心理社会因素的影响而导致的紧张状态。它不仅与职业、个人、家庭有关，而且更取决于所处的工作环境和社会环境。其导致的后果不仅涉及人的行为和身心健康，而且与安全生产密切相关。因此，如何做好紧张心理调节是至关重要的。

可以通过创造良好的工作环境，提高职工应付紧张的素质，开展职业心理咨询等，以缓解和消除职业性紧张对职工的不利影响。譬如职工参与管理，正确地应用激励机制，为职工创造一个有利于发挥自身潜力的企业心理环境。又譬如企业定期开展不同类型的竞赛活动，开展有益的文娱活动和体育活动，陶冶职工的情操，培养职工积极进取的情绪。这些均有利于缓冲职工紧张的情绪。

2. 管理好自己的情绪，保持好心情

在工作和生活中，不管是谁，不论是有钱还是没有钱，不论是成家还是没有成家，都会遇到烦心的事，都会有不如意的事情。在遇到烦心事的时候，最需要的就是控制自己的情绪，不要让情绪失控，不要做出以后会后悔的事情。

管理好自己的情绪，有以下几个要点：

一是要觉察情绪。要管理情绪，首先要能觉察到情绪。每个人的情绪在平时基本上是稳定的，如果出现与平时不一样的变化，就要能觉察到自己的情绪有了什么变化，是愤怒、是焦虑、是忧伤、是委屈、是失落等。

二是要接纳正常的情绪。健康情绪不是指时刻处于阳光状态，而是所表现出的情绪应与所遇到的事件呈现出一致性。如果失恋了，伤心是正常的；如果遇到抢劫，恐惧是正常的；如果亲人离世了，悲伤是正常的；如果被误会了，愤怒是正常的。因此，当情绪体验符合客观事件时，第一时间暗示自己：我现在的情绪是正常的。这样一暗示，情绪张力就会下降，内心自然恢复平静。很多时候人的痛苦并不是来源于情绪本身，而是来源于对情绪的抵触。

三是要表达情绪。要知道，中国人的表达情绪很多时候都是在发泄，导致伤己伤人，妨碍沟通。例如，因为与朋友聚会回家晚了，妻子表达往往都是："这么晚才回来，你心里根本没这个家！""你真是太不像话了，要我说多少次你才能早点回来！"这样的表达一般都趋向于批评、指责，主语是"你"，表达之后往往会导致"战火"升级，沟通无从谈起，只会让人产生不快和愤怒，甚至夫妻关系破裂。健康的情绪表达应该是自己的情绪，主语是"我"。可以是这样的表达方式："你这么晚回来，我很担心你！""晚上我一个人会害怕，如果你早点回来陪我，会让我感觉非常幸福！"再加上温柔的语气，会让人感觉到妻子对自己的牵挂及恩爱，自然会怜惜起妻子来，进而调整自己的行为。

四是要陶冶情绪。情绪管理能力需要一段时间的培养及锻炼，可以从以下几个方面来培养：其一是尽量保持有规律的生活习惯，生活规律了，情绪自然也就会稳定而有规律；其二是注意他人的感受，能够帮助他人的时候不要犹豫，照顾或帮助他人会给你带来好的情绪；其三是培养自己的兴趣爱好，结交几个知心朋友，当情绪不好的时候，可以通过兴趣爱好或者与知心朋友的交谈来转移不良情绪。

3. 人的不安全情绪与事故

（1）不安全情绪是一种安全隐患

在实际生产作业中，由于工作不顺利、家庭不和谐、人际关系不融洽等原因，产生的不安全情绪很多。不安全情绪也是一种安全隐患，容易导致事故的发生。例如急躁情绪，

干活太毛糙，求成心切，生产作业过程中不慎重、不仔细，有章不循，这种情绪还容易随着环境的变化而产生。再如烦躁情绪，由于精神上感到压抑，精力不集中，生产作业时往往不能很好地进行协调，也容易导致事故。

在工作中因带着情绪上岗而导致发生事故的事例屡见不鲜。例如，有带着情绪上岗出现磕了碰了的、伤害到他人和设备的，消极怠工耽误生产甚至出现人身伤亡的，这些带血的教训告诉我们，在工作中情绪的好坏，直接影响着自身安全和他人安全。因此，不良情绪也是一种隐患，也需要"治理"。人的思想支配行动，当赌气的时候、心烦的时候，就有可能看什么都碍眼，进而迁怒于周围的人、机、物，致使工作中心不在焉、野蛮操作；当情绪高涨的时候，容易影响正常的休息，造成精神状态不佳，让人分心走神，很难全身心进入工作状态，甚至得意忘形，把安全置之不顾。因此，企业的各级领导不要无视职工的上岗情绪，要及时了解职工的思想脉搏，消除其不良的情绪，让职工轻装上阵，不带情绪工作。

企业就像一个大家庭，每个人都会有情绪，任何人都可能成为不良情绪的传播源，也可能成为受害者。因此，在日常生活中和生产作业中，员工必须学会情绪控制，不要将不良情绪带到工作中。当因一些琐碎事导致出现不良情绪时，一定要学会自我调节，换位思考，从客观实际出发，用积极、宽容的态度去对待一切人和事，建立良好的人际关系，遇事多换位思考，少钻牛角尖，把注意力放到工作上。对于领导来讲，必须做到心系职工，尽可能为职工创造和谐的工作和生活环境，多给予人文关怀，让不良情绪远离职工。

（2）不安全情绪容易引发事故

人在生产生活中，经常会遇到一些麻烦事，如感情问题、伤病问题等，而且也可能遇到这样的情况：明明不是自身问题，却受到无端指责……这些情况的出现都会导致情绪不佳。科学研究表明，情绪不好时，人体肾上腺素分泌是正常状态下的五六倍，极易引发说话办事不冷静、判断失误、注意力不集中等问题。当个人情绪欠佳时，周围员工还会遭遇"情绪感染"，造成工作氛围的不和谐。长时间的不良情绪，不仅对自己的健康不利，而且会影响企业的安全生产。

有这样两个事例，都是由于情绪波动，致使人员忽视安全，违章操作，结果导致事故的发生。

事例之一：掘进班组为了争第一、多挣钱不顾安全招来的事故

我们煤矿的付某是掘进工区的一名班组长，平时工作积极，时时处处总爱争第一。这本来是件好事，但如果不注意安全，就会惹出祸端。

那是1994年的时候，为了鼓励多进尺、多挣钱，工区制定了奖罚措施，三个班组月底根据进尺排名次，拿第一名的班组月底总计分上浮50%，最后一名降50%，第二名不奖不罚。

前两个月付某的班组组织得力，拿了第一名。可第三个月、第四个月不知什么原因开始走下坡路，挣的分又都赔了进去。这下可把付某急坏了，为了争第一，付某想尽了办法，就连违章的招也用上了。有一次空顶作业，被安监处查出严重违章；还有一次轨道超挂车、放飞车，被停止作业罚了款。眼看着这个月就快结束了，可是进度却落在了后面。为了争第一，这天还没有等开工前会，付某就叫放炮员先下井备足了炸药，自己又多拿了两个钻头，一个班下来，一拉尺子，迎头一个檐子头碍事，用镐刨不动，就差这 0.3 米了，依付某的性子岂可罢休。付某见安监员不在现场，眼看交班的时间也到了，就着急打了个浅眼，刚够 0.5 米就准备放炮。放炮员说："这是违章，不行。"付某大声吼道："你出去，出了事我负责！"他自己拉起母线蹲在扒装机后边，距迎头不足 50 米就放了炮，结果只听到"轰"的一声炮响，一股浓烟夹着碎煤直冲付某，付某眼前一黑，当时就昏了过去。工友们急忙把付某送往医院，经检查，付某没有生命危险，但是放炮产生的冲击波造成付某听力与视力下降、面容被毁，原来一个面目端庄的小伙子，变成了满脸的麻子。

事例之二：过节前慌慌张张接电源的教训

每到过"五一"的时候，我（刘红艳）就会想起 1997 年的五一劳动节，它让我终生难忘。因为当时我忙着过节，情绪急躁，违反了操作规程，险些丢掉性命。

1997 年五一劳动节的前一天，因为第二天就要放假了，同事们有的准备回老家探亲，有的准备出门旅游，都在着急地做准备。当时我是石家庄某化工厂的一名检修工人，也准备第二天去云台山玩，所以一心盼着下班后去市场采购东西做些准备。

那天上班后，分厂厂长就让我和另外两名同事干点活儿，有一处管道焊口开裂，需要补焊一下。按道理说这点活儿我以前经常干，算是小活儿。因另外两名同事节假日也有安排，当时大家心里只有一个念头，抓紧时间干完活儿后早些回家，于是就把安全规章忘到一边儿去了。身为组长的我负责分配工作，我让一名同事去拉电源线，然后接通电源。这名同事飞快地去拉电源线了，而按照规定只有电工才能连接电源线。我与另外一名同事去推电焊机，在最短的时间内我俩把电焊机推到了现场。到场地上一看，只见电源线的一头放在地上，另一头通往厂房内，我毫不犹豫地拉起电源线就往电焊机前拖。由于摇晃，我手中两个裸露的电源线接头不小心搭接在一起，只听"嘭嘭"两声，电线冒出了火花，吓得我赶紧扔掉电源线。只见去接电源线的同事连蹿带跳地跑出厂房，脸色焦黄，吓得连话都说不出来了。我跑进厂房一看，腿也被吓软了，只见电源刀闸已经合上了，闸盒已被烧得一片漆黑，保险丝也烧断了，原来刚才我手里抓着的是有 380 伏电压的电线。

面对此情景，我们三人坐在地上很长时间说不出话来。接电源线的同事说："都怪我，都怪我，应该先看看你们是否接好电源再合闸，幸亏你没有抓电源线接头，要不……"另一名同事也说："假如咱们把电工叫来，也就没有这个危险了。"我接过话说："也别幸亏了，也别假如了，都怪咱们违反操作规程，光想着干完活儿后回家。今天万幸，不然咱们这'五一'也就别过了。"这次教训，让我铭记终生。从那天起，无论在何种情况下，我再也没有违反过操作规程。

(3) 情绪水平失调时的表现

需要注意的是，人们在情绪水平失调时，言行上往往会表现出忧虑不安、恐慌、失眠、行为粗犷、眼神呆滞、心不在焉、言行过分活跃或者沉闷，出现与本人平时性格不一致的情绪状态。对于这种情况，管理人员如班组长最需要加以注意，要积极引导员工用理智控制不良情绪，这样做可以大大减少员工因情绪水平失调而诱发的不安全行为。

下面，我们来看两起因情绪水平失调导致的安全事故案例。

事例之一：带着情绪上岗，神情恍惚导致的伤手教训

想起那次事故，我至今还是心有余悸。有人说，时间是磨刀石，会磨灭所有的痕迹，但是那次深深印在我心上的痕迹，却是时间难以磨灭的。

那是1996年8月的一天，我上夜班。由于白天和丈夫因家庭琐事发生了争吵，我在上班的路上情绪就不好，满脑子都是家里的事，而且还有一些恍恍惚惚的感觉。开完班前会，我像往常一样来到机房，开始检查设备。我往常都是用手触摸一下泵的轴承看是否有发热和振动现象，而那天我却径直地走到8号高压泵面前，下意识地用手触摸"轴承"来感受温度。"天哪！"我一声惨叫，条件反射一般缩回手，但是鲜血已经从我攥紧的右手指缝里流出。当我回过神来，才知道我的手这次触摸的是每分钟2 000多转的对轮，而不是轴承。假如我的手被绞进了对轮，我的胳膊，我的身体，后果将……我已经不敢再想象下去了。

这起事故虽然过去了许多年，但每当我想起都会感到后悔不已。手指上的伤口虽然早已愈合了，可留在我心里的阴影却难以抹去。现在每逢阴雨天，右手指还隐隐作痛。我的教训说明，无论是在家里或是在班里发生什么事情，都要及时调整好心态，不能带着情绪上岗。只有集中精力工作，高高兴兴上岗，事故才能远离我们。

事例之二：神情恍惚，配电室关闭电源错误操作的教训

人要是在生活中遇到难事，情绪肯定会受到影响，不良的情绪直接会导致不良的操作，而不良的操作，最容易诱发不安全行为，发生事故。

1995年9月的一天，我谈了两年多的女朋友突然和我提出分手，我的心情坏到了极点。第二天上班时我满脑子想的都是女朋友的身影，心思根本就没放在工作上。当时还是学徒工的我跟着我的师傅处理夜班遗留问题——请电工维修离心泵。电工很快来到了机房，我师傅让我在操作室接听电话，他则陪同电工进入机房配合检修。电工需要更换电缆，便打电话通知我到配电室关闭离心泵电源。

我因为和女朋友分手的事一直神情恍惚，但心里也明白自己要去配电室关闭电源。于是，我走进配电室，打开配电柜的门后随手就把开关断开了，并按要求回到操作室给师傅和电工回了电话，告诉他们"电已停了"。谁知我刚坐下来一会儿，师傅就急急地走了进来，怒气冲冲地问道："你脑子想什么呢？去看看你断开的是哪个开关？想出人命啊！"

师傅的吼声把我从想女朋友的思绪中拉了回来，我跟着师傅到配电室一看，天哪！我断开的开关下边根本就没有接线！原来那是个备用开关，显然是我关错了，我吓得不知所措。多亏电工经验丰富，在操作前进行了逐项验电，这一验不要紧，原来离心泵仍然有电。事后师傅对我说，如果不是电工严格按操作规程办事，进行再次验电，说不定真要出人命。通过这件事，我告诉自己：不管自己在生活中遇到什么事，都不要把情绪带到工作中，因为只有这样，才能确保安全。

4. 人的情感特点与安全

情感包括道德感和价值感两个方面，具体表现为幸福、仇恨、厌恶、美感等。《心理学大辞典》对情感的定义是："情感是人对客观事物是否满足自己的需要而产生的态度体验。"情绪和情感都是人对客观事物所持的态度体验，只是情绪更倾向于个体基本需求欲望上的态度体验，而情感则更倾向于社会需求欲望上的态度体验。

情感是人类所特有的心理现象之一，人类高级的社会性情感主要有责任感、挫折感、理智感和美感等。

（1）责任感与安全

责任感是一个人所体验的自己对社会或他人所负的道德责任的情感。责任感的产生及其强弱，取决于对责任的认识。其包括两方面内容：其一是对责任本身的认识与认同。例如，责任范围、责任内容是否明确，制约着责任感的产生。责任不明，职责不清，不知道哪些事该管，哪些事不该管，不可能产生强烈的责任感。但是，即使是已经明确了责任，如果没有被自己所认同，也不能产生责任感。例如，虽然班组长根据安排或命令去从事某项工作，但自己心里不愿接受，或者心存疑虑，总想把任务推出去，在这种情况下，不可能产生较强的责任感。其二是对责任意义的认识或预期。责任本身的意义越重大，对责任意义的认识越深刻，对责任的情感体验也就越强烈。

责任感对安全的影响极大，很多事故的发生与责任心不强有关。一些人上班脱岗、值班时睡觉，班组长对班组员工疏于管理、监督，对工作拖沓、推延，作业时冒险蛮干、不遵守操作规程等，都是责任心不强的表现，极易导致事故发生。

（2）挫折感与安全

人在生产、生活、工作和学习中，并非总是一帆风顺，有时会遇到障碍，出现失败，产生挫折。所谓挫折，在心理学上是指个体在从事有目的的活动过程中，遇到障碍和干扰，致使个人动机不能实现、个人需要不能满足时的情绪反应。

人在做事时，有时成功，有时失败，但并非所有的失败都能导致挫折感。挫折感的产生有一定的条件，它与个人从事目的性的强度、造成挫折的障碍、个人对挫折的容忍力有关。挫折感一旦产生，便会对人的情绪、行为等发生重要影响。人在遭受挫折后，其情绪、行为会表现出异常。总的来说，不同的人对遭受挫折后的反应尽管不同，但基本上可归纳为两大类：积极、建设性的和消极、破坏性的。

为了防止或减少挫折感的产生，最基本的措施有两条：从客观上来说，应该尽可能改变产生挫折的情境。在从事有目的的活动之前，要做好物质上、思想上、管理措施上等各方面的准备工作，增大活动成功的把握，减少失败的概率。员工在生产作业中遇到困难时，要主动寻求别人或班组长的支持与帮助，作为班组长要主动关心自己的下属，及时给予鼓励，并切实解决其实际问题。一旦出现失败，应实事求是地分析产生失败的主客观原因，对由客观因素所造成的失败，要给予正视和认可，不要一味地强调员工的责任。要本着总结经验、吸取教训、以利再干的态度，恰当地指出，使之做到心服口服，这样有利于将挫折造成的负性情绪转向正性情绪，促进其升华。从主观上来说，作为员工，在确定目标时应该量力而行，切忌好高骛远，期望值要适度；在开始之前应有周密的计划，对可能出现的困难应有充分的心理准备，平时要加强意志锻炼；一旦失败要理智地控制自己的情绪，必要时可采取心理调适的办法（如情感发泄），尽快从失败的痛苦中解脱出来，把失败看作是成功的代价，变失败的痛苦为进一步奋斗的压力和动力。

（3）理智感与安全

理智感是一个人在智力活动中由认识和追求真理的需要是否得到满足而引起的情感体验。人在认识过程中，当有新的发现时会产生愉快或喜悦的情感；在突然遇到与某种规律相矛盾的事实时会产生疑惑或惊讶的情感；在不能做出判断、犹豫不决时会产生疑虑的情感；在下了判断而又感到论据不足时会产生不安的情感。所有这些情感都属于理智感。

一个人理智感较强，体现为求知欲旺盛、热爱真理、服从科学。这对安全生产是一种积极的有利情感。在现代化企业中，由于科学技术的飞速发展，出现了许多新的机器、设备、仪器和工艺手段。要熟悉、掌握和驾驭它们，单靠传统的经验、技能已无济于事，必须善于学习，不断更新自己的知识储备，努力学习技术技能，而要做到这一点，强烈的求知欲望是必不可少的。凡事不讲科学，仅仅满足于一知半解，固守从老师傅那里得到的陈旧经验，遇事冒险蛮干，不懂装懂，认为只要胆大就行，都是一种缺乏理智感的表现。抱着这样的情感从事生产活动，很容易在操作中出错，成为安全生产的威胁。

（4）美感与安全

美感是人对能激起或满足自己美的需要的一种情感体验。它是根据一定的审美标准评价事物时所产生的情感体验。美感的体验有两个特点：一是具有愉悦性，二是带有倾向性。因此，人们对美的事物往往百看不厌、百听不烦。对美的强烈追求，往往也成为人们生活中的一种动力。

在生活中，不同的人对美的理解是不同的。有的人以对工作负责、技术精熟，因而受到同事敬佩、领导表扬、社会尊重为美，当他们自己做到这些后，心里会感到美滋滋的；有的人则以外表漂亮、打扮入时、会吃会玩为美。前者是一种高尚的、内在的美，后者是一种表面的、庸俗的美。前者对生产中的安全是一种有利因素，因为它可以激励人们树立起较强的工作责任感和对技术精益求精的奋发向上的精神。后者则有可能使人沉溺于琐屑细小的日常生活，消磨人的意志，增强人的虚荣心。例如，一些工厂的青年员工不恰当地追求服饰美，认为穿劳动服是丑化自己，不是扔到一边，就是加以改造，使之失去了劳动保护的作用。一些女工为了不失去外表美，甚至戴着戒指、首饰等上岗操作机器，给安全带来隐患。如此等等，除了其他原因之外，主要是虚荣的爱美之心在作怪。因此，树立正确的审美观，克服美感对安全带来的消极影响，是进行安全意识教育的一项重要内容。

第三节　意志与安全

从词义上解释，意志是决定达到某种目的而产生的心理状态，常以语言或行动表现出来。从心理学角度来讲，意志是指人自觉地确定目的，并根据目的调节、支配自身的行动，克服困难，去实现预定目标的心理过程。意志是人的意识能动性的集中体现，是人类特有的心理现象。意志在人主动变革现实的行动中表现出来，对心理状态和外在行为有发动、坚持、制止和改变的控制调节作用。将意志引申就是意志力，意志力是指人们为达到既定目的而自觉努力的程度或坚强的意志品质。意志品质是一个人在生活中形成的比较稳定的意志特征，是个性的重要组成部分。

一、人的意志特点与作用

1. 意志的特点

意志从本质上来说，就是人自身对意识的积极调节和控制。因此，它对人的任何有意识活动的顺利而有效达成都具有非常重要的作用。人的活动不同于动物的活动。人的活动在绝大多数情况下都是有目的的。而为了确定活动的目的（目标），就需要有意志的参与。意志通过对意识的自我定向、自我约束、自我调节和自我控制，保证人们达到预定目的。因此，它对完成既定任务是必不可少的心理因素。

需要明确的是，人的意志以及意志力不是与生俱来的，而是在社会实践活动中逐渐培养锻炼出来的。

2. 意志的作用

人的行动主要是有意识、有目的的行动。在从事各种实践活动时，通常总是根据对客观规律的认识，先在头脑里确定行动的目的，然后根据目的选择方法、组织行动、施加影响于客观现实，最后达到目的。例如，新员工进入企业从事生产劳动，首先要确定行动目的，然后根据这个目的努力工作、刻苦学习，克服各种困难，争取在遵章守纪、操作能力、技术水平等几方面都得到发展，成长为优秀的员工。在这些行动过程中，不仅意识到自己的需要和目的，还以此调节自己的行动以达到预定的目的。意志就是在这样的实际行动中表现出来的。

意志的作用主要体现在以下三个方面：一是意志使认识活动更加广泛深入；二是意志调节着人的情绪、情感；三是意志对人的自我修养具有重要意义。

二、人的意志行动与意志过程

1. 意志行动与意志过程

人不仅需要认识客观世界，而且需要改造客观世界。与此相应，人的心理、意识，不仅能对客观事物产生认识过程和态度体验，更重要的是，能保证人对客观现实进行有意识、有目的、有计划的改造和变革。人的这种自觉地确定活动目的，并为达到预定的目的，有意识地支配、调节其行动的心理现象就是意志，或称意志过程。

需要注意的是，意志行动是在意志支配下实现的行动。意志行动不同于生来具有的本能活动和缺乏意识控制的不随意行动，只有意志参与的行动才是意志行动。例如，手遇针刺就会缩回，而打哈欠、摇头晃脑等一些无意的动作，都不是意志行动。

意志行动有其发生、发展和完成的历程，这一过程大致可以分为两个阶段：做出决定阶段和执行决定阶段。前者是意志行动的开始阶段，它决定意志行动的方向，是意志行动的动因；后者是意志行动的完成阶段，它使内心世界的期望、计划付诸实施，以达到某种目的。

（1）做出决定阶段

做出决定阶段一般包含确定目的或目标、制订计划、心理冲突、做出决策等许多环节。其目的是人的行动所期望的结果。

（2）执行决定阶段

执行决定是意志行动的最重要环节。因为即使在做出决定时有决心、有信心，如果不付诸行动，这种决心和信心依然是空的，意志行动也就不能完成。意志行动只有经过执行阶段，才能达到预定的目的；不执行决定，就没有意志行动可言。

2. 意志行动的基本特征

意志是在有目的的行动中表现出来的，这个目的是自觉的、有意识的。因此，人的意志行动有以下几个特征：

（1）行动目的的自觉性是意志行动的主要特征

所谓行动目的的自觉性，就是对行动目的方向具有充分自觉的认识。既不是勉强的行动，也不是无方向的、盲目的冲动，而是有意识、有目的、有计划的自觉行动。例如，人生来就会吞咽、眨眼、咳嗽等动作不是意志行动；疏忽、失误动作、习惯性动作、冲动性行为等亦非意志行动。意志行动的自觉目的性特征，不仅表现为能够自觉地想到、自觉地选择、自觉地意识行动的目的，而且表现为自觉地同意和采纳这种目的，并且有按照一定方向行动的决心，而这种决心通常要有很大的紧张性和毅力。

（2）与克服困难相联系是意志行动最重要的特征

意志行动一定是有意行动，而有意行动却不一定都是意志行动。例如，一般的有意动作，如打开窗子通风换气，打开收音机听广播等，都不能算作意志行动。意志行动总是与调节人去克服困难、排除行动中的障碍分不开的。可以说意志是否坚强，主要以克服困难的大小来衡量。通常需要面对的困难有两种：内部困难和外部困难。内部困难主要是指人的主观因素，如信心不足、情绪波动、私心杂念的干扰等。外部困难是指外在条件的干扰，如环境恶劣、工具缺乏、气候异常、别人干扰等。一个意志坚强的人，就是既能不断克服各种各样的内部障碍，又能不断克服各种各样的外部障碍，坚持到底，不达目的不罢休的人。

（3）意志行动以随意动作为基础，与自动化的习惯动作既有联系又有区别

人的行动是由简单的动作组成的。动作可以分为不随意动作和随意动作。不随意动作指事先没有确定目的的动作。如耳听到声音，头立刻转向声源，瞳孔的放大与缩小等。随意动作是由意识指引的活动，它是一种在生活实践中学会的动作。这种动作有简单的，如吃饭、穿衣、走路、跑步等；有复杂的，如学习、劳动、社会交往等。随意动作是意志行动的基础，如果没有随意动作，意志就无法表现。由于有随意动作，人才可以根据自己的目的去组织、支配、调节一系列的动作组成复杂的行动，以达到预定的目的。

（4）意志对行动的调节作用

意志对行动的调节作用有两个方面：一是发动，二是抑制。在实践活动中，意志对行动的发动和抑制作用，不是相互排斥的，而是相互联系、统一的。为了达到预定的目的，意志通过抑制和发动这两个作用，克服与预定目的相矛盾的行动，发动与预定目的实现有关的行动，实现对人的活动的支配和调节。

意志不仅调节外部动作，还可以调节人的心理状态。当员工排除外界干扰，把注意力

集中于完成生产作业时，就存在着意志对注意、思维等认识活动的调节；当人在危急、险恶的情境下，克服内心的恐惧慌乱，强迫自己保持镇定时，就表现出意志对情绪状态的调节。意志对行为的调节和支配并不总是轻而易举的，常会遇到各种外部、内部困难，因此，意志行动的实现往往与克服困难相联系。

三、人的意志品质与安全生产

人的意志有强有弱。构成人的意志的某些比较稳定的方面，就是人的意志品质。一个人的意志品质有好有差，好的意志品质通常被人们称为坚强的意志，或意志坚强；差的意志品质则通常被称为意志薄弱。坚强的意志品质主要是指意志的自制性、果断性、恒毅性和坚定性较强，而意志薄弱主要是指意志的上述品质较差。

1. 意志的自制性

意志的自制性或称自律性品质是一种自我约束的品质。有自制性的人善于克制自己的思想、情绪、情感、习惯、行为、举止，能恰当地把它们控制在一定"度"的范围内，抑制与行动目的不相容的动机，不为其他无关的刺激所引诱、所动摇。

意志的自制性品质对安全生产有重要影响。为了预防事故、保证安全，每个企业都有相应的劳动纪律和安全规章制度，需要员工自觉地加以遵守。而任何纪律本质上都是对员工某些行为的约束。只有具有良好的意志自制力才能自觉地按照规章制度办事，积极主动地去执行已经做出的决定。因此，这对从事现代化大生产的员工来说是一种必备的心理素质。在现实生活中人们不难发现，许多事故是出在违章操作上。尽管造成违章的原因是多方面的，但其中不容忽视的原因之一，是某些员工将必要的规章制度看作是可有可无的，从心理上不愿遵守，因而在行动上放纵自己。由此可见，要想保障安全，就要遵章守纪；而要遵章守纪，就必须加强意志自制性品质的培养。

2. 意志的果断性

意志的果断性即通常所说的拿得起、放得下。果断性集中反映一个人做决定的速度；但迅速决断不意味着草率决定，鲁莽从事，轻举妄动。前者是指在迅速比较了各种外界刺激和信息之后做出决断，其思想、行动的迅速定向是理智思考的结果；而后者则是在信息缺乏甚至是信息有错误时，不加分析地做出选择和决定，往往出现在感情冲动时采取的一种非理智的选择和决定。

意志的果断性对紧急重大事件的处理具有重大意义。在生产中，有些事故的发生是有先兆的，能否在事故发生前的一刹那，自觉采取果断措施排除险情，与生产作业人员的意志有很大关系。如果能在情况紧急时及时采取果断措施，就能够避免事故发生；相反则可能会延误时机，造成严重后果。当然，人的意志并不是单独存在的，还需要与其他心理因素相关联。

下面，我们来看三个与人的意志有关的事例。

事例之一：面对危险情景，冷静果断处置避免伤亡事故

2004 年 12 月 13 日，湖南省湘潭县某煤矿因压风机起火发生火灾，21 名矿工被困井下。时年 32 岁的李某是这次事故中第一个被从井下救出的矿工。出事时和他在一起的还有 4 个人，相距前后不到 100 米。

当天下午 6 时许，在李某前面干活、负责推平板车的张某告诉他，压风机短路着火，要他去切断电源。张某话音刚落，李某就看到眼前闪出一团巨大的电火，离他大约 40 米远。刹那间，滚滚浓烟朝他们逼近，他们 5 个人只有一步步往后退。此时，李某凭着自己在煤矿干过 18 年的经验，第一个念头就是冲过火团，跑到火源的另一端切断电源，占据安全区风巷口。他告诉另外 4 人必须冲过火团，然后用尽全身力气冲过了火团，而其他人十分慌乱，没有越过火团，最后都倒地中毒死亡。李某说，他从 14 岁就开始在矿井下作业，类似这种死里逃生的情形已经历过两次。"冷静是很重要的。"李某总结了他的逃生之道。

事例之二：液氨泄漏，启动应急预案及时排除险情

2005 年 7 月 8 日 7 时 50 分，河南油田某厂一联合车间安全员蒋某在巡查轻酮冷冻区时，突然闻到刺鼻的氨气味，引起了他的高度警觉。他迅速赶到冷冻区上风口，正碰到前来接班的范某检查完冷冻机房出来，范某说，冷冻机房里无氨气味。他俩由此断定，问题极可能出在冷冻机平台设备上。

于是，他们飞速跑到冷冻机平台北侧上风口，果然发现设备正向外喷射着白雾状气体，并发出"哧哧"的响声。见此情景，两人大脑的神经顿时紧张起来：液氨泄漏是重大事故的前兆，如不能及时排除，极易引起爆炸，后果不堪设想。面对危险，蒋某、范某和闻讯赶来的当班职工一起，一边立即打开消火栓，接好消防管线，对泄漏现场进行喷淋稀释；一边拨通火警电话，向消防队、车间领导和厂部报告。

此时，液氨泄漏气化形成的气体开始向炉区和套管区扩散，情况非常危急。车间领导针对出现的险情，立即启动氨系统泄漏应急预案，并指挥在场人员快速戴好氧气呼吸器，穿上防护衣，打开消火栓，接好消防带，进入现场。在消防水的掩护下，两名进入泄漏现场的职工，很快关闭了阀门，切断了泄漏点。

消防队接到报警电话后，立即赶赴现场。与此同时，厂部救援人员也匆匆赶到。然而，令救援人员意想不到的是，联合车间职工已经自行排除了险情，而整个排险过程只用了 10 分钟。

事例之三：临危不惧，安全员刘某抢救窒息工友

2004年8月11日16时，刘某与平时一样，身背瓦斯检测仪来到井下采掘工作面。18时50分左右，一名电车司机向他报告：2361当头所处的南部巷道有大量的煤尘随风飘来。凭着职业的敏感，刘某马上意识到情况不妙，有可能是瓦斯突出。他迅速戴好自救器，迎着越来越浓的煤尘向"2361"方向奔去。热浪扑面，煤尘飞扬，越往前走，能见度越低，快到南部巷道的一个石门工作面时，能见度已不到1米。

肯定是瓦斯突出！刘某立即想到这一带还有6名工人在作业。他们怎么样了？是生？是死？刘某来不及多想，立即向掘进工作面奔去。当他来到掘进工作面时，发现3名工人正蹲在一风门旁避难，见刘某到来，他们如遇救星，立即弯着腰跟着刘某撤到了100米外的安全地点。

找到了3个人，可还有3名工人没出来。刘某顾不上歇口气，立即换上另一台自救器又向"2361"奔去。此时，整个巷道已弥漫着浓浓的瓦斯，因为浓度太高，瓦斯检测仪已经无法检测出瓦斯的数据读数。井下仍在通电，设备仍在运转，此时只要什么地方冒出一点火花，就有可能引发瓦斯爆炸，后果是井毁人亡！是赶快撤出灾区，还是继续搜救工友？刘某根本顾不上细想，毅然奔向"2361"。

迎着随时可能吞噬人命的瓦斯和扑面而来的煤尘，刘某孤身一人在充满着死亡威胁的巷道中进行着艰难的搜索。走出200多米，刘某在下山巷道中发现了灯光，急忙走近一看，正是另外3名矿工中的一人，他已倒在地上。刘某急忙检查其瞳孔，检测脉搏，遗憾的是，这名工友已停止呼吸。来不及悲痛，也没有恐惧，刘某换上一部自救器又加带了三部，开始了对另外2名矿工的搜救。当他往前又走了100米后，终于见到了那2名矿工。走近一看，他们都已经窒息，倒在地上。

此时，刘某平时认真学习的专业知识在这关键时刻派上了用场：他迅速将风筒撕开一个口子，让新鲜风流直接对着这2名工人吹；先后对他们实施人工呼吸……如同即将枯死的禾苗遇到了甘霖，这2名矿工很快就恢复了心跳，渐渐苏醒过来。来不及高兴，刘某还惦记着在下山巷道遇难的那名工人。他命令这2名工人在原地休息待命，马上又赶往下山巷道。此时，矿领导和救护队员们也赶来了。在确认下山巷道中的那名工友已无法救活后，他们又立刻赶往"2361"，将另外2名工友抢救出了矿井。

事后，为表彰刘某英勇无畏的壮举，白沙煤电集团公司决定重奖他1万元，马田公司也决定奖励他6 000元。对个人这样重奖，在白沙煤电集团还是第二次。

3. 意志的恒毅性

意志的恒毅性也称坚韧性、坚持性，通常人们所说的坚持不懈、坚韧不拔、有恒心、有毅力、有耐力等，就是指恒毅性好的意志品质。与此相反的虎头蛇尾、半途而废、见异思迁、浅尝辄止、缺乏耐力等则是指恒毅性差的意志品质。顽强的毅力和顽固是有区别的。顽固是不顾变化了的情况，固执己见；顽强的毅力则是在意识到变化了的情况下仍坚持既定目标，务求实现。前者是一种消极的心理品质，后者是一种积极的心理品质。

恒毅性对于克服工作、生产中的困难，减少事故危害程度等是一种可贵的意志品质。俗话说，最后的胜利常常产生于"再坚持一下"的努力之中。"再坚持一下"的努力体现的就是意志恒毅性的品质。这种品质在遇到紧急情况时特别重要。例如，2002 年 3 月 27 日，在河南省宜阳县锦阳二矿打工的杨某被困井下 21 天后，奇迹般生还的事例就充分说明了这个问题。3 月 7 日下午锦阳二矿突发透水事故，和杨某同班的 7 名工友不幸遇难。精通水性的杨某在水涌来时，随水爬上一处平台，当时水已淹到脖子处，所幸的是水没有再上涨。他凭着坚强的毅力坚持着，断断续续地用所戴矿灯查看周围险情，饥饿时就喝身边的水，呼吸不畅时就慢慢放掉人力车轮胎内的空气吸上一口，水位下降时他随着水流的方向，用手扒煤，艰难地爬了 70 多米。终于他听到抽水的声音，被人发现，于 3 月 27 日下午 5 时 30 分获救。谈及井下 21 天的生死历程，杨某说，他是靠喝水和强烈的求生欲望战胜死亡、创造生命奇迹的。

4. 意志的坚定性

意志的坚定性是指对自己选定或认同的行动目的、奋斗目标坚定不移、矢志不渝，努力去实现的一种品质。意志的坚定性品质的树立取决于对行动目标的认识，认识越深刻，行动也就越自觉。认识到目标的意义越重大、影响越深远（对自己、对企业、对社会、对国家），所选定的目标也就越坚决，坚持目标的意志努力也就越强烈。此外，意志的坚定性还与一个人的理想、信念等有关。

坚定的意志品质对安全生产的影响很大。这是因为安全生产是以熟练的操作技能为基本前提的，而技能不同于本能，它不是人先天就具备的，而是后天学得的。要使操作技能达到熟练的程度，不经过意志的努力是难以想象的。许多人之所以不能使自己的操作技能达到炉火纯青的地步，而仅仅满足于能应付、过得去。除了其他原因外，更重要的就是缺乏意志的坚定性，不舍得花力气。此外，人要对本来感到厌烦的工作或职业建立起兴趣，并能维持这种兴趣，也要有坚定的意志品质。

第四节　注意与安全

从心理学意义上讲，注意是指心理活动对一定对象的指向和集中。注意是伴随着感知觉、记忆、思维、想象等心理过程的一种共同的心理特征。注意有两个基本特征：一个是指向性，是指心理活动有选择地反映一些现象而离开其余对象；另一个是集中性，是指心理活动停留在被选择对象上的强度或紧张度。指向性表现为对出现在同一时间的许多刺激的选择，集中性表现为对干扰刺激的抑制。注意的产生及其范围和持续时间取决于外部刺激的特点和人的主观因素。在企业员工生产作业中，需要员工保持很好的注意力，只有注意力集中，才能避免出现操作失误。

一、注意的概念、特征与功能

1. 注意的概念与特征

"注意"是人们在生活、学习、工作中普遍使用的一个词语。注意的基本含义有两个：一个是留意，即把心神集中在某一方面；另一个是重视、关注，即对某件事情、某个人物、某种现象加以关注。在心理学上，注意是指心理活动对一定对象的指向和集中。

注意是伴随着感知觉、记忆、思维、想象等心理过程的一种共同的心理特征。注意有两个基本特征，一个是指向性，是指心理活动有选择地反映一些现象而离开其余对象。二是集中性，是指心理活动停留在被选择对象上的强度或紧张度。指向性表现为对出现在同一时间的许多刺激的选择；集中性表现为对干扰刺激的抑制。注意的产生及其范围和持续时间取决于外部刺激的特点和人的主观因素。

注意，通常是指选择性注意，即注意是有选择地加工某些刺激而忽视其他刺激的倾向。它是人的感觉（视觉、听觉、味觉等）和知觉（意识、思维等）同时对一定对象的选择指向和集中（对其他因素的排除）。人在注意着什么的时候，总是在感知着、记忆着、思考着、想象着或体验着什么。人在同一时间内不能感知很多对象，只能感知环境中的少数对象。而要获得对事物的清晰、深刻和完整的反映，就需要使心理活动有选择地指向有关的对象。人在清醒的时候，每一瞬间总是注意着某种事物。通常所谓"没有注意"，只不过是对当前所应当指向的事物没有注意，而注意了其他无关的事物。

2. 注意的功能

如前所述，注意是心理活动对一定事物的指向和集中。指向是指从众多的事物中选择出要反映的对象；集中是指在选择对象的同时，对别的事物的影响加以抑制而不予理会，以保证对所选对象做出清晰的反映。

注意主要具有以下三个功能：

（1）注意的选择功能

对于作用于各种感受器的种种刺激只有加以注意，才能选出那些有意义的、重要的、

（

符合需要的刺激。从各种可能的动作中选出与完成当前活动有关的动作，从保存在头脑的大量记忆中选出与当前智力活动有关的记忆，都有赖于注意的作用。由于注意的作用，进入人们意识中的感知、动作和记忆的范围便大大地缩小了，其中一些（强的、重要的或新的）占有优势，另一些（弱的、无关的或很熟悉的）则受到抑制。如果心理活动没有注意的选择功能，人们就不可能将有关的信息检索出来，意识就会处于一种混沌状态。

（2）注意的维持功能

人们从外界获得的感知信息、从记忆中提取的信息，只有加以注意，才能保持在意识中或进行精致的加工，转换成更持久的形式存储在记忆中。没有注意的维持功能（即不加以注意），头脑中的信息就会很快在意识中消失，任何智力操作都无法完成。

（3）注意的调节和监督功能

在注意状态下人们才能对自己的行为和活动进行调节和监督。人的生活是有目标的，无论是积极的目标还是消极的目标，对于自我加以注意，才使人有可能对自己的行为与特定的目标相比较，注意反馈信息，并相应地调节、监督自己的行为，使之与特定的目标相一致。如果行为与目标不一致，就进一步加以调节，在反馈环节中进行不断的调节，直至实现目标为止。

3. 无意注意与有意注意

根据注意时有无目的性和意志努力的程度，可把注意分为两类：无意注意（不随意注意）和有意注意（随意注意）。

（1）无意注意的特点

无意注意是指事先没有预定目的，也无须意志努力的注意。无意注意的产生同客观刺激物本身的新异性、刺激物的强度、刺激物之间的对比关系、刺激物的变化等有关。通常新出现的事物、强烈的刺激等都容易引起人们注意。无意注意的引起，还与个人的主观状态相联系。当某一刺激物出现时，能否成为注意的对象，往往取决于人们的知识经验。当新的刺激出现时，如果对此一无所知，就不会去注意；如果很熟知，也不会引起注意。个人的需要与兴趣也影响着无意注意。凡是能满足人的需要和符合兴趣的事物，如物价、薪酬、奖金等信息容易引起无意注意。此外，无意注意也依赖于个人的心理状态。当人们精神愉快时，注意范围广，注意力也容易维持；当人们精神疲惫时，注意的阈限上升，甚至平时能引起注意的事物也被忽略。

（2）有意注意的特点

有意注意是指有预定目的并需要做出意志努力的注意。人们的实践活动是有目的有意识的，在达到预定目的的过程中，难免会遇到一些困难和挫折，需要调动人们的有意注意，通过意志的努力去克服。事实上，对意义重大的事物往往需要通过意志努力去集中注意。

由于有意注意的参与，人们才能借助内部语言进行自我调节和控制，努力排除干扰，把注意力维持在应该注意的对象上，这就保证了人们实践活动的顺利进行。

4. 无意注意、有意注意与安全的关系

数据表明，在所发生的事故中，由人的失误引起的事故占较大比例，而"不注意"又是其中的重要原因。引起不注意的原因有以下几个方面：

（1）强烈的无关刺激的干扰

当外界的无关刺激达到一定强度，会引起作业者的无意注意，使注意对象转移而造成事故。但当外界没有刺激或刺激陈旧时，大脑又会难以维持较高的意识水平，反而降低意识水平，并转移注意对象。

（2）注意对象设计欠佳

长期的工作，使作业者对控制器、显示器以及被控制系统的操作、运动关系形成了习惯定型，若改变习惯定型，需要通过培训和锻炼建立新的习惯定型。但遇到紧急情况时仍然会反应缓慢，出现操作错误。

（3）注意的起伏

注意的起伏是指人对注意客体不可能长时间保持高意识状态，而是按照间歇地加强或减弱规律变化。因此，越是高度紧张需要意识集中的作业，其持续时间越不宜长，因为低意识期间容易导致事故。

（4）意识水平下降导致注意力分散

注意力分散是指作业者的意识没有有效地集中在应注意的对象上。这是一种低意识水平的现象。环境条件不良，引起机体不适；机械设备与人的心理不相符，引起人的反感；身体条件欠佳、疲劳；过于专心于某一事物，以致对周围发生的事情不做反应。上述原因均可引起意识水平下降，导致注意力分散。

一般来说，人从生理和心理上不可能始终集中注意力于一点，不注意的发生是必然的生理和心理现象，不可避免。因此，班组生产作业中，在进行危险作业的过程中，对班组员工进行适当的提醒，是十分必要的，对于事故也能起到积极的作用。大量的事例说明，注意了就容易避免事故的伤害，不注意就可能导致事故的发生。

下面，我们来看两个注意与不注意的事例。

事例之一：留心注意排查出事故隐患获得嘉奖

2004 年 3 月 26 日，中石化巴陵石化烯烃事业部对及时排查重大隐患的一联合装置职工邓某给予 1 500 元的特别通报嘉奖。事情起因于当年 3 月 24 日凌晨。

3 月 24 日凌晨 3 时，担任一联合装置一班班长的工人技师邓某，在现场巡检到精制装置时，突然闻到一股较浓的液态烃刺激性气味。他当即敏锐地意识到可能有物料泄漏，并

想到：燃点极低的液态烃在管道压力下虽是液态，然而一旦泄漏出来，在常温常压下马上就会转为气态，且在空气中弥漫迅速，很容易在泄漏点周围几十米的空间范围内达到爆炸极限，即使现场没有明火，但只要有轻微的金属撞击，就可能引发整套炼油装置空间爆炸，后果不堪设想。

顾不得擦头上冒出的冷汗，邓某马上定下神来，小心翼翼沿着气味传来的方位进行全面检查。一番逐一排查后，他终于发现精制液态烃预碱洗混合器后一个三通处保温层内不断有液体往下滴。邓某当即向调度室、车间值班领导汇报。经拆除管道保温层，邓某敏锐的判断被证实——此处确有砂眼泄漏，正不断冒出一股液态烃和碱液的混合物。随即，邓某一边安排操作人员加强液态烃系统工艺参数的监控，对现场进行蒸汽保护；一边联系检修人员商讨堵漏方案，以带压堵漏方式进行紧急整改。由于邓某的及时发现和报告，一起可能引发装置紧急停车与恶性火灾、爆炸的事故得以及时避免。

事例之二：粗心马虎不注意造成的严重后果

2009 年 3 月 20 日 14 时 30 分，重庆市某特殊钢公司技质部物理室试样加工组在生产过程中，组长陈某根据当天加工任务，安排试样工张某操作 CA6140 型普通车床加工两个拉力试样。张某按照陈某的安排，开动车床加工试样，完成一个拉力试样的加工后，在加工另一个拉力试样时，感觉加工的难度较大，于是请组长陈某到车床前指导并站在陈某右边听他讲解。15 时 25 分左右，陈某在使用外缠砂布的锉刀抛光试样斜坡度的时候，由于未按安全操作规程穿戴劳动保护用品，没有注意将衣袖挽起，结果右手衣袖被旋转的拉力试样绞入，人被拉向车床方向，导致头与旋转的车床夹头撞击，整个身体趴在车床上。张某立即关闭车床并上报情况，现场人员急忙打电话求救，十几分钟后，120 急救车赶到现场，经检查确认陈某已经死亡。

二、注意的范围与注意的转移

1. 注意的范围

注意除了有无意注意（不随意注意）与有意注意（随意注意）的区别之外，还有范围、转移的变化。

注意的范围又称注意的广度，是指一瞬间人能清晰把握对象的数量。这就是说，注意的范围是短暂的时间内，如听一下、看一眼时，人们能清晰知觉的对象的数目。人与人的注意范围有所差异；一个人在不同的情况下，注意范围也有所差别。

影响注意范围的主要因素有：

（1）知觉对象的特点

被注意的对象分布越集中，排列越整齐、越有规则，则成为相互联系的整体，注意的范围就越大；反之，被注意的对象越分散，且杂乱无序、互不关联时，注意的范围就越小。

（2）活动任务与个体的知识经验

如果活动任务复杂，要完成的程序多，则注意的范围小。如果活动任务单纯，操作简便，注意范围就广。例如，单纯说出字词的多少，比辨认字词错误时注意的范围广。由于知识经验的不同，注意的范围具有个体差异。外语专家读外文材料时，阅读速度比普通人快，就是因为前者的知识背景丰富，注意的范围广。

2. 注意的稳定与起伏

注意还有稳定性的特点，而与注意的稳定性相反的，则是注意的起伏。注意的稳定与起伏各有其不同的特点。

（1）注意的稳定性

注意的稳定性是把注意力长时间地保持在所从事的活动或感知的对象上。这是注意在时间上的特性。但注意的稳定性并非长时间指向某个固定对象上，而是集中在与目前任务相关的一切活动上。虽然注意的具体对象会随着活动进程而变化，但其总方向保持不变。如学生上课时，看黑板、听讲、记笔记、思考等活动要交替进行，注意力不断从一个对象向另一个对象转移，但总是集中在课堂学习活动上。

（2）注意的起伏

人们在感知某一对象时，注意力很难长时间保持恒定不变。如当人们用心倾听钟表的嘀嗒声时，有时能听到，有时听不到，有时听得清楚，有时模糊不清。注意的这种周期性加强或减弱的现象，就叫注意的起伏。研究表明，对于不同的刺激，注意起伏周期的持续时间是不同的，对声音刺激注意起伏周期时间最长，其次是视觉刺激，而触觉刺激起伏周期最短。注意周期性的短暂的变化，人们主观上是觉察不到的，并不影响许多种活动的效率。

（3）注意的分散

注意的分散是与注意的稳定性相反的一种现象。是注意力离开当前的活动任务而被无关刺激所吸引，即人们常说的"分心"。引起注意分散的原因有主客观两方面。客观上，外界的干扰或无关刺激的出现，会引起注意的分散。如在上课时，教室外面有人走动或说话，就会引起学生分心。主观因素如疲劳或健康状况不佳时，注意的稳定性也受影响，容易因无关刺激的干扰而分散。

（4）保持稳定注意的条件

一是注意对象的特点。如果活动的任务明确而连贯，内容多样，丰富有趣，就容易保持稳定的注意；反之，如果活动无目的、无计划，内容单调，连贯性差，则注意的稳定性差。二是主观心理因素。兴趣广泛、情绪稳定、意志坚强的人，注意的稳定性好；而兴趣狭窄、情绪经常波动、自控能力差的人，注意的稳定性差。

3. 注意的分配

注意的分配是指在同一时间内把注意分配到不同的对象上，它是可能的，而且是有效的。注意分配现象在我们的工作生活中到处可见，例如教师一边讲课，一边还能观察学生听讲的情况；操纵机械的工人，一边观察仪表，一边控制和调节操作，有时还能注意周围环境的变化等。但是，注意的分配是有条件的。要想同时进行两种以上的活动，恰当地分配注意力，需要具备以下条件：

（1）要有一种活动达到熟练和自动化的程度

在同时进行几种活动时，至少有一种活动能够达到熟练化和自动化的水平，才能进行注意的分配。因为熟练的活动无须有意注意，就可把注意力集中在陌生的活动上。而当几种活动都不熟练时，很难分配注意力，活动效果差。如对"左手画方、右手画圆"的任务，普通人若不经长时间练习是难以完成的，要么两手画成同一个图形，要么两个都画不像，出现顾此失彼的现象。

（2）同时进行的几种活动必须有一定的联系

彼此紧密相连的活动，经一定的训练可以形成动作系统，无须特别用心就能按一定程序顺利进行。例如，司机驾驶汽车的复杂动作，通过训练后形成一定的反应系统，就可以不费力气地完成各种驾驶动作，并且把注意分配到其他与驾驶有关的事情上。

需要注意的是，在生产作业中，员工要特别留心注意分配，也就是在同一时间内，尽可能专注于工作而避免分心。分心的结果常常容易导致事故，这样的事例非常多，教训极其深刻。

4. 注意的转移

注意的转移是依据新的任务，有意识地、主动地把注意从一个对象转移到另一个对象上。在日常学习、工作和生活中，随着活动任务的变化，人们的注意力总在不断进行转移。注意的转移与注意的分散不同，注意的转移是有意识地、主动地把有意注意从一个对象转到另一个对象，而注意的分散是无意识地、被动地从一个对象转到另一个对象。

影响注意转移程度和难易的因素有以下两个方面：

（1）注意对象的特点和个人的态度

如果前后注意对象毫不相关，注意转移的难易就依赖于两种注意对象的吸引力。例如球迷看完精彩的球赛后，还久久沉浸在紧张、刺激的比赛中，注意力很难迅速转移到学习和工作上。在完成一项单调而且枯燥无味的工作后，立即从事自己感兴趣的活动，注意力则会迅速转移。

（2）神经类型和个性特点

神经类型不同的人，注意的特点有差异。神经类型强、平衡、灵活的人，注意容易转移；神经类型弱、不平衡、不灵活的人，注意转移慢。性格活泼、反应灵敏、意志坚强的人，容易转移注意力；性格呆板、反应迟钝、意志薄弱的人，注意转移困难。

第三章　人的个性心理与安全

　　个性心理是指一个人在社会化过程中形成的稳定的、带有个体倾向性的总的精神面貌。个性心理主要包含两个方面的内容：一是个性倾向性，二是个性特征。前者包括需要、动机、兴趣、理想、信念、世界观；后者包括能力、气质、性格。在这个世界上，不同的人有着不同的个性，但是不同的个性又有着比较相近的特点，例如内向个性、外向个性等。可以根据这些相近的特点，归纳为不同的个性类型，这样就可进行比较和研究。个性品质不仅与事业有着密切的关系，还与爱情、婚姻有着密切的关系。通常来讲，良好的个性心理不仅有利于获得事业的成功，也有利于保持良好的婚姻关系。当然，良好的个性心理也有利于保障生产作业的安全。

第一节　人的个性特征与需要层次

　　人与人之间存在着不同的特征，其中就包括心理方面的特征，即个性心理特征的不同。所谓个性心理特征，是指个体在社会活动中表现出来的比较稳定的成分，包括能力、气质和性格。人的个性心理特征的形成具有相对稳定性，例如说一个人脾气暴躁、性格外向，其含义是通过一段时间的了解，看到这个人的一些行为表现，才产生这样的评价。因此，心理特征在一段时间内具有相对稳定的特性。人的个性心理特征具有先天性和后天性的特点，有的心理特征是从小养成的，有的则是可以改变的。同样，安全需要的个性心理特征是可以培养、改变的。

一、个性概念与个性心理特征

1. 人的个性概念

　　人的个性心理特征，就是个体在社会活动中表现出来的比较稳定的成分，包括能力、气质和性格。

　　人的个性在某种程度上也相当于性格，是指在对人对事的态度和行为方式上所表现出来的心理特点，如开朗、刚强、懦弱、粗暴等。性格是一个人在对现实的稳定的态度和习惯了的行为方式中表现出来的人格特征，它表现一个人的品德，受人的价值观、人生观、世界观的影响。这些具有道德评价含义的人格差异，我们称之为性格差异。性格是在后天社会环境中逐渐形成的，是人的核心的人格差异。性格有好坏之分，能最直接地反映出一个人的道德风貌。

性格是后天所形成的，比如腼腆的性格、暴躁的性格、果断的性格和优柔寡断的性格等。人的性格是在社会生活中逐渐形成的，同时也受个体的生物学因素的影响。人的不同性格构成了社会人群的多样性、复杂性，人的不同性格往往会对人的命运产生影响。西方就有这样的格言："播下一个行为，收获一种习惯；播下一种习惯，收获一种性格；播下一种性格，收获一种命运。"

2. 人的个性心理特征

个性心理特征具有先天性和后天性、共同性和差异性、稳定性和可变性、独立性和统一性、客观性和能动性。例如，有的人生性活泼好动、喜欢交际，对这个人来讲，这种个性性格的形成是需要很长时间的，而人们对其之所以留下这样的印象，也是经过相当长的一段时间，看到这个人的一些行为表现，才产生这样的评价。因此，心理特征在一段时间内具有相对稳定的特性。个性心理特征在个性结构中并非孤立存在，它受到个性倾向性的制约。

个性心理特征是人的多种心理特征的一种独特的组合，集中反映了一个人的精神面貌的稳定的类型差异。例如，有的人聪明，有的人愚笨；有的人有高度发达的数学才能，有的人有高度发达的音乐才能。这是能力上的差异。能力标志着人在完成某项活动时的潜在可能性上的特征。有的人活泼好动、反应敏捷，有的人直率热情、情绪易冲动，有的人安静稳重、反应迟缓，有的人敏感、情绪体验深刻、孤僻，这是气质上的差异。气质标志着人的心理活动的稳定的动力特征。有的人果断、坚韧不拔，有的人优柔寡断、朝三暮四，有的人急功近利，有的人疾恶如仇，这是性格上的不同。性格显示着人对现实的稳定的态度和行为方式上的特征。能力、气质、性格统称为个性心理特征。

3. 个性倾向性

个性倾向性是推动人进行活动的动力系统，是个性结构中最活跃的因素。它决定着人对周围世界认识和态度的选择与趋向，决定着他追求什么，什么对他来说是最有价值的。个性倾向性主要包括需要、动机和价值观等。需要是个性倾向性的基础。人有各种需要，如生理需要、安全需要、交往需要、成就需要等。个性是人在活动中满足各种需要的基础上形成和发展起来的。人的一切活动，无论是简单的或是复杂的，都是在某种内部动力推动下进行的。这种推动人进行活动，并使活动朝着一定目标的内部动力，称为动机。动机的基础是人的各种需要。对一个人来说，什么是最重要的？想要怎样生活？又必须怎样生活？由此而产生的愿望、态度、目标、理想、信念等，都是由这个人的价值观所支配的。

价值观是一种浸透于人的所有行动和个性中的，支配着人评价和衡量好与坏、对与错的心理倾向性。价值观的基础也是人的各种需要。如果说需要是个性倾向性的基础，那么价值观则处于个性倾向性的最高层次。它制约和调节着人的需要、动机等个性倾向性成分。

人的个性总是在活动中体现出来的。在人的各种活动中，需要、动机是人活动的根源和动力；兴趣、爱好决定人活动的倾向；理想、信念、世界观关系着人的宏观的活动目标和准则；能力决定了人的活动水平；气质决定了人活动的方式；性格则决定人活动的方向。在活动中表现出来的人的个性心理的诸成分的综合，生动地表明一个人总的精神面貌。

4. 个性心理特征与事故发生

人的个性是在各种活动中体现出来的。在预防事故、发现事故、处理事故等安全活动的各个环节上，人都会体现出各自活动方式、活动水平、活动倾向、活动动机、活动方向的不同，因而也取得不同的结果。

在生产活动中，大部分事故都是与人为因素有关的。有关调查结果表明，86％的事故都与操作者个人麻痹或违章等因素有关。人为因素是大部分事故的起因。那么，这些肇事者在某些方面是不是有着一些共同的特点呢？大量的研究都证明了其有着共同特点。人们发现，缺少社会责任感、缺少社会公德、自负、情绪不稳定、控制力差、业务能力差等这些个性上的品质，都可以或多或少地在这些肇事者身上找到。在分析事故起因时，这些个性品质往往正是导致事故的直接原因。这也从实践中证明了人的个性与安全之间存在着内在联系。有些个性品质有助于做好事故预防，及时发现事故和妥善处理事故等各个环节的工作，而有些个性品质则不利于搞好安全生产。但无论如何，理论和实践都证明，个性与安全有着密切联系。在生产活动中，无论是要克服人的不安全行为，还是要及时辨识物的不安全状态，都要受到个性心理诸成分的制约和影响。

下面，我们来看几起事故。在导致这些事故的原因中都存在着人为因素，存在着个性心理成分的制约和影响。

事例之一：抢工图快、违章打眼与装药平行作业招来的伤亡事故

我是某煤电公司的一名员工。由于我班员工图快抢工作进度，在掘进施工过程中，打眼与装药平行作业，风锤钎子打到雷管引起炸药爆炸，造成我班员工1死5伤。

2005年4月的一个中班，我班7名工友进入运煤斜井下碛头，进行敲帮问顶等安全检查后，按照分工开始作业。我和另外两名工友负责处理轨道接头及做炮眼封泥，张某等3名工友则负责打炮眼，另一名工友则做管药、处理放炮母线。不一会儿，张某和罗某已打好了自己所负责的炮眼，而小赵因中途处理风锤水针而未打完，张某便主动协助小赵继续打右侧炮眼。罗某到下磨盘通知我们把炸药、封泥运到碛头后，便开始用风管吹炮眼。张某见炮眼已吹完，就让小赵自己打炮眼，他去装药，并说："我打的眼，我知道该怎么装。"

当装第29个炮眼的炸药时，小赵也在施工最后一个炮眼，但因角度偏移与左侧对应的已装药的3号眼打穿，钎头冲击3号眼内的引爆药卷，引发雷管炸药爆炸，正对该眼的张某下腹及大腿被严重炸伤，当即死亡，我与另外4名工友也不同程度受伤。矿调度室接到报告后，紧急通知救护队及医护人员赶赴现场施救，将我们抬进了医院。

张某永远地离开了我们，抛下了需要他照顾的父母妻儿。工友们，安全工作千万不要抢工图快，一定要规范自己的操作行为，严禁打眼与装药平行作业，切莫拿生命当儿戏！

事例之二：为赶时间早上井，群体违章作业招来的头部受伤事故

沈某曾经是山东省新汶矿业集团公司××煤矿机电工区的一名维修工，几年前因为一次群体违章事故被绞车滑头击中头部，至今每逢阴雨天就感觉头疼欲裂。一想起那次出事时的情景，他就后悔不迭："唉，群体违章差一点把命丢了，这真是个沉痛的教训。"

那是2005年4月的一天，工区领导安排沈某和李某还有其他单位的2名人员，一起把一车大件运到工作地点。由于当时快下班了，4个人一商量就没有按规程施工，私自使用绞车滑头作牵引，并且滑头与装运大件的平板车也没有用正规销子连接，而是直接找来一根钢钎代替，现场也没有使用信号联系。当时巷道左侧有一台喷浆机，右侧有一垛水泥，装运大件的平板车周围没有过多的间隙，沈某和其他3名工友为了赶时间早上井，没有进行清理就直接启动了绞车。在离绞车3.6米处，由于安全间隙不够，致使钢钎碰到了巷道左侧的喷浆机，导致滑头脱落弹回后击中了正在开绞车的沈某的头部，等他从医院醒来时，已经是3天以后的事情了……

如今的沈某什么工作都干不成了。他后悔地说："如果当时不图省事，找上一根正规销子做连接；如果当时不怕麻烦，把周围的物料清理干净后再行车；如果有灵敏可靠的信号及时打点停车；如果不群体违章，就不会发生这样的事了，我好后悔哟……"

事例之三：为图方便，翻越阳台护栏招来的高处坠落伤亡事故

2002年8月17日下午，某住宅小区工地上的施工人员汪某、夏某2人，对即将要验收的工程作一次验收前的检查。

下午2时40分左右，当汪某和夏某在4号门11层楼室内检查家庭防盗警报系统的接线盒后，要到5号门11层楼室内检查安装家庭防盗警报系统的接线盒。按照安全的行走路线，汪某、夏某二人本应该从4号门11层下楼出4号门，再从5号门底楼上到11层楼继续检查。但他们二人没有这样做，而是贪图方便，先是夏某翻越4号门11层楼阳台护栏，通过4号门与5号门11层阳台中间的女儿墙（高度3.3米）跨越到5号门11层阳台上（阳台相距1.2米）。此时对面阳台上的汪某将工具传递给了夏某，当传递完工具后，汪某即爬上护栏，在跨越阳台时从高处跌落，当即死亡。

这本是一起完全可以避免的事故，然而就这样发生了。一个活生生的生命就在这一步的跨越之间消失了，实在让人惋惜不已。

汪某是一名只有初中文化、年仅 23 岁的小伙子，做线缆工才 5 个月的时间，进公司的时候也曾参加三级安全教育培训。可是在工作时为了图方便，完全把自己的生命安全抛在了脑后，想当然地认为这样做是绝不会出事的，正是在这种侥幸心理的驱使下，导致了不该发生的悲剧。

二、人的需要特征和需要层次理论

1. 人的需要特征

人的存在和发展，必然需求一定的事物，类似于衣、食、住房、劳动、人际交往等，都是作为社会成员的个人及社会存在和发展所必需的。这种必需的事物反映在个人的头脑中就成为人的需要。因此，需要是个体和社会生存与发展所必需的事物在人脑中的反映。人的需要是多种多样的。根据其起源，可把需要分为自然性需要（饮食、婚配等）和社会性需要（劳动、交往等）；根据需要的对象，可把需要分为物质的需要（食物、住房等）和精神的需要（求知、审美等）。

人的需要在不同的年龄阶段、在不同的情境下、在不同的环境中，都存在着一定的差距。这种差距，有时很大有时较小，并不是固定不变的。

人的需要具有以下几个方面的特征：

（1）客观现实性

需要是人的本性。人的需要是在一定的自然条件或社会条件下产生的，它会随着客观条件的变化而变化、发展而发展。

（2）主观差异性

需要总是主观的，它以意向、愿望、动机、抱负、兴趣、信念等形式表现出来。正因为需要是主观的，而需要的广度依赖于人的自身状况及其生活的物质条件，所以人的需要又表现为丰富多样性和个别差异性。

（3）动力发展性

需要是个体活动的基本动力，是个体行为动力的重要源泉。人的需要是一个不断发展变化的动态结构，永远不会只停留在某一种水平上。从内容方面来看，需要的发展性，主要表现在两方面，即横向发展和纵向发展。从需要实现的手段上看，需要的发展性还表现在实现或满足需要的方式手段越来越多，水平越来越高。

（4）整体关联性

人的需要结构中的诸要素是相互联系、相互作用的整体。这种整体关联性表现为各种需要互为条件、互为补充。一方面，精神需要的存在与发展以物质需要的存在与发展为基础；物质需要的存在与发展又以精神需要的存在与发展为条件。满足精神需要一般来说应以物质需要作保障，满足物质需要必须要以精神需要作指导。另一方面，各种需要又是互为补充的。

2. 需要层次理论

美国心理学家马斯洛在 20 世纪 40 年代提出了需要层次理论，引起人们的广泛关注。马斯洛认为人的需要是多种多样的，按其强度的不同排列成一个等级层次。虽然所有的需要都出于人的客观需求，但是在某一时期，其中有一些比另一些对于人的生存和发展来说更加重要。当这一层次的需要获得满足之后，人将会被下一个需要层次所支配。马斯洛并不认为一个层次的需要必须完全获得满足之后，人才能够去处理下一个层次的需要。但是，马斯洛认为一个层次的需要必须能获得持续的和实质性的满足才能够去处理下一个层次的需要。

马斯洛认为，人的需要从低级到高级可以分为以下五类：

（1）生理需要

这类需要是人与动物共同具有的，即生存直接相关的需要，包括吃、喝、睡眠等。生理需要的某一种若不能获得满足，就会影响人的生活。举例来说，一个人可以在暂时的饥饿中仍有能力处理较高层次的需要，但是前提是这个人的整个生活不能笼罩在饥饿之中。

（2）安全需要

当生理需要被很好满足之后，安全需要则随之在人们的生活中起主要作用。安全需要包括对结构秩序和可预见性及人身安全等的要求，其主要目的是降低生活中的不确定性。

（3）归属与爱的需要

随着生理需要和安全需要的实质性满足，个人便将开始以归属与爱的需要作为其主要内驱力；人需要爱与被爱，需要与人建立交往和发展亲密的关系，需要有归属感，即要求归属于一个集团或群体的感情。如果这一层的需要没有满足，人就感到孤独和空虚。

（4）尊严需要

这种需要既包括社会对自己能力、成就等的承认，又包括自己对自己的尊重。前者导致威望、地位和被接受感，后者导致一种自足、自尊和自信感。对这一类需要缺乏满足，就会使人产生失落感、软弱感和自卑感。

（5）自我实现的需要

自我实现是指人的潜力、才能和天赋的持续实现；人的终生使命的达到与完成；人对自身的内在本性的更充分的认识与承认。马斯洛指出，音乐家必须作曲，画家必须绘画，诗人必须写诗，这种需要我们可称之为自我实现。

马斯洛认为，他所列出的五类需要是从低级到高级逐渐上升的。需要的层次越高，它在人类的进化过程中出现得越晚；高层次的需要在个体发展过程中出现得相对迟一些。特别是一些高层次的需要要到中年时才开始产生；虽然高层需要不直接与生存问题相关，但比起低层需要来，对高层需要的满足是人更加渴望的，因为高层需要的满足会导致更加深沉的幸福感，导致心灵的平静和更加丰富的内心生活。

马斯洛特别指出，当一层需要被满足之后，一个人便上升到另一层需要。但无论一个人在需要层次上已经上升到多高，如果一种较低层次的需要遭到较长时间的挫折，这个人都将退回到这一需要层次，并停留在这一层次，直到这层需要被满足为止。

3. 对需要层次理论的认识与启发

从马斯洛的需要层次理论中，人们可以得到一定的启示，使人们对于需要这一心理现象的本质和规律能够有更清楚和更深入的认识。

（1）人的需要有一个从低级向高级发展的过程。人从出生到成年，其需要基本上是按马斯洛提出的需要层次递进发展的。

（2）人在每一时期都有一定的需要占主导地位。但对成年人来说，在某一时期为何要有这种需要而不是那种需要，则是由其理想、信念和世界观所决定的，而非出于其需要本能。

（3）在一个成年人身上，各种需要往往是交织在一起的，很难用单一的需要来解释他的某种行为。比如一般人在选择职业时，既要考虑收入问题，又要考虑地位问题，还可能考虑前途问题；那么他最终选择的职业，便往往是考虑到多种需要而后平衡的结果。

（4）虽然人并非完全是在较低层次的需要获得满足之后才会出现较高层次的需要，但是低层次的需要未获满足，至少会干扰高层次需要的出现。人们很容易理解这样一个事实：当一个人进行某种创造性劳动，但处于寒冷和饥饿状态时，即使他用坚强的意志和崇高的理想控制自己工作，饥饿或寒冷还是会客观地引起他相应的生理反应，影响到他的情绪和思维，因而也客观地影响到他的工作，这是不以人的意志为转移的。

（5）较高层次的需要相对于较低层次的需要对于人的生存来说并不是那么迫切，但它却是社会中的人在其人生中所更为看重的。高层次需要的满足相对于低层次需要的满足的确更能给人以深沉的快乐感。高层次的需要更能激发起人的进取心，那么相应地，追求高层次需要未获满足时人也会产生更强烈的挫折感和失落感。

三、人的安全需要与安全行为

1. 安全需要是人的基本需要之一

人的需要与动机往往联系在一起，有需要就会有动机，有人认为需要和动机是人的一切行为的原动力。人的需要又是有层次的，先是满足最基本的生活需要，而后是满足社会和精神需要，人们的需要是不断地由低级向高级发展的。安全是每个人都需要的，如果把安全作为原动力，当人们感到不安全的时候，就会促使人们关注安全、重视安全。

安全需要是人的基本需要之一，并且是低层次的需要。保障人身安全是这一层次需要的重要内容。

在企业生产中，建立起严格的安全生产保障制度是极其重要的，如果没有保证生产安全的必要条件，那么这种客观的不安全会使人产生心理上的不安全感。如果某个工作场所曾经发生过事故，而企业领导又没有及时采取必要的安全防护措施，那么员工就认为这个工作场所是个不安全之地，就会担心自己不知何时也会碰上厄运，因而影响正常的工作情绪和操作动作的协调，这就有可能导致事故。因此，从生产管理的角度来看，企业领导应时刻把职工的安全放在首位，尤其是对于生产设备的选用、安装、检测、维修，操作规程的制定及执行等关键环节，更需要加倍注意。

2. 低层次的需要与安全

在人的各类需要中，安全需要继生理需要之后处于第二个层次。这并不意味如果生理需要未获得实质性的满足人就会不顾安全了。不过，如果意识到生理需要的满足还有某些欠缺，毕竟对关联着其他层次的需要活动就会有所干扰。尤其是在现实社会中，人们对于住房、薪酬收入这样的与生理需要相关的问题总是进行横向比较。究竟住房、薪酬收入等达到什么程度才能满足及满足到何种程度，只能是因人而异，很难有一个标准，这就使很多人容易因此产生压力感、挫折感、愤世嫉俗和心理不平衡。这样的心理状态，如果带入工作中，显然对安全生产是十分不利的。

3. 高层次的需要与安全

高层次的需要是指实现个人理想、抱负，发挥个人的能力到最大程度，达到自我实现境界的人，接受自己也接受他人，解决问题能力增强，自觉性提高，善于独立处事，要求不受打扰地独处，完成与自己的能力相称的一切事情的需要。也就是说，人必须干称职的工作，这样才会使他们感到最大的快乐。马斯洛提出，为满足自我实现需要所采取的途径是因人而异的。自我实现的需要是在努力实现自己的潜力，使自己越来越成为自己所期望的人物。

高层次需要的满足更能激发起人的进取心，更能使人自豪和快乐。那么相反，高层次需要未得到满足相对于低层次需要的未满足，也就给人以更严重的打击。在晋职、评奖、分配这些关系着人的名誉、地位、自尊、自我实现的需要等方面的工作，往往还不能做得尽善尽美。有一些员工，特别是那些工作能力较强、较有抱负的员工就容易因此受到挫折，产生强烈的不满情绪。如果把这种情绪带入工作，那么对于保证生产安全也将是十分不利的。

精神需要是人们的高层次需要，精神层面的满足是促使人们自身能力发展完善的重要驱动力。对于员工来讲，每个员工都想得到来自领导的奖赏与肯定，需要别人（包括领导、同事、亲友甚至陌生人）知道自己的价值和优点。作为企业管理者和班组长，应当学会用艺术的方法对员工进行奖赏，满足员工对荣誉的需求心理。

4. 人的动机特征与安全

在心理学上，动机一般被认为涉及行为的发端、方向、强度和持续性。通俗地讲，动机是指一个人想要干某事情而在心理上形成的思维途径，同时也是一个人在做某种决定时所产生的念头。

人们做事情一般来说总有一定的动机，动机是推动人进行活动的内部原因或动力。动机具有启发性、方向性、强度等特征，例如因饥饿引起吃饭的活动，为获得优良成绩而勤奋学习，为受到他人赞扬而尽力做好工作。吃饭活动、勤奋学习、尽力做好工作的行动分别由饥饿、获得优良成绩、受到他人赞扬的动机所驱动。

（1）动机的内涵

动机是由需要与诱因共同组成的，因此，动机的强度或力量既取决于需要的性质，也取决于诱因力量的大小。试验表明，诱因引起的动机的力量依赖于个体实现目标的距离。距离太大，动机对活动的激发作用就很小了。人有理想、有抱负，他的动机不仅支配行为指向近期的目标，而且能指向远期的目标。

根据动机对行为作用的大小和地位，可以将动机分为主导动机和非主导动机。主导动机是个体最重要、最强烈的、对行为影响最大的动机。非主导动机是强度相对较弱、处于相对次要地位的动机。在动机系统中，主导动机可以抑制那些与其目标不一致的动机，对个体的行为起决定性作用；非主导动机则起辅助作用。根据引起动机的原因，可以将动机分为内部动机和外部动机。内部动机是由内部因素引起的动机，外部动机则是由外界的刺激作用而引起的。相对而言，内部动机比较稳定，会随着目标的实现而增强；而外部动机则是不稳定的，往往会因目标的实现而减弱。

动机是在需要的基础上产生的，是需要的表现形式。如果说人的各种需要是个体行为积极性的源泉和实质，那么，人的各种动机就是这种源泉和实质的具体表现。虽然动机是在需要的基础上产生的，是由需要所推动的，但需要在强度上必须达到一定水平，并指引行为朝向一定的方向，才有可能成为动机。产生动机的另一种因素是刺激，只有当刺激和个体需要相联系时，刺激才能引起活动，从而形成活动的动机。因此，需要和刺激是动机产生的两个必要条件。

（2）动机的功能

从动机与活动的关系来看，动机具有下列功能：

1) 引发功能。人们的各种各样的活动总是由一定动机所引起，有动机才能唤起活动，它对活动起着启动作用，动机乃是引起活动的原动力。

2) 指引功能。动机使行动具有一定的方向，它像指南针和方向盘一样，指引着行动的方向，使行动朝预定的目标进行。

3) 激励功能。动机对行动起着维持和加强作用，强化活动达到目的。动机的性质和强度不同，对行动的激励作用也不同。一般来说，高尚的动机比低级的动机具有更大的激励作用；动机强比动机弱具有更多的激励作用。

由此可见，动机是个体活动的动力和方向，它好像汽车的发动机和方向盘，既给人的活动以动力，又对活动进行的方向进行控制。

（3）影响动机的因素

对个人动机的模式具有决定性影响作用的因素有以下三个：

1) 嗜好与兴趣。如果同时有好几种不同的目标，同样可以满足个人的某种需求，那么个人在生活过程中养成的嗜好，就会影响他的目标选择。例如，有人爱吃面条，有人爱吃米饭，同样为解决饥饿的需要，但是目标不同。

2) 价值观。价值观的最终点便是理想。价值观与兴趣有关，但它强调生活的方式与生活的目标，牵涉到更广泛、更长期的行为。不同的人有不同的价值观，在价值观上存在着较大的差异。

3) 抱负水准。抱负水准是指一种想将自己的工作做到某种质量标准的心理需求。一个人的嗜好与价值观决定其行为的方向，而抱负水准则决定其行为达到什么程度。个人在从事某一实际工作之前，自己内心预先估计能实现的成就目标，然后驱使全力向此目标努力，假如工作的结果其质与量都达到或超过了自己的标准，便会有一个"有所成就"的感觉（成功感），否则就有失败感、挫折感。

个人抱负水准的高低不同，基于三个因素：一是个人的成就动机，即遇事想做、想做好、想胜过他人。二是过去的成败经验与个人的能力及判断力，过去从事某事经常成功，自然就提高抱负水准；反之则降低。三是第三者的影响，如父母、教师、朋友、领导的希望、期待或整个社会气氛都指向较高目标，则个人的抱负水准自然也随之提高。

（4）动机与安全

总体而言，动机越强，效果越好。对具体活动而言，动机强度与工作效率之间是一种倒 U 形曲线关系。中等强度的动机最有利于任务的完成。各种活动都存在一个最佳的动机水平，它随任务性质的不同而变化。较容易的任务中，效率随动机的提高而上升；随着任务难度的增加，动机的最佳水平有逐渐下降的趋势。

人的各种行为都是由其动机直接引发的。为了克服生产中的不安全行为，人们应自觉地把安全问题放在首位，建立起安全生产，避免因发生事故而给个人带来伤害以及给企业带来财产损失。但是在生产实际中，也有少数人出于个人私利或侥幸心理违章操作，这种错误的动机往往可能导致严重的后果，是安全生产的大敌。建立安全生产的良好动机是十分必要的，但同时也要注意，如果动机过于强烈，反而会造成心理过分紧张甚至恐惧，操作时容易混乱、动作不协调，更易导致事故发生。

第二节　兴趣与安全

从词义上解释，兴趣是指兴致，即对事物喜好或关切的情绪。从心理学上解释，兴趣是指一个人力求认识某种事物或从事某种活动的心理倾向。不同的人会有不同的兴趣，同时，一个人在不同的年龄阶段也会发生兴趣的变化。人们的兴趣是多种多样、各有特色的，组成了丰富多彩的社会生活。在实践活动中，兴趣能使人们工作目标明确，积极主动，从而能自觉克服各种艰难困苦，获取工作的最大成就，并能在活动过程中不断体验成功的愉悦。在安全管理工作中，如果能够把员工的兴趣引导到安全工作上来，将会对安全工作有很大的促进作用。

一、人的兴趣特征与兴趣的发展变化

1. 兴趣的多种分类

人们常说，兴趣是最好的老师。在人们的学习、工作和生活中，兴趣能使人们工作目标明确，积极主动，并且能自觉克服各种艰难困苦，获取最大成就，并能在活动过程中不断体验成功的愉悦。

在心理学上，兴趣也是在需要基础上发生和发展的，需要的对象也就是兴趣的对象。正是由于人们对某些事物产生了需要，才会对这些事物产生兴趣。人的兴趣不仅是在活动中产生和发展起来的，又是认识和从事活动的巨大动力。它是推动人们去寻求知识和从事活动的心理因素。兴趣发展成爱好后，就成为人们从事活动的强大动力。凡是符合自己兴趣的活动，容易提高积极性，并且会积极愉快地去从事这种活动。兴趣对活动的作用一般有三种情况：对未来活动的准备作用；对正在进行活动的推动作用；对活动的创造性态度的促进作用。

人类的兴趣是多种多样的，可以用不同的标准进行分类。

（1）物质兴趣和精神兴趣

根据兴趣的内容，可以把兴趣划分为物质兴趣和精神兴趣。物质兴趣是以人的物质需要为基础，表现为对物质生活用品，如衣服、食物、房子等的兴趣。精神兴趣是以人的精神需要为基础，表现为对精神生活需求，如看电影、听音乐等的兴趣。

（2）直接兴趣和间接兴趣

根据兴趣的倾向性，可以把兴趣划分为直接兴趣和间接兴趣。直接兴趣是由事物或活动本身引起的兴趣。例如，对学习过程本身的兴趣，对劳动过程本身的兴趣。间接兴趣是指对活动结果的兴趣。例如，对通过学习取得职业的兴趣，对工作后获取报酬的兴趣。

（3）短暂的兴趣和稳定的兴趣

根据兴趣时间的长短，可以把兴趣分为短暂的兴趣和稳定的兴趣。短暂兴趣是和某种活动紧密联系的兴趣，它产生于活动中，并随着某种活动的结束而消失。稳定的兴趣具有稳固性，它不会因活动的结束而消失。

2. 兴趣的特征

人与人之间的兴趣存在着很大的差异，这种差异可以从以下几个方面加以分析：

（1）兴趣的倾向性

兴趣的倾向性是指人对于什么事物感兴趣。兴趣总是指向于一定的对象和现象。人们的各种兴趣指向什么，往往是各不相同的。有人对数学感兴趣，有人对哲学感兴趣。人们的兴趣指向的不同，主要是由于生活实践不同造成的，受社会历史条件的制约。我们也可以根据社会伦理的观点把兴趣区分为两类——高尚的兴趣和低级的兴趣。前者同个人身心健康和社会进步相联系，后者使人腐化堕落、有碍社会进步。

（2）兴趣的广度

兴趣的广度是指兴趣的数量范围。有人兴趣广泛，有人兴趣狭窄。兴趣广泛者往往生气勃勃，广泛涉猎知识，视野开阔。兴趣贫乏者接受知识有限，生活易单调平淡。人应该培养广泛的兴趣，但是最好还是要有中心兴趣，否则兴趣博而不专，结果只能是庸庸碌碌、一无所长。中心兴趣对于人们能否在事业上做出成绩起着重要作用。

（3）兴趣的持久性

兴趣的持久性是指对事物感兴趣持续时间的长短。人对各种事物的兴趣，既可能是经久不变，也可能是变幻无常。人在兴趣的持久性方面会有很大差异。有的人缺乏稳定的兴趣，容易见异思迁、喜新厌旧；有的人对事物有稳定的兴趣，凡事力求深入。稳定而持久的兴趣使人们在工作和学习过程中表现出耐力和恒心，对于人们的学习和工作有重要意义。

（4）兴趣的效能

兴趣的效能是指兴趣在推动认识深化过程中所起的作用。有的人的兴趣只停留在消极的感知水平上，喜欢听听音乐、看看绘画便感到满足，没有进一步表现出认识的积极性；有的人的兴趣是积极主动的，表现出力求认识和掌握感兴趣的事物。因此，后者的兴趣效能就高于前者。

3. 兴趣的发展

兴趣的发展一般经历有趣、乐趣、志趣三个过程。

（1）有趣

有趣是兴趣发展的第一阶段和最初水平。幼儿经常对任何事物都感兴趣，青少年和成年人常常为事物的新颖性所吸引而产生直接兴趣。这种兴趣具有表向性、情境性和弥散性，并且表现出变化性和不稳定性。

（2）乐趣

乐趣是兴趣发展的第二阶段和中等水平。它是在有趣的基础上发展起来的。当有趣逐渐趋向专一和集中，并对某一客体产生特殊的爱好时就成为乐趣。例如，某一中学生对书法感到乐趣，便积极练习书法。乐趣具有专一性和自发性。

（3）志趣

志趣是兴趣发展的第三阶段和高级水平。它是在乐趣基础上发展起来的，并且与个人的崇高理想和远大目标相联系。志趣带有自觉性、方向性和坚持性，并且具有社会价值。科学家、艺术家和社会活动家所取得的成就是与他们的志趣分不开的。

人与人之间在兴趣发展的过程中存在很大的差异。有的人可以较快地从有趣经过乐趣，发展为志趣；有的人却长期停留在有趣或乐趣阶段，达不到志趣阶段。

4. 兴趣与其他心理现象的关系

兴趣和需要有密切联系。兴趣的发生以一定需要为基础。人的兴趣是在需要的基础上，在生活、生产实践中形成和发展起来的。同时，已经形成的深刻而稳定的兴趣，不仅反映着已有的需要，还可滋生出新的需要。

在现实生活中，人们并不是对每种事物都可能感兴趣。如果没有一定的需要作为基础和动力，人们常常对某些事物漠不关心；相反，如果人们有某种需要，则会对相关信息和活动反应积极，久而久之，可以产生兴趣。如有的人对外语毫无兴趣，可是为了出国学习而努力学习外语，从而可能逐渐培养起对学习外语的兴趣。

兴趣与认知、情绪、意志有着密切的联系。人对某事物感兴趣，必然会对相关的信息特别敏感。兴趣可使人感知更加灵敏清晰，记忆更鲜明，思维更加敏捷，想象更加丰富，注意力更加集中和持久。兴趣还可以使人产生愉快的情绪体验，使人容易对事物产生热情和责任感。稳定的兴趣还可以帮助人们增强意志力，克服工作中的困难，顺利完成工作任务。

兴趣与能力也有密切联系。能力往往是在人对一定的对象和现象有浓厚的兴趣基础上而形成和发展起来的。反过来，能力也影响着兴趣的进一步发展。

二、人的兴趣在安全生产中的作用

1. 兴趣在安全生产中的作用

在生活、学习和工作中，一个人一旦对某事物有了浓厚的兴趣，就会主动去求知、去探索、去实践，并在求知、探索、实践中产生愉快的情绪和体验。因此，应该重视兴趣在安全生产工作中的作用。

在生产作业过程中，一个人对所从事的工作是否感兴趣，与他在生产中的安全问题密切相关。如果对所从事的工作感兴趣，首先会表现在对兴趣对象和现象的积极认知上，对兴趣对象和现象的积极认知，会促使人对所使用的机器设备的性能、结构、原理、操作规程等作全面细致的了解和熟悉，以及对与其操作相关的整个工艺流程的其他部分作一定的了解。在操作过程中，他会密切关注机器设备等是否处于正常状态。这样，如果机器设备、工艺流程或周围环境出现异常情况，他会及时察觉，及时做出正确判断，并迅速采取适当行动，因而往往能把一些事故消灭于萌芽状态。

对所从事的工作感兴趣，还表现在对兴趣对象和现象的喜好上。对于本职工作的喜好，可以使人在平淡、枯燥中感受到乐趣，因而在工作时容易情绪积极，心情愉快。良好的情绪状态有助于保持精力旺盛，减少疲劳，以及操作准确和及时察觉生产中的异常情况。

在劳动场所中还可以发现，热爱工作的人，其操作台往往是整齐干净，工具放置井然有序，自然工作起来就心情舒畅。而对工作兴味索然的人，操作台前则往往乱七八糟，有时候连急需的工具都找不到。这种"乱"的景况还往往容易把人的心境破坏，以及把操作动作搞乱，更不要说在发生紧急情况时能够采取正确行动了。在这样的情况下，很容易出事故。

对所从事的工作感兴趣，也表现在对兴趣对象和现象的积极求知与积极探究上。人们常说，兴趣是最好的老师。兴趣可促使人积极获取所需要的知识和技能，达到对于本职工作的知识技能的丰富和熟练，从而不断提高他的工作能力。这样，不但可提高工作效率，而且有助于对操作过程中出现的各种异常情况都有能力采取相应措施，防止事故的发生。

这里所说的兴趣，指的是稳定持久的兴趣、有效能的兴趣，而且最好还是直接兴趣。那种因一时新奇而产生的短暂而不稳定的兴趣，不仅对生产安全无益，而且往往还有害。因为新奇感过后，人更容易产生厌倦。同时，因对这项工作产生厌倦，他可能会把兴趣转移到别的地方去，见异思迁，这对于搞好本职工作往往会有消极影响。那种仅满足于对感兴趣的客体的感知，浅尝辄止，不求甚解的兴趣，也无益于做好工作。

2. 兴趣的培养与安全

在生产实际中，企业的生产性劳动一般都是比较平淡和枯燥的，若以功利标准来衡量，其职业经济收入少，也不容易出名。在一般情况下，许多人都很难自觉地对这样的工作产生兴趣。然而，对本职工作是否感兴趣又密切关系着生产中的安全问题，这就需要加强培养兴趣的工作。

培养对本职工作的兴趣，首先要端正劳动态度。只要有理想，有抱负，肯付出辛勤劳动，从事平凡的职业一样可以做出好的成绩；反之，即使谋取到了热门抢眼的工作，也会庸庸碌碌、一事无成。我国历年评选出的"全国十大杰出青年"中，既有为国家争光，做出突出贡献的优秀运动员和青年科学家，也有普通工人。这些普通人在平凡的岗位上取得了不平凡的业绩，他们应该成为人们学习的楷模。

培养普通劳动者的职业兴趣，除了要采取一定的思想教育手段外，更主要的是要搞好企业的经营管理，提高企业效益，让员工更多地看到并得益于自己工作的成绩和意义，促使他们保持高度的劳动积极性，产生对本职工作的兴趣。

3. 兴趣的培养与激励

兴趣对一个人的生活和活动有很大的作用，这种作用对于正在进行的活动能够起到积极的推动作用；兴趣同时也是一种具有浓厚情感的志趣活动，它可以使人集中精力去获得知识，并创造性地完成当前的活动。

人的兴趣是需要培养的，同时也需要激励，没有培养与激励，人的兴趣就很难产生。兴趣的培养是对自己而言，兴趣的激励则是对环境而言。

下面，我们来看几个技术能手的事例。在他们成为技术能手的过程中，不断培养自己学技术、学业务的兴趣，不断努力进取，最终成为优秀的企业员工。

事例之一：尽心尽责、爱岗敬业的空压岗位优秀操作工刘贤阳

1988 年 7 月，刘贤阳从九江石化技校毕业，分配到九江石化动力作业部的空分岗位。刚刚参加工作，成为石化工人中的一分子，刘贤阳常常抑制不住内心的兴奋，他暗下决心，要尽心尽责、爱岗敬业。

很快，这个不爱吭声、眼睛不大、身体壮实的年轻人就让人刮目相看。他把岗位操作流程记得烂熟于心，操作规程哪条在哪页、后面有什么标点都能说得出来。他说："我的记忆力不好，靠的是死记硬背，没有一点诀窍。别人看电视，我在背规程；别人打牌娱乐，我在背规程。夏天蚊虫多，我就一边扇着扇子一边背，当时也觉得学得很枯燥，但是没办法。心里就是抱着一个念头，只想尽快掌握操作方法，具有发现和处理事故隐患的能力，胜任岗位要求。"

现年已经40多岁的刘贤阳，每次上班提前半个多小时到岗，查看交接班记录，外出检查各设备运行情况，这是刘贤阳当班前的必备功课。多年工作中，刘贤阳总结了一套巡检方法：一是听摸，二是观察，三是对比。每次巡检，他把各个工艺数据和设备运行状况印在脑海里，与交接班前的情况作对比，只要有丝毫的变动就会引起他的警觉，马上查找原因，发现事故隐患，把事故消灭在萌芽状态。夏天天气酷热，他的两套工作服是轮流替换，一套湿了换下来晾晒，接着换另一套，大家笑称他为"时装秀"。冬天天寒地冻，他冒着凛冽寒风穿梭在现场，每次当班8小时，5个多小时在现场。在巡检中，他练就了"火眼金睛"的本事，一个小螺母松动脱落，他能发现；处在很隐蔽位置的一电机接头松动，他能发现，更别提温度、压力这些日常指标的稍微变动了。凭着踏实、勤奋和高超的技能，耕耘出一片安全成果：避免了热水站冷水罐顷刻冒水蒸气事故；发现运转中的润滑电动油泵响声异常问题；查找到干燥器底部腐蚀穿孔；看到离心机组一级出口温度有所上升果断采取措施，避免了停车事故……

"干一行、爱一行、钻一行"，刘贤阳谈起自己20多年的岗位经历，用了这短短的9个字。为了保证安全生产万无一失，刘贤阳碰到不同的声响，或发现异常的状况，总会多问自己几个为什么，决不放过任何蛛丝马迹，直到将问题弄个水落石出才行。2008年7月8日，他上白班巡检到一台往复式压缩机时，听到有细微的唰唰响声，时有时无，他有些不放心，围着这台压缩机反复查看，终于发现是碳刷打出微弱的火花而致，而这种火花白天用肉眼是很难发现的。

刘贤阳获得的各种荣誉证书堆在一起有1米多高，可他从未放松对自己的要求。在工作中，他从不论分内分外，主动把现场卫生、设备卫生、环境卫生搞得干干净净。有人问他，你这么干，工资奖金又不比别人高，这样做值得吗？他回答的一句话是：把企业当成自己的家，多干家务活就是了，谁在家里会计较干多干少呢？

事例之二：获得"全国十大杰出青年"称号的炼钢工人安继合

1992年的7月，刚刚走出校门的安继合做梦也没有想到，自己会在转炉一干就是15年。像许多同学一样，刚刚接触转炉的安继合对炼钢生产工艺还很陌生，虽然在课本上学过炼钢的专业知识，但是面对着转炉那样的庞然大物，安继合还是有点无所适从，不过他牢牢记住了父亲曾对他说过的话语：无论干什么，要干就干出个模样。

当时刚刚走上工作岗位不久的安继合脱下了学生装，换上了炼钢工人特有的白色阻燃服，开始和同学们一起到外地实习。炼钢这一行，脏、苦、累、热，而且有相当大的危险性，但是安继合并没有丝毫的退却，他像师傅一样四班倒，为了学到真本事，虚心求教，师傅干什么，他就抢着干什么。师傅没水喝了，他赶快去打水。吃饭时间到了，他赶快拿起师傅的饭盒去打饭。开始师傅还有所顾忌，但是时间久了，师傅也被他虚心好学的真情所打动，不禁喜欢上这个"懂事"的小伙子，不仅倾囊相授，而且还与他建立了深厚的友谊。有一次夜班，刚好赶上下大雨，大家都说不去了，反正是实习。但是安继合摇摇头，打开伞冲进雨幕。他想，这正是磨炼意志的时候，这点困难都退却，以后怎么面对 1 000 多摄氏度的钢水啊。在他的带动下，大家还是上岗了。功夫不负有心人，在实习的两年里，安继合不仅掌握了转炉炼钢的操作知识，而且还做了好几本厚厚的笔记。正是这些扎实的功底，为他以后当上一名合格的炉长奠定了基础。

多年来，安继合先后自学了《转炉溅渣护炉技术》《金属学》《氧气顶吹工艺和设备》等相关的技术书籍，具有较高的理论水平。在实践中，他参加了炼钢厂所有品种钢的开发和生产，积累了大量的生产经验。他有一摞厚厚的笔记本，大家都说里面有很多秘密。其实只有他知道，所谓的秘密不过是生产的数据记录。作为一名技术人员，数据的积累是最重要的，他常常告诉那些说它秘密的人，有什么秘密啊，想看就拿去看。在这方面，安继合一向是个大气的人。他说：个人的力量是微不足道的，我只不过是带了个头。

人生最大的快乐莫过于付出汗水之后的回报。多年来，安继合收获了很多的荣誉，曾获得过公司级技术标兵、青年岗位能手、天津市工业系统技术标兵、全国十大杰出青年技师等多个荣誉称号。在这些荣誉面前，他常常想：能取得今天的成绩，是企业给了他施展才华的舞台，唯有不断超越，突破自我，才能更进一步。

事例之三：披上公司劳动模范绶带的热电事业部女工孙林辉

1997 年，孙林辉成为热电事业部的一名新员工。她从"零点起步"，从事最简单的辅助操作。楼上楼下认知设备、管线，一遍一遍抄画流程，细做笔记，背记操作要领，孙林辉干劲十足，家里的床头，摆的都是岗位操作法。过热器的管廊被厚厚的保温层包住，为弄清走向，孙林辉拿着系统位置图，不知道在现场转了多少个来回。不到一年，孙林辉就掌握了辅机运行操作要领。她负责的岗位成了班里的"放心岗"。后来，孙林辉调到锅炉本体岗位，她再接再厉，由"新手"变成了"行家里手"。

在热电行业，锅炉司炉是特种操作，当司炉不仅要技术全面过硬，还要有高度的责任心，既要适应高强度的复杂劳动，注意力充分集中，还要处变不惊，灵活准确处理紧急情况。孙林辉决定"试试看"，向副司炉、司炉岗位迈进。

对照《锅炉司炉工人安全技术考核管理办法》，孙林辉全面学习压力、温度、介质、燃料、燃烧、通风、传热等方面的基本知识。熟悉锅炉的分类、结构及其工作原理。了解锅炉安全附件的名称、作用、结构及工作原理。牢记各种热工仪表、自控和连锁保护装置的用途及操作注意事项。摸清锅炉附属设备的用途和操作要领。在实际操作中掌握锅炉给水、炉水标准及常用的水处理方法。锅炉运行的操作要领在她心里滚瓜烂熟。锅炉启动前的检查、准备、点火、升压、运行、调整、压火、停炉等一系列操作，她都反复揣摩，向同事请教。

2004 年，她担任副司炉。在公司职业技能等级鉴定中，她第一个取得女司炉高级工等级认证。2006年3月，孙林辉坐在了司炉岗位上。同年，在事业部及公司技术比武中，她获第二名。2007年获第一名。以后在高难度的技术比武中，她又成绩名列前茅。

在平凡的工作岗位上，孙林辉踏踏实实地走好每一步，成为热电事业部女工中一颗璀璨的明星，多次被评为公司技术能手、百岗明星，披上公司劳动模范的绶带。

第三节　性格与安全

从词义上解释，性格是指人的性情品格，即在对人、对事的态度和行为方式上所表现出来的心理特点，如开朗、刚强、懦弱、粗暴等。从心理学上解释，性格是人对现实的态度和行为方式中较稳定的个性心理特征，是个性的核心部分，最能表现个别差异。不同的性格具有相对的稳定性，但是性格是可以通过自身的努力和环境的约束进行改变的，例如懒惰、孤僻等性格，只要自己下决心去改，是能产生明显效果的，懒汉可以成为勤奋者，悲观失望的人也可以成为生机勃勃的人。安全工作需要认真负责、小心谨慎，对此，就需要通过不断的教育培训，使员工逐渐形成良好的性格特征，这样才有利于保证安全。

一、人的性格特征与性格结构

1. 性格特征

性格是一个人在对现实的稳定的态度和习惯了的行为方式中表现出来的人格特征，它表现一个人的品德，受人的价值观、人生观、世界观的影响。性格是在后天社会环境中逐渐形成的，同时也受个体的生物学因素的影响。性格还是一种十分复杂的心理构成物，它有着各个侧面，并形成一个性格特征系统。

性格特征主要表现在以下四个方面：

（1）性格的态度特征

人对现实的态度主要是指对社会、对集体、对他人、对劳动以及对自己的态度。对社会、集体、他人的态度的性格特征有爱集体、富有同情心、善交际或孤僻、拘谨甚至粗暴等；对劳动的性格特征有勤劳或懒惰、革新创造或墨守成规、俭朴或浮华等。对自己的性格特征有自豪或自卑、大方或羞怯等。这类特征多数属于道德品质。

（2）性格的意志特征

一个人的行为方式往往反映了性格的意志特征。属于这类好的特征有自觉性、自制性、坚定性、果断性、纪律性、严谨、勇敢等，属于这类坏的特征有盲目性、依赖性、脆弱性、优柔寡断、冲动、草率、怯懦等。

（3）性格的情绪特征

性格的情绪特征是指情绪影响人的活动或受人控制时经常表现出来的稳定特点，主要表现在情绪反应的强弱和快慢、起伏的程度，保持时间的长短，主导心境的性质等方面。如暴躁、温和，乐观、悲观，热情、冷漠等。

（4）性格的理智特征

人的感知、记忆、想象、思维等认识过程方面的个别差异，即认知的态度和活动方式上的差异，称为性格的理智特征。例如，在感知方面有主动观察型和被动感知型，详细分析型和概括型，快速型和精确型的差别。

2. 性格结构

性格是一个人对现实的稳定态度和习惯化的行为方式。应当注意的是，并不是人对现实的任何一种态度都代表他的性格，在有些情况下，对待事物的态度是属于一时情境性的、偶然的，那么此时表现出来的态度就不能算是他的性格特征。性格不是多种性格特征的简单堆积，而是性格的多种特征以独特的方式组成的一个完整结构。

性格的结构具有以下四个特点：

（1）性格结构的完整性

一个人的各种各样的性格特征并非彼此孤立地存在，而是相互联系、相互依存地成为一个系统。比如在反映对劳动、工作态度的性格特征方面表现出认真负责、踏实勤奋的人，往往在性格的意志特征方面表现出有较好的坚持性和自制力，在性格的理智特征方面表现出谦逊的品质，在性格的情绪特征方面遇事沉稳冷静。由于性格特征之间存在着相互联系，因此只要了解一个人的某一种或某几种性格特征，就可能推测出其他特征。

（2）性格结构的复杂性

性格虽然是完整的系统，但是它的完善性与统一性不是绝对的。随着人的活动的多样性与多变性，性格也表现出极其复杂性。有的人性格较完整、完善，在各种场合表现都一致。有的人性格就不太完整、完善，在不同场合表现出不同的性格特征。例如，有的学生在校努力学习，热心社会工作，举止端庄，可是在家里态度骄横，不愿参加家庭劳动。有的人性格的某些特征在一定场合的表现也有程度之分。例如，一个懒散的学生在娇惯他的父母面前其弱点表现较多，在老师面前则可能表现较少。因此，只有在各种环境下多方面地考察性格，才能洞察一个人的性格全貌。

（3）性格结构的稳定性与可塑性

由于性格是在不断地受社会生活条件的影响、教育的影响和自身实践的锻炼下，长期塑造而成的，所以性格一经形成就比较稳定。然而，客观事物是极其复杂、不断发展变化的，人们之间的接触与交际也是纷繁复杂的，这种现实影响的多样性和多变性，又决定了人的性格不是一成不变的。因此，性格既是稳定的，又是可变的。正是因为人的性格具有一定的稳定性，人们才能识别一个人的性格，并根据他的性格特征预测他在一定情境中可能出现的行为。又由于性格具有可塑性，人们才有可能培养性格和改造性格。

（4）性格结构的典型性与个别性

性格的典型性是指某一集团人们共有的本质特征。人作为一定社会集团的成员，与该集团其他成员具有大致相同的经济、政治和文化的条件，从而在其身上也形成该集团成员共有的、典型的性格特征。此外，作为一定社会集团成员的个人的具体生活条件，所受的教育以及所从事的种种活动，又是千差万别的。这一切反映到人的性格上，就形成了性格的个别性。可见，每个人的性格都是典型性与个别性的统一。

3. 性格结构的可塑性

人的性格可以因经历、环境、教育等因素而改变。在经历、环境、教育因素的影响下，人可以不断地克服不良性格，培养优良的性格特征。经历，尤其是给人以强烈刺激的经历，对于性格的改变可以产生相当大的作用。

在安全教育中，通过事故案例教育往往能够收到比较好的效果，特别是那些自己亲身经历的险肇事故、亲眼所见的惨痛事故教训，更能够刺激人们安全意识，从而改变自己的不良习惯，改变自己的不好的性格。

有这样两个事例，都是通过亲身经历的险肇事故，改变了自己的性格，也改变了对安全的认识。

事例之一：眼眉处长长的伤疤告诫我小心谨慎

我是山东济宁化肥厂的一名职工。在我的工作经历中，由于那一次违章作业而带给我的伤害，成了我刻骨铭心的记忆。每当我轻轻抚摸着眼眉处长长的伤疤，那血淋淋的一幕便不时在我眼前浮现，久久挥之不去。

那是 2000 年 11 月 22 日上午，车间安排我进行设备管道改造，当时脚手架已经搭好了。与平常上班一样，我拿起测量工具直奔现场进行管道测量。脚手架板离地面 3 米多高，按规定登高作业必须佩戴并系好安全带。而年轻的我没想太多，认为只是落实一下管道改造尺寸，几分钟就可量完，系上安全带还不够麻烦的，因此，没系安全带就上去了。很快我就测量完毕，就在我准备下脚手架时，突然一只脚踩空，身体顿时失去了重心，情急之中我顺手抓住了照明线路护管，谁知护管由于多年锈蚀，难以支撑我巨大的拉力，使我整个身体从 3 米多高处坠落下来，我惨叫一声便失去了知觉。等我醒来的时候，已经躺在医院急诊科的病床上，同事告诉我，我的左眼眉处缝合了 8 针，要不是护管的支撑缓冲，而直接跌落在水泥地上，后果将不堪设想。

躺在病床上，我是既后悔又后怕，想想当时要是系上安全带，就什么事也不会发生，为什么就不能小心谨慎一些呢？从那以后，眉间的伤疤在时刻提醒我，不管干什么工作，首先想到的是安全。一次教训，终生难忘啊！

事例之二：在"鬼门关"走了一圈之后改变了我年轻气盛的性格

虽然已是很多年前的事，但至今仍使我记忆犹新。那时我（郑某）在河南省安阳化工集团公司车间是一名检修工，因我在工作中踏实肯干，所以经常被借调到其他车间去支援检修工作。1993年厂里年度大修，我被借调到检修任务最繁忙的合成车间去支援，并且被安排在众多高大的设备塔之间从事管道焊接。自己当时年轻气盛，胆子又大，作业时经常为了焊接时走动方便，在高处作业身上只是系着安全带而没有挂好，以做个样子应付检查，尽管这样也没能逃过安全员的眼睛。

一天，我在高空架板上焊接管道干得正起劲时，忽然听见车间安全员在远处对我大声喊叫："喂，停下，快把安全带挂好！"我听后不以为然，大声回答："不要紧，没事的！"安全员坚持道："把安全带挂好吧，太危险啦！"为了把他支走，我就说："好好，我马上挂！"并做出挂好的样子，等他离开后我还是没有挂好。干着干着就听"啪"的一声，我不小心坠落到下面一层架板上，顿时我两眼发黑，头脑一片空白，吓得浑身发抖。清醒后我发现自己只受点轻伤，幸亏坠落到下层架板上，要万一坠落到地面上后果就不堪设想，因为我作业的高度离地面足有六七米啊。

这起事故发生后我时常反思：自己为什么要把安全员的提醒当作耳旁风，只顾工作不要安全，如果出了大事故，那么美好的未来都会化为泡影。我时常用自己的亲身经历教育工友们以我为戒，在工作中时刻把安全放在首位，杜绝事故发生，同时自己也改变了原来年轻气盛的性格，变得沉稳谨慎。

当然，在生产活动中，并不是每个人都得亲身经历一场事故之后才去注意改变不良性格，而是应该把别人的事故当作一面镜子，检讨自己在性格等方面是否存在着不良品质，引以为戒，克服缺点。

在良好性格的形成过程中，教育和实践具有重要的意义。一个人的性格具有相对稳定性，不是一朝一夕就能改变的。为了取得安全教育的良好效果，对性格不同的员工在进行安全教育时应该采取不同的教育方法：对性格开朗，有点自以为是，又希望别人尊重他的员工，可以当面进行批评教育，甚至争论，但一定要坚持说理，就事论事，平等待人；对性格较固执，又不爱多说话的员工，适合于多用事实、榜样教育或后果教育方法，让他自己进行反思并从中接受教训；对于自尊心强，又缺乏勇气性格的员工，适合于先冷处理，后单独做工作；对于自卑、自暴自弃性格的员工，要多用暗示、表扬的方法，使其看到自己的优点和能力，增强勇气和信心，切不可过多苛责。

二、性格类型区分与安全的关系

1. 性格类型的区分

不同的人具有不同的性格，人的性格呈现出不同的特点。人的性格表现了他对现实和周围世界的态度，并表现在他的行为举止中，而且主要体现在对自己、对别人、对事物的态度和所采取的言行上。

人的性格千姿百态，但是许多性格又具有相同相近的特点，因此，多年以来，许多心理学家力图将性格加以分类，找出性格的类型。一般来说，性格的类型是指一类人身上所共有的性格特征的独特结合。

常见的性格分类方法主要有：

（1）按理智、意志和情绪哪种在性格结构中占优势来划分性格类型。理智型人用理智衡量一切和支配行动；意志型人行动目标明确、积极主动；情绪型人情绪体验深刻、举止受情绪左右。除上述三种类型外，还存在着混合型，如理智意志型等。

（2）按个体心理活动倾向于外部或倾向于内部来确定性格类型。这是一种最为普遍采用的分类。外倾型人注意和兴趣倾向于外部世界，开朗、活泼、善于交际；内倾型人注意和兴趣集中于内心世界，孤僻、富有想象力。但多数人属于中间型。

（3）按个体独立性的程度把性格分为顺从型和独立型。顺从型的人独立性差而易受暗示，不加批判地接受别人的意见并照办，也不善于适应紧急情况；独立型的人独立性强并有坚定的个人信念，喜欢把自己的意志强加于人，在紧急情况下不惊慌失措，能独立发挥自己的力量。

2. 性格的测定

人的性格主要是通过言语、行为和外在风貌表现出来的，性格的外部表现为研究性格提供了依据。通过对一个人外部表现的研究，可以判断他的性格。心理学家已经采取许多办法来进行性格测定，比较常用的有以下几种方法：

（1）投射法

这是一种利用某些图画材料提出问题，让受试者对它做出回答时，自然地流露出自己的心理特点。

（2）观察法

这是一种通过观察和分析一个人的日常言行、外表来判断其性格特征的办法。可以是长期有计划观察，也可以是短期有计划观察。

（3）自然实验法

这种方法是让受试者在正常从事某项活动时完成一些实验性试题，以反映出他的性格。

（4）谈话法

这是一种试图在与受试者进行各种谈话时进行观察和分析，确定受试者性格的方法。

（5）作品分析法

这是通过对受试者的日记、信件、命题作文及其他劳动产品的分析而进行的。

性格是十分复杂的心理现象，如果仅采用单一的方法进行判断，其结果往往有很大的局限性。只有将多种方法综合运用，才可能对一个人的性格做出合乎实际的结论。

3. 易引发事故的性格类型

在企业里，可以看到一些对待工作马马虎虎、干活懒散等性格的人，他们在工作中往往是有章不循、野蛮操作。一些研究表明，事故的发生率和员工的性格有着非常密切的关系，无论技术多么好的员工，如果没有良好的性格特征也常常会发生事故。

具有以下性格特征者，一般容易发生事故。

（1）攻击型性格

具有这类性格的人，常常是妄自尊大，骄傲自满，在工作中喜欢冒险，喜欢挑衅，喜欢与同事闹无原则的纠纷，争强好胜，不接纳别人的意见。这类人虽然一般技术都比较好，但也很容易出大事故。

（2）孤僻型性格

这种人性情孤僻、固执、心胸狭窄、对人冷漠，其性格多属内向，与同事关系不好。

（3）冲动型性格

这类人性情不稳定，易冲动，情绪起伏波动很大，情绪长时间不易平静，因而在工作中易忽视安全工作。

（4）抑郁型性格

这类人心境抑郁、浮躁不安，由于长期心境不佳，闷闷不乐，精神不振，导致干什么事情都引不起兴趣，因此很容易出事故。

（5）马虎型性格

这种人对待工作马虎、敷衍、粗心，常引发各种事故。

（6）轻率型性格

这种人在紧急或困难条件下表现出惊慌失措、优柔寡断或轻率决定、鲁莽行事。在发生异常事件时，常不知所措或鲁莽行事，使一些本来可以避免的事故成为现实。

（7）迟钝型性格

这种性格的人感知、思维或运动迟钝，不爱活动、懒惰。由于在工作中反应迟钝、无所用心，亦常会导致事故发生。

（8）胆怯型性格

这种性格的人，懦弱、胆怯、没有主见。由于遇事爱退缩，不敢坚持原则，人云亦云，不辨是非，不负责任，因此在某些特定情况下，也很容易发生事故。

上述不良性格特征，对员工的生产作业会发生消极的影响，对安全生产极为不利。但由于工种的不同以及作业条件的差异，所以具有这些不良性格特征的人，发生事故的可能性也有很大差异。不过，从安全管理的角度考虑，班组长应对具有上述性格特征的人，加强安全教育和安全生产的检查督促。同时，尽可能安排他们在发生事故可能性较小的工作岗位上。而对某些特种作业或较易发生事故的工种，在招收新员工时，必须考虑与职业相关的良好的性格特征。

4. 性格与安全管理

企业生产的安全管理是保证安全生产的关键环节，特别是班组的安全管理更为直接。在班组安全管理中，需要考虑员工性格的因素，在一些危险性较大或负有重大责任的工作岗位，应对上岗人员进行性格上的认真了解。对具有明显的不良性格特征的人应坚决调离。对于留下来的员工，也应该常与他们接触，了解他们的思想状况和性格变化。

应该特别注意的是：大胆与轻率、果断与武断、谨慎与胆小属同一倾向的性格特征，不像勇敢与胆怯、慎重与鲁莽这类对立倾向的性格特征那样界限分明而容易区分。属同一倾向的两种性格特征由于两相接近而不好分辨，有时会侧重其倾向性而忽略其优劣的界限以及潜在的发展趋势。在企业和班组的安全管理中，要重视对这类同向性格特征的区分，避免因辨识失误导致严重的后果。

第四节　气质与安全

从词义上解释，气质是指人的生理、心理等素质。延伸出来，还可以指风骨，以及诗文慷慨的风格。按照比较通俗的解释，气质是人的姿态、长相、穿着、性格、行为等元素结合起来，给别人的一种感觉。气质是用来形容人的，而相对而言，形容场所的各种感觉，则是用气氛来形容。从心理学上解释，气质是指人典型的、稳定的心理特点，包括心理活动的速度（如语言、感知及思维的速度等）、强度（如情绪体验的强弱、意志的强弱等）、稳定性（如注意力集中时间的长短等）和指向性（如内向性、外向性）。这些特征的不同组合，便构成了个人的气质类型，它使人的全部心理活动都染上了个性化的色彩，属于人的性格特征之一。气质类型通常分为多血质、胆汁质、黏液质和抑郁质四种。

一、人的气质类型与特点

1. 气质的概念与特点

气质是人的个性心理特征之一，它是指在人的认识、情感、言语、行动中，心理活动发生时力量的强弱、变化的快慢和均衡程度等稳定的动力特征。主要表现在情绪体验的快慢、强弱，表现的隐显以及动作的灵敏或迟钝方面，因而它为人的全部心理活动表现染上了一层浓厚的色彩。它与日常生活中人们所说的"脾气""性格""性情"等含义相近。

可以说，气质在社会所表现的，是一个人从内到外的一种内在的人格魅力然后所发挥的一个人内在魅力的质量的升华。所指的人格魅力有很多方面，比如修养、品德、举止行为、待人接物、说话的感觉等，所表现的有高雅、高洁、恬静、温文尔雅、豪放大气、不拘小节、立竿见影等。因此，气质并不是自己所说出来的，而是自己长久的内在修养与文化修养的一种结合，是持之以恒的结果。

人的气质差异是先天形成的，受神经系统活动过程特性的制约。孩子刚一出生时，最先表现出来的差异就是气质差异，有的孩子爱哭好动，有的孩子平稳安静。气质只给人们的言行涂上某种色彩，并不能决定人的社会价值，也不直接具有社会道德评价含义。同时，气质不能决定一个人的成就，任何气质的人只要经过自己的努力都能在不同实践领域中取得成就，同时也可能成为平庸无为的人。

2. 气质的四种类型

气质是人格形成的基础，是人格发展的自然基础和内在原因。人格是构成一个人的思想、情感及行为的特有统一模式，这个独特模式包含了一个人区别于他人的稳定而统一的心理品质。

气质类型的概念最早是由公元前5世纪到公元前4世纪的古希腊医生希波克拉底提出的。他认为人体内有四种体液，即血液、黏液、黄胆汁和黑胆汁，这四种体液在体内的不同比例就决定了人的气质类型，分别为多血质类型（以血液占优势）、黏液质类型（以黏液占优势）、胆汁质类型（以黄胆汁占优势）、抑郁质类型（以黑胆汁占优势）。希波克拉底还认为多血质爽朗，黄胆汁质性急，黑胆汁质抑郁，黏液质迟缓。

罗马医生盖伦在希波克拉底类型划分的基础上，提出了人的气质类型这一概念，把人的气质归纳为四种类型，即多血质、胆汁质、抑郁质和黏液质。他认为，多血质开朗活泼、灵活轻率；胆汁质性急冒险、冲动机敏；抑郁质抑郁悲观、沉思坚韧；黏液质安静平和、谨慎敏感。

希波克拉底提出的四种气质类型，虽然没有经过严格的科学实验和证明，但对四种类型的心理特征和行为描述却比较切合实际，所以至今仍在使用，一般称为传统的气质类型（见表3—1）。在实际生活中，大多数人是这四种类型某些特征的混合。

表3—1 传统气质类型的特征

神经类型	气质类型	特征
兴奋型	胆汁质	直率热情、精力旺盛、脾气暴躁、情绪兴奋性高、容易冲动、反应迅速、外向性
活泼型	多血质	活泼好动、敏感、反应迅速、好与人交际、注意力易转移、兴趣和情绪易变、外向性
安静型	黏液质	安静稳重、反应缓慢、沉默寡言、情绪不易外露、注意力稳定、善忍耐、内向性
抑制型	抑郁质	情绪体验深刻、孤僻、行动迟缓、很高的感受性、善于观察细节、内向性

在客观上，多数人属于各种类型之间的混合型。人的气质对人的行为有很大的影响，使每个人都有不同的特点以及各自工作的适宜性。因此，在人员选择上，要根据实际需要和个人特点来进行合理调配。

3. 气质的生理机制

巴甫洛夫在研究高等动物的条件反射时，确定了大脑皮层神经过程（兴奋和抑郁）具有三个基本特性：强度、灵活性和平衡性。神经过程的强度指神经细胞和整个神经系统的工作能力和界限；灵活性指兴奋过程和抑制过程更替的速率；平衡性指兴奋过程和抑制过程之间的相对关系。这三种特性的不同结合构成高级神经活动的不同类型。最常见的有四种基本类型：强、平衡、灵活型（活泼型），强、平衡、不灵活型（安静型），强、不平衡型（不可遏止型），弱型。巴甫洛夫认为上述四种神经系统的显著类型恰恰与古希腊学者提出的四种气质类型相当。因此，高级神经活动类型是气质类型的生理基础。两者的关系见表3—2。

表3—2 高级神经活动类型与气质类型对照表

高级神经活动类型			气质类型
强	不平衡	不可遏制型	胆汁质
	平衡	灵活型（活泼型）	多血质
弱		不灵活型（安静型）	黏液质
		弱型	抑郁质

巴甫洛夫关于神经系统基本特性和基本类型学说，仅仅为气质的生理机制勾画出一个轮廓，他的研究不断地为后来的研究者证实。以捷普洛夫为代表的一批俄国心理学工作者，在巴甫洛夫关于动物神经类型研究的基础上，用条件反射测定法进一步研究了人的高级神经活动类型特点及其与气质的关系。

4. 气质与职业人格理论

美国心理学家和职业指导专家霍兰德经过十几年的深入研究，提出了职业人格理论。他认为人的性格大致可以划分为六种类型，这六种类型分别与六类职业相对应，如果一个人具有某一种性格类型，便易于对这一类职业发生兴趣，从而也适合于从事这种职业。他认为，个人职业选择分为六种"人格性向"，分别为现实型、研究型、艺术型、社会型、企业家型、传统型；工作性质也分为六种：现实性的、调查研究性的、艺术性的、社会性的、开拓性的、常规性的。对应关系见表3—3。

表 3—3 人格性向与职业类型匹配表

人格性向	人格特点	职业类型	主要职业
现实型	喜欢有规则的具体劳动和需要基本操作技能的工作，但缺乏社交能力，不适应社会性质的职业	各类工程技术工作、农业工作；通常需要一定体力，需要运用工具或操纵机械	技能性职业（一般劳动、技工、修理工、农民等）和技术性职业（摄影师、制图员、机械装配工等）
研究型	具有聪明、理性、好奇、精确、批评等人格特征，喜欢智力的、抽象的、分析的、独立的定向任务类研究性质的职业，但缺乏领导才能	科学研究和科学实验工作	科学研究人员、教师、工程师等
艺术型	具有想象、冲动、直觉、无秩序、情绪化、理想化、有创意、不注重实际等人格特征，喜欢艺术性质的职业和环境，不善于事务工作	各种艺术创造工作	艺术方面的职业（演员、导演、雕刻家等）、音乐方面的职业（歌唱家、作曲家、乐队指挥等）和文学方面的职业（诗人、小说家、剧作家等）
社会型	具有合作、友善、助人、负责、圆滑、善社交、善言谈、洞察力强等人格特征，喜欢社会交往，关心社会问题，有教导别人的能力	各种直接为他人服务的工作，如医疗服务、教育服务、生活服务等	教育工作者（教师、教育行政人员）和社会工作者（咨询人员、公关人员等）
企业家型	具有冒险、独断、乐观、自信、精力充沛、善社交等人格特征，喜欢从事领导及企业性质的职业	组织与影响他人共同完成组织目标的工作	政府官员、企业领导、销售人员等
传统型	具有顺从、谨慎、保守、实际、稳健、有效率等人格特征，喜欢有系统、有条理的工作任务	各类文件档案、图书资料、统计报表及相关各类科室工作	秘书、办公室人员、记事员、会计、行政助理、图书管理员、出纳员、打字员等

霍兰德认为，每个人都是这六种类型的不同组合，只是占主导地位的类型不同。霍兰德还认为，每一种职业的工作环境也是由六种不同的工作条件所组成，其中有一种占主导地位。一个人的职业是否成功，是否稳定，是否顺心如意，在很大程度上取决于其个性类型和工作条件之间的适应情况。霍兰德职业人格能力测验就是通过对被测试者在活动兴趣、

职业爱好、职业特长以及职业能力等方面的测验，确定被测试者上述六种类型的组合情况，并根据其个性类型寻找适合被测试者的职业。

二、人的气质与安全生产

1. 气质在安全生产中的作用

人的气质与性格是有所区别的。气质没有好坏之分，且是先天的，与生俱来的，不易改变的。性格是后天形成的，较易改变。某种气质的人更容易形成某种性格，性格可以在一定程度上掩饰、改变气质。气质的可塑性小，性格的可塑性大。

人的气质特征越是在突发性的和危急的情况下，越是能充分和清晰地表现出来，并本能地支配人的行动。因此，同其他心理特征相比，在处理事故这个环节上，人的气质起着相当重要的作用。事故出现后，为了能及时做出反应，迅速采取有效措施，有关人员应具有这样一些心理品质：能及时体察异常情况的出现；面对突发情况和危急情况能沉着冷静，控制力强；应变能力强，能独立做出决定并迅速采取行动等。这些心理品质大都属于人的气质特征。

交通心理学研究显示，人的心理状态对交通安全隐患的影响非常重要，不同气质类型的司机交通事故发生率不同，其中胆汁质的人被认为是"马路第一杀手"。大庆某采油场一工程车司机做过性格测试，测定其为胆汁质性格的人。该司机有一次开车去两小时车程以外的作业山区，出车前因为孩子的问题而发脾气，便挂高速挡开快车，途中与一辆农用四轮车相撞而发生事故。

在易发生交通事故的调查中，多血质的人排第二位。多血质人的情绪比较容易受到压力的影响，不利于安全驾驶。此外，多血质的人比较粗心，时常疏忽对设备的定期检查，也给行车安全造成隐患。抑郁质的人思想比较狭窄，不易受外界刺激的影响，做事刻板、不灵活，积极性低。他们在驾车中容易疲劳。北京曾有一名女性公交车司机，在奖金发放上遇到些问题，在开车途中因反复考虑这件事、疏忽交通安全而发生事故，死伤 20 多人。黏液质的人被认为是交通事故发生概率最小的群体。但是他们自信心不足，在遇到突然抉择时容易犹豫不决。某司机为黏液质的人，在一次出车时，遇到一个突然冲到路面的小孩，由于不能及时做出抉择，车子剐到了对方的身体，所幸车速缓慢，没有造成重伤。但是这次事故却令这位司机对驾车形成了恐惧感。

可见，为了妥善处理安全事件，各种气质类型的人都需"扬长避短"，善于发挥自己的长处，并注意对自己的短处采取一些弥补措施。比如，抑郁质倾向明显的人显然不善于处理安全事件。那么在发现异常情况后，如果自己没有把握处理好，应尽早求助于其他人员。

在预防事故发生方面，也应注意对气质特性的扬长避短。比如，具有较多胆汁质和多血质特征的人应注意克服自己工作时不耐心、情绪或兴趣容易变化等毛病，发扬自己热情高、精力旺盛、行动迅速、适应能力强等长处，对工作认真负责，避免操作失误，并及时察觉异常情况的发生。黏液质的人应在保持自己严谨细致、坚韧不拔特点的同时，注意避免瞻前顾后，应变力差的缺点。抑郁质型的人应在保持自己细致敏锐的观察力的同时，防止神经过敏。

2. 特殊职业对气质的要求

某些特殊职业，如飞机驾驶员、矿井救护员等，具有一定的冒险性和危险性，工作过程中不确定和不可控的干扰因素多，从业人员负有重大责任，要经受高度的身心紧张。这类特殊的职业要求从业人员冷静、理智、胆大心细、应变力强、自控力强、精力充沛，对人的气质提出了特定要求。从事这类职业，保证安全是贯彻始终的工作原则和目的。因为这类职业关系着从业人员及更多人员的生命安全。在这种情况下，气质特性影响着一个人是否适合从事该种职业。因此，在选择这类职业的工作人员时，必须测定他们的气质类型，把是否具有该种职业所要求的特定气质特征作为人员取舍的根据之一。

飞行员作为一种特殊职业，其培训和淘汰都是很严格的。有人对空军某部的部分战斗机飞行员和因不适应飞行工作而由飞行员改为地面工作的参谋人员的气质类型做了调查。结果显示，战斗机飞行员中，多血质型占 45.31%，胆汁质型占 19.80%，胆汁质与多血质混合型占 15.13%，多血质与黏液质混合型占 5.81%，胆汁质—多血质—黏液质三种混合型占 2.32%，前三项气质类型占了 88.37%，没发现一名抑郁质型飞行员。而转来做地面参谋的人员中，黏液质型占 29.90%，抑郁质型占 28.74%，黏液质与抑郁质混合型占 23%，三项合计占总人数的 81.64%。说明在这些参谋人员中，神经系统不灵活或弱型人员占主要成分。这表明，强型、平衡而灵活的神经类型是适应于空中飞行特点的，因此要求飞行员的气质特征更多地倾向于多血质，这与调查结果相吻合；反之，具有较多的黏液质和抑郁质倾向的人不适合从事飞行员工作，这也与调查结果相吻合。

第五节　能力与安全

在人们的日常生活中，对能力的基本解释，一是指能力素质，即在任务或情景中表现的一组行为；二是指能力的大小；三是指做事情的技巧。能力与知识、经验和个性特质共同构成人的素质，成为胜任某项任务的条件。有的能力具有先天性特点，如记忆能力、语言能力等。对大多数人来讲，能力更具有后天性特点，即能够通过专门训练获得，如游泳、体操、绘画、武功等能力就是如此。对于企业生产作业而言，人员的所有操作能力都是可以培养训练出来的。

一、能力的概念、特点与测量

1. 能力的概念与特点

从心理学层面来讲，能力就是掌握和运用知识技能所需要的个性心理特征。能力总是和人完成一定的活动相联系在一起的，离开了具体活动既不能表现人的能力，也不能发展人的能力。

根据能力影响范围的大小，可将能力分为一般能力与特殊能力。根据能力的主动性、独立性、创造性的不同，可将能力分为模仿能力与创造能力。根据能力影响的活动领域的不同，可将能力分为认知能力、操作能力与社交能力。能力的形成和发展受许多因素制约。

能力反映着人活动的水平。在生产和生活中，能力总是和人的活动联系在一起的，只有从活动中才能看出人所具有的各种能力。能力是保证活动取得成功的基本条件，但不是唯一的条件。活动的过程和结果往往还与人的其他个性特点以及知识、环境、物质条件等有关。但在其他条件相同的情况下，能力强的人比能力弱的人更易取得成功。

能力是顺利完成某一活动所必需的主观条件。能力是直接影响活动效率，并使活动顺利完成的个性心理特征。人的能力不同，那么获得的成就也就不同，人的能力越大，成就就会越大。

2. 对能力的认识

人的能力与自身素质、所掌握的知识技能相关。同时，人的能力还体现在不同方面，形成一般能力与特殊能力的差别。

（1）能力与素质的关系

能力是在素质的基础上产生的，但能力并不是人生来就具有的。素质本身并不包含能力，也不能决定一个人的能力，它仅提供人某种能力发展的可能性。如果不去从事相应的活动，那么具有再好的素质，能力也难以发展起来。人的能力是在某种先天素质同客观世界的相互作用过程中形成和发展起来的，而素质会制约能力的发展。

（2）能力与知识、技能的关系

能力与知识、技能既有区别，又有联系。知识是人类社会实践经验的总结，是信息在人脑的储存；技能是人掌握的动作方式。能力与知识、技能的联系表现在：一方面，能力是在掌握知识、技能的过程中培养和发展起来的；另一方面，掌握知识、技能又是以一定的能力为前提的。能力制约着掌握知识、技能过程的难易、快慢、深浅和牢固程度。它们之间的区别在于，能力不表现在知识、技能本身，而表现在获得知识、技能的动态过程中。

（3）一般能力和特殊能力

人要顺利地进行某种活动，必须具有两种能力：一般能力和特殊能力。一般能力是在许多基本活动中都表现出来，且各种活动都必须具备的能力。比如，观察力、记忆力、想象力、操作能力、思维能力等，都属于一般能力。这几种能力的综合也称为智力。特殊能力是在某种专业活动中表现出来的能力，例如绘画能力、交际能力等。要顺利地进行某种活动，必须既具有一般能力，又具有与这项活动相关的特殊能力。特殊能力是建立在一般能力的基础上的，是一般能力的特别发展；特殊能力的发展同时也能带动一般能力的发展。

3. 能力的测量

能力测量是运用经过精心研究设计出的各种标准化量表对人的能力进行定量分析，并用数值表示其水平的一种方式。能力测量按照所测能力的类别，可分为一般能力测量、特殊能力测量和创造力的测量。

（1）一般能力测量

一般能力测量也称智力测量。目前国内外智力测验大多数使用离差智商。这个量表有三个：一是测量成人（16～75岁）智力的，二是测量儿童（6～16岁）智力的，三是测量幼儿（4～6.5岁）智力的。量表使用的试题不按年龄的大小来区分，而是以这些试题所测的能力来划分。它具体分为言语和操作两个分量表，言语分量表又包括常识、理解、词汇、记忆广度、算术推理、言语识别等分测验；操作分量表包括拼图、填图、图片排列、搭积木、符号学习等分测验。每个测验均可单独记分，智力的各个侧面就能够直接从测验中获得。大规模的智力测验表明，人的智商基本上是呈正态分布的，即智力极低与极高的人都是极少数，绝大多数人属于中常水平。

（2）特殊能力测量

要测定从事某种专业活动的能力，需要对某种专业进行分析，找出它所需要的心理特征，然后根据这些心理特征列出测验项目，设计测验，以便进行特殊能力的测验。特殊能力的测验具有较强的针对性，因而对职业定向指导、安置和选拔从业人员、发现和培养具有特殊能力的儿童有重要意义。但这种测验发展较晚，因而测验的标准化问题尚未得到令人较满意的解决。

（3）创造力的测量

创造力即为产生新思想，发现和创造新事物的能力。它与一般能力的区别主要在于它具有独创性与新颖性，其中最重要的是发散思维。测定发散思维能力，在一定程度上可知创造力的高低，因而许多创造力的测验都是设法测量被测试者的发散思维水平。

能力测量是一项专业性很强的工作，要由心理学工作者和经过专门训练的人员承担。

一般人切忌乱编滥用，以防产生不良的社会效果。

二、人的能力与安全生产

1. 人的能力与安全生产的关系

能力通常是指一个人能够发挥的力量。人的能力包括本能、潜能、才能、技能，它直接影响着一个人做事的质量和效率。员工的工作能力与工作业绩呈密切的正相关关系。业绩是外在的，能力是内在的。具有较高工作业绩的员工，一般情况下，其工作能力也一定较高；而工作能力较强的员工在工作业绩表现上一般而言也会很不错。

任何工作的顺利开展都要求人具有一定的能力。人在能力上的差异不但影响着工作效率，而且也是能否搞好安全生产的重要制约因素。对于安全生产工作来讲，需要注意不同人员所具有的能力。

（1）特殊职业对能力的要求

特殊职业的从业人员要从事冒险和危险性及负有重大责任的活动，因此这类职业不但要求从业人员有着较高的专业技能，而且要具有较强的特殊能力。选择这类职业的从业人员，必须考虑能力问题。选择特殊职业的从业人员应该进行能力测验，以确定是否具有该职业所要求的特殊能力及水平。实践证明，经过能力测验，辨别出能力强者和能力弱者，对弱者重新进行职业培训或淘汰，可以更有效地保证特殊职业的生产安全，减少事故发生。

（2）普通职业对能力的要求

为保证安全生产，普通职业对于特殊能力也有一定的要求。实际生产中存在着这样的现象：有的员工一个工作日可以轻松地完成别人数个工作日才能完成的任务，而另有些员工虽然工作勤恳努力，却费了好大劲才可以完成一个工作日的任务。类似这样的例子在每个企业都可以找到，这种工作成绩的差别是职业技能不同造成的。

人在能力上的差别，最容易理解的是，能力的不同导致人体力消耗的不同，工作效率高的人无用动作要少得多。他们善于保持体力，不易感到疲劳，而疲劳会导致生产效率下降。从操作行为上看，能力强的人工作起来从容不迫，注意分配均衡，动作规范；而能力差的人则易紧张，手忙脚乱，拿东忘西，顾头顾不了尾，易产生操作失误。此外，能力强的人在工作上有信心，精神焕发；而能力差的人则会因不称职而感到苦恼，情绪低落。

2. 安全生产需要注意人的能力差异

人的能力有大有小，各不相同。一般而言，人在能力方面各有其长处与短处，各有其优势与劣势。通过学习实践，许多人能够提升自己的能力，改变自己的劣势与短处，或者通过学习实践，使长处更长，优势更优。在企业管理和班组管理中，需要重视能力的个体差异，特别是班组长更要注意这一问题，努力做到人尽其才。

（1）人的能力与岗位职责要求相匹配。管理者在员工工作安排上应该因人而异，使人尽其才，去发挥和调动每个人的优势能力，避开非优势能力，使员工的能力和体力与岗位要求相匹配。这样可以调动员工的劳动积极性，提高生产率，保证生产中的安全。

（2）发现和挖掘员工潜能。管理者不但要善于使用人才，还要善于发现人才和挖掘员工的潜能，这样可以充分调动人的积极性和创造性，使员工工作热情高，心情舒畅，心理上得到满足，不但可避免人才浪费，而且有利于安全生产。

（3）通过培训提高人的能力。培训和实践可以增强人的能力，因此应对员工开展与岗位要求相一致的培训和实践，通过培训和实践提高员工的能力。

（4）团队合作时，在人员安排上应注意员工能力的相互弥补。团队的能力系统应是全面的，这对于作业效率和作业安全具有重要作用。

3. 激发员工安全工作潜能的方式方法

一般来说，能力包括必备的知识、专业技能、一般能力等。能力是可以通过后天培养训练获得的，同时，人在运用和发挥自身能力的时候，还蕴藏着巨大的潜能。潜能是一个人潜在的能力，但是需要一定的环境和条件才能充分释放出来。在车间班组，不仅需要把员工的潜能释放出来，而且还要善于通过各种途径发现和开发员工身上存在的各种潜能。是否善于激发下属的潜能，成为衡量一个领导水平高低的重要因素。

（1）掌握激发员工潜能的必要条件

在生产过程中和安全管理上，都需要激发员工做好工作的热情和潜能。而激发员工的潜能，需要掌握激发潜能的几个必要条件。

要激发员工的安全生产工作潜能，首先要为员工选择合适的位子，把员工放在最能发挥其特长的岗位上去，通过岗位锻炼激发员工的安全工作潜能。有的员工平时在班组里是个不起眼的人物，看不出有什么能耐，但在被选到一定的岗位、担任了一定的职责之后，某一方面的能力就会得到充分的展示，工作开展得有声有色。此外，一个人在一个岗位待久了势必产生惰性，其思维方式和工作思路容易模式化，创新的激情会下降。这时，企业管理人员和班组长要适时把员工放到新的工作环境中去磨炼，用不同的岗位锻炼员工，从而激发员工的安全创新意识。

要激发员工的安全生产工作潜能，需要创造宽松的环境。一个人潜能的发挥主要靠主观努力，但也离不开外部条件的激发，而信任、理解和宽容是最好的激励措施。企业管理人员和班组长要开明，善于放手，充分信任，多让员工大胆工作，为员工提供更多的自由空间，而且要对员工工作中的某些不足持宽容态度。领导的信任能激发出员工持久的工作热情，使他们心甘情愿地为企业效力。

要激发员工的安全生产工作潜能，需要营造竞争的氛围。在安全工作中，员工之间也需要有竞争，通过竞争，使员工的工作潜能更容易发挥出来。企业管理人员和班组长要善于为员工培养竞争对手，营造竞争的氛围，让员工在安全生产工作中既有压力，又有动力。有些企业由于缺乏竞争的氛围，员工长期处于"养尊处优"的环境之下，慢慢滋生了一种依赖和惰性心理。这样不仅许多工作潜能未能发掘，就连一些显能也渐渐消磨掉了，因而不利于安全生产工作的开展。

要激发员工的安全生产工作潜能，需要建立赏罚机制。要激发员工的工作潜能，必须建立一种有效的赏罚机制，做到赏罚分明、赏罚公正。当员工取得工作成绩时，企业管理人员和班组长要注意夸奖自己的员工，在精神和物质上给予奖赏，以增强员工的自信心。当员工出现工作失误时，企业管理人员和班组长要认真分析缘由。属于客观方面的原因，要及时进行安慰，帮助员工走出失败的阴影；属于主观方面的原因，要帮助员工找准症结，多方面进行鼓励，以重新燃起员工的信心，避免犯重复性的错误。对那些不思进取、失职渎职的员工则要给予处罚，绝不能姑息迁就，以起到警示的效果。这样，久而久之，员工就会产生强烈的荣辱感、紧迫感和事业心，而这也正是员工发挥安全生产工作潜能的必备条件。

（2）激发员工潜能需要营造和谐的环境

激发员工潜能环境十分重要，在不同的环境中，人的思想、态度、责任心、积极性是完全不同的。因此，企业需要营造和谐的环境，从而激发员工潜能。

在这方面，许多先进班组的做法为我们提供了很好的例证。下面，我们来看三个事例。

事例之一：石壕煤矿采煤621队生产二班开展岗位竞赛活动的做法

石壕煤矿采煤621队生产二班是一个由23名农民工组成的班组，平均年龄在30岁以上。近年来，生产二班以"强素质、强管理、强技能、强安全"为主题，在农民工中开展了"我学技术增效益，我懂规程强安全"的岗位竞赛活动。农民工凭借自身努力，技术养成，安全操作实现了"七个突破、一个创效"的好成绩，连续实现安全生产900多天，为不带"血"的煤炭生产贴上安全"绿色标签"。

2003年年初，石壕煤矿采煤621队生产二班同该矿其他200多个班组一样正面临改革重组，该班的老员工在企业破产重组下相继退休，加之该矿近几年没有招收新员工，班组人力出现了十分紧缺的局面。2003年6月，石壕煤矿招收了100多名农民工相继充实到8个采掘队，23名农民工充实到采煤621队生产二班。

短期内，解决农民工技能素质提升成为班组发展的"拦路虎"。此时，班组长们感到有些困惑不定。为了改变人才紧缺的现状，该班组组长、安全员和6名有着20多年工作经历的老矿工与23名农民工签订了"师徒陪练"合同，实施了技术对口培训，从安全操作到采煤机的维护，从支架的迁移到生产过程的控制进行了系统培训，解决了农民工技术欠缺的难题，为日后生产不带"血"的煤炭打下了坚实的基础。农民工云元飞说："过去，我在私企打工，没人管学不学技术的问题，何况成天忙于工作，即便找了个师傅也没有时间去请教。如今，我能安全操作高科技的采煤机，离不开师傅的'陪练'，师傅费了心，尽了力，让我从一个不懂得技术的门外汉知晓了技术。"

一向管理严谨的石壕煤矿采煤 621 队还把强化农民工的"行为教育、意识规范、自我管理"作为重点工作，以"行为教育"为主体实施了"操作讲规范、行为促安全"的岗位技能练兵活动，解决了农民工现场安全操作"懒、散、差"的问题。

采煤二班是石壕煤矿一线生产的主采班，承担着全矿煤炭生产总量的30%。面对生产重任，地质条件恶劣，对于如何解决农民工安全操作执行力，该班把"强素质、强管理、强技能、强安全"的意识始终贯穿在生产作业中，抓住"安全质量标准化"建设现场"管、控、监"手段，在班组农民工中实施了全员"安全质量标准化"达标活动。对每一道工序及每一个操作的细节进行明确细化、量化考核，从而提升了农民工对安全工作的认识。

"落实煤矿安全'科学发展观'"成为采煤 621 队生产二班农民工喊得最响亮的口号。农民工在"科技兴矿、科技兴班、个人兴技"的参与中，感受到了"安全高效"改变的不仅是工作环境，改变的还有安全给农民工带来的在国有煤炭企业的生存与发展。

安全高效班组建设成为生产二班工作的重心。农民工围绕采煤技术、支护技术的运用，把装备与生产，把技能与安全对接起来，实施了"农民工技能大提高"活动。农民工之间还相互开展了"比技术、比安全、比贡献"创新创效活动，为班组"安全高效"开采不带"血"的煤炭找到了突破口，实现班组一个又一个安全年，被石壕煤矿授予"安全三无班组"荣誉。

事例之二：新陆煤矿 271 采煤队甲班强化工作面现场管理的做法

黑龙江龙煤集团鹤岗分公司新陆矿一采区 271 采煤队有职工 129 人，下设三个生产班组、一个包机组。甲班是其中一个生产班组，共有 42 人。多年来，271 采煤队甲班以开展"安康杯"竞赛、创建"平安龙煤""平安鹤矿"为载体，深入贯彻学习科学发展观，进取实干，充分发挥班组建设的优势，规范班前会程序、内容，强化工作面现场管理，扎实推进基础工作建设。班组建设工作在巩固中提升，在提升中发展，有力推动了全队的各项工作的平稳发展，已经实现安全生产 21 周年，创下集团公司安全生产最长纪录。271 采煤队甲班也连续多年荣获集团公司党委和新陆矿"五好班组"光荣称号，并获得黑龙江省"安康杯"竞赛活动优秀班组称号。

工作面现场是生产班组战斗的主战场，工程质量是安全和效益的源泉，抓好工作面现场质量管理是班组建设的核心内容。为此，该班组强化现场管理，严把施工关、验收关，加大隐患查处力度，以工程质量的提升促进管理水平的提升。

一是干好标准活。在生产组织上，该班组抓好生产关键环节管理，严格按规程施工，确保施工一处，一处标准。具体做法：首先是确保打眼放炮质量。从炮组人员抓起，规范放炮行为，严格执行"一炮三检"、三人联锁放炮制度，严格执行班组长跟炮机制，打好"五花眼"，揣足揣好水炮泥，杜绝倒放炮、超段长放炮和其他违章放炮。其次是确保支护质量。串梁子时，先敲帮问顶、铺网、打好靠帮柱，消灭单挑梁，消灭卸压柱、失效柱，提升采面支护强度。再次是确保工程质量。坚持"五上一固定一验收"的做法。五上：上尺、上线、单体上号、上镐、上挡煤板。一固定：拉配头人职工作地点固定。一验收：小班质量验收，由当班班长、组长、群检员"三位一体"验收合格后发验收卡，升井凭卡计算工分工资。同时当生产条件发生变化之时，特别是老面收尾、新面投产的关键时期，针对生产现场情况，调整适合作业方式，由班队长、群检员和经验丰富的职工操作。

二是把住验收关。具体做法：其一是工前实行"一班三检"。即：进入作业地点前，班长先自上而下全面检查工作面存在的问题和隐患，检查单体有无漏液、硬帮顶板情况、软帮联网情况，查出后立即整改，落实好防范措施后再操作；收工严格执行小班质量交接班制度，班长验收本班的工程质量并让职工签字，方可生效；跟班队级干部验收本班的工程质量，拿结果进行比较后进行奖罚。其二是严格小组旬评制度。一旬一评比，班组长全体参加评比，现场打分，现场兑现。对一旬时排在最后的小组，罚该组组长100元；两旬时仍排最后，则罚200元；三旬时还是排最后，就换组长。在2006年3月下旬的评比中，产量最高的小组质量评比却最差，该矿仍然对该小组进行了罚款。

三是查出隐患点。小事当作大事抓，隐患当作事故追，是班组多年工作中形成的一条重要经验。271采煤队甲班坚持生产现场"小隐患不过人，一般隐患不过班"，对查出的问题能当场解决的立即解决，解决不了的第一时间上报连队、采区，由采区定人员、定措施、定标准、定复查人限期解决。同时放大群检员作用。群检员在队级干部直接领导下工作，全面负责本班组内的隐患排查，整理上报，现场治理以及防范措施的制定，并检查督促班组长执行。在施工中严格按照规程和措施检查班组的工程质量，对在施工中存在工程质量和排查出的隐患，有权制止违章作业，在紧急情况下对不听劝阻者，可停止其工作，并立即报请领导处理。

严格的施工管理，严肃的奖罚政策，严实的隐患排查，有力地推动了全班质量稳步提升。从2004年开始，已经杜绝了重伤以上事故的发生。

在班组基础建设上，该班组还注重亲情建设。具体做法：一是挂起"全家福"。在班前挂起了安全警句标语牌板，贴上了全班所有职工的"全家福"照片和安全警句，职工开完班前会临下井前看看自己温馨的"全家福"、宣读安全誓言，已成为每天的"必修课"。二是唱响生日歌。该班组倡行带着感情搞管理，推出了排"生日休"的做法，建立了"职工生日档案"，把每名职工生日这天排为休息日，并制作了以"事业让我们心相连，平安使我们更快乐"为主题的生日贺卡，在职工生日前一天的班前会上，班组长代表工友送到过生日职工的手中，致以生日的祝福，让职工感受到了一种温暖、一种关怀、一种情感。三是签师徒合同。由班组长对试用期职工及不放心人签订包保合同，担负起现场"单教、单学、单练、单考、单查"示范教练任务，对错误的操作方式在现场指正，进行培训、教育、训练之后再观察，直到熟练操作为止。四是调适职工身心。该班组充分发挥思想政治工作在安全宣传教育、安全生产中调解人、关心人、爱护人、帮助人的作用，针对节假日、双休日、年末岁初、停工后等时期，新工人入矿，职工探亲返矿，职工婚丧大事，家庭矛盾纠纷等不失时机地进行了观察、谈心、帮助，消除了职工的后顾之忧，使职工能够以心情愉悦的状态投入到安全生产工作之中。

事例之三：鹤壁煤电公司九矿运输班创建学习型标兵班组的做法

鹤壁煤电公司九矿运输区井下运输班有职工 58 人，是运输区最大的生产班组，主要负责矿井煤炭、矸石、材料、设备的运输工作。近年来，该班组始终把提高员工的素质作为活动的出发点，实现了安全质量达标，优质高效做好运输工作，保障运输线安全畅通无阻，各类产品和原材料做到了拉得出、供得上，实现文明作业，提高了班组创新能力和工作效率，是一支团结互助、积极向上、爱岗敬业的优秀团队。他们连续十年消灭了重伤、死亡事故，实现了安全生产，促进了经济效益的提高，精神文明建设也收获了累累硕果。在他们的带动下，运输班所在的九矿运输区先后荣获"全国模范职工小家""河南省学习型标兵班组""四创两争先进单位""工人先锋号"以及鹤壁市五一劳动奖状等多项荣誉。

运输班为了提高每个人的实际技能，经常进行岗位技术练兵，在班组成员之间随时切磋技能，做到相互提高。在实际工作中，他们把进行技术革新与开展修旧利废、合理化建议活动等相结合，促进节能降耗。他们开展了小改革、小设计、小发明、小建议、小革新"五小"活动，经常组织成员之间的技术对手赛，每周组织一次安全技术课和技术活动，主要是针对生产中出现的各类安全和技术难题，共同攻关。通过开展"五小"活动，达到增产节约、节能降耗，反浪费、堵漏洞、挖潜力的目的，确保材料消耗控制在计划指标之内。2008 年 1—8 月，这个班共修复电机车 7 台，矿车 186 辆，地磅 280 个，减少了区队成本支出，降低了材耗。为了提高运输安全，后来，他们还在北矸山新增一套信号系统，自制了井下洒水车一台，不但有效地降低了煤尘，消除了安全隐患，改善了作业环境，减少了人力和工时，还节省了材料，共节约资金 14.8 万余元，提高了经济效益。为此，运输区还对他们班进行了表彰和奖励。

煤矿安全工作的好坏，直接影响到企业的发展。长期以来，运输班坚持在会员中开展"会员身边无事故，人人身边无四违"活动，实行会员挂牌上岗，自觉接受全矿职工的监督。坚持开展质量标准化达标活动，做到人人上标准岗，干标准活，按规程执行"规定动作"。以遵章操作和文明意识，把井下 3 000 米轨道，全部建成了质量标准化轨道，避免了在拉煤、运料过程中矿车掉道事故，被集团评为标杆工程、亮点工程，受到广泛好评。多年来，该井下运输班坚持全矿出多少煤，就拉出多少煤的原则，从没因运输环节出现故障而影响全矿的生产。在完成矿下达任务的同时，他们还对井下工作面上顺槽进行了拆铺轨道 1 880 米，更换旧轨枕 1 600 块，铺设钢轨 700 米，道岔 50 副，为确保全矿采掘正常接替奠定了基础，有力地促进了全矿的安全生产。

第四章 影响生产安全的生理心理因素

国内外专家的统计分析资料表明，70％～80％的工伤事故都是由人的不安全行为引起的；95％以上的不安全行为都与人的不良心理状态密切相关。所以，预防事故的主要途径在于有效地杜绝职工的不安全行为和不良的心理状态。不良心理状态的出现，也与人的生理状态有关。工业化生产的一个特点就是单调重复作业，在单调重复作业中，员工会产生生理和心理疲劳，如果遇到连续加班，延长工作时间，那么不良的身心状态就会成为不安全因素，容易导致事故的发生。因此，要重视职工的生理和心理疲劳，根据职工的个性心理特征，做好安全管理工作，特别是那些危险性较大的岗位和特种作业岗位人员，要注意设置科学合理的工作时间，进行有针对性的心理教育与行为训练，帮助其克服自身与岗位不相容的弱点，提高其生理心理素质和行为的安全性。

第一节　生理心理因素对安全的影响

在企业的生产作业活动中，人是主要因素，起着主导作用，但同时也是最难控制和最薄弱的环节。人的行为受心理、生理、生活环境、生产条件与技术水平等因素的影响，往往造成作业目的与实际作业效果之间出现偏差，引起这种偏差的原因就是人的失误。人的失误是指人的行为结果偏离了规定的目标，或超出了可接受的界限，并产生了不良的后果。影响人的失误还有生理因素，生理因素是在生产过程中作业人员大脑和身体各部位所产生的综合效应，它对作业人员所从事的工作起控制和承受的作用。影响人的失误的生理因素包括人体尺度、体力、耐力、视觉、听觉、运动机能、体质、疲劳等。了解生理心理因素对安全影响的相关知识，有助于预防人的生理和心理疲劳，防止事故发生。

一、员工生理心理因素变化与安全的关系

1. 生理心理因素不佳是导致安全事故的重要原因

在生产过程中，作业人员的行为是在大脑的支配下，靠身体各部位的一系列动作组合来实现的，而任何一种方式都不是身体某个部位的简单的机械运动，它是体力和脑力两方面的综合反映，是一种复杂的生理过程。事故致因理论认为，除自然灾害之外，凡是因人类自身活动所产生的危害，总有其产生的因果关系。通过探索事故的原因，采取有效的对

策，原则上就能有效预防事故的发生。

美国学者威廉姆斯和汉斯经过研究发现，造成人的不安全行为和物的不安全状态的主要因素有生理和心理、管理、环境和设备、技术和经验四个方面。其中，生理、心理以及管理因素是直接影响员工心理健康状况，导致安全事故发生的最主要原因。其中生理和心理方面的因素包括：生理状态不佳，如听力、视力不良，反应迟钝，疾病、醉酒、疲劳等生理机能障碍；怠工，反抗、不满等消极情绪，以及疏忽大意、侥幸、过度注意等消极或亢奋的工作态度等。管理方面的因素则包括领导者对安全问题的疏忽、管理方法粗暴简单、人事配备不完善、操作规程不合理、缺乏安全规章或规章执行不力等。

另外，美国著名安全工程师海因里希经过对 75 000 起工业伤害事故的调查，发现 98% 的事故是可以预防的。其中，以人的不安全行为为主要原因的事故占 88%，以物的不安全状态为主要原因的事故仅占 12%，而后者又与人的管理不善、维护不良等有关。

从心理学和行为科学的角度，研究者对全球数百起重大安全事故进行了分析和研究，结果发现，员工的习惯性违章和身心健康问题是绝大多数事故发生的共同原因与根本原因。对于一般性人员伤亡事故，员工的习惯性违章和身心健康问题也是引发事故的共同原因。

下面，我们来看两起事故案例。

事例之一：在嘈杂环境中操作粉碎机昏昏沉沉招来的断手事故

17 岁的付某生长在一个贫困的家庭，父亲有病，母亲在家里一边种地一边照顾病人，这日子就过得紧紧张张很困难。因此，付某从安徽省某职业学校毕业后，最想做的事情就是找一份工作，挣钱来减轻父母的负担。毕业后他来到深圳市龙岗区某塑料厂做轧工，进厂时只填了一个简历，连劳动合同都没有签就上岗了。上班的第 24 天，付某从轧工部调到打料部开粉碎机。付某从没干过这种活儿，也没有经过任何培训，就在他调换工作的第一天，悲剧发生了。由于打料车间的噪声极大，付某从早上干到中午 11 点，就觉得整个人昏昏沉沉的。按规定，打完料后，应该停机进行清机作业，可是付某急于下班吃饭，还没等机器完全停下来，就打开了防护罩清理碎料。他的左手一伸进去，机器就先"吃"掉了他的手指，紧接着打断了他的手腕。闻讯赶来的工友们赶紧将他送进了医院，经过一番紧急抢救，医生还是没有保住他的左手。参加工作仅仅 24 天，付某的人生就发生了巨大的改变，他永远失去了他的左手。

事例之二：身体疲劳急于下班严重违章搭车招来的左腿骨折事故

我是重庆煤炭集团同华矿采煤队的一名计量工，2003 年参加工作。我怎么也没想到，就为了早些下班，把自己撂病床上了，早知道这样，我说什么也不会贪图一时之快搭乘"顺风车"下班了。

2005 年 12 月 16 日 8 时，我在接受了班组工作安排和安全注意事项检查后，前往采煤二队开始计量工作。当采煤二队最后一趟原煤装好准备运至井底车场时，我便挤进小机车驾驶室准备搭"顺风车"下班。机车驾驶员当即说道："下去，这样不安全!"但身体疲劳、急于下班的我却说："没事，开车吧。"驾驶员没多说便开着机车往外行驶。由于驾驶室两人乘坐十分拥挤，我的左腿只能伸出驾驶室。当机车穿越大巷的第一道风门墙时，我感觉左腿一阵剧痛，立即高呼"停车"，驾驶员立即挂倒挡退车，但为时已晚，我左腿已被机车和风门墙挤断。驾驶员和押运员找来木板将我的伤腿捆扎，同时立即向矿调度室汇报。随后救护队赶到，将我送往医院救治。经诊断，我的左腿为左股骨横断骨折。

在事后的事故追查会上，安监部门给我定性为严重违章。当我躺在病床上才想到：不但自己违章、受伤受罚，而且还连累了工友。我在这里想告诫那些像我一样贪图早下班的朋友：遵章守纪、自主保安、互助保安时刻放心上。

2. 身心健康因素对安全生产的影响

在生产过程中，员工也很容易受到来自各种外界因素的影响，从而增大发生安全生产事故的概率。针对某电力企业的调查显示，当前员工感到困扰并进行咨询的问题按频次从高到低依次是情感家庭（如婚姻关系、婆媳相处等）、工作压力（如失眠问题、抑郁情绪处理等）、子女教育（如孩子早恋、学习问题等），以及职业生涯发展（如升职、自我提升等）等几个方面。

在已有的大量研究基础上，心理学专家综合得出，影响生产安全的员工身心健康问题主要有心理应激、工作和生活压力、心理疲劳、环境适应四个方面。

（1）心理应激

应激是指人在受到各种外界强烈刺激（如亲人去世、家庭矛盾、人际冲突等）时所出现的普遍性身心反应。具体表现在，出现坐立不安、注意力分散、易激动等行为，以及焦虑、抑郁、恐惧等不良情绪。在应激状态下，员工的感知觉、思维和反应能力都很难正常发挥作用，极易出现操作失误，导致安全事故发生。因此，员工应激心理的及时、有效处理，对生产事故的预防有着重要的作用。

在生产安全事故中，导致应激的刺激源主要有三种：一是工作本身，例如操作失误、工作时间紧张、工作环境不利、企业变革等都会诱发员工的应激反应；二是人际冲突，例如员工与客户、同事之间以及上下级之间的冲突，也是重要的应激源；三是员工个人原因，例如失恋、家庭矛盾、子女教育、亲人去世、受伤患病等都是应激反应的诱发因素。需要注意的是，情感家庭、子女教育、职场人际关系等不利刺激都是诱发应激反应、影响和困扰员工心理健康的重要因素。

（2）工作和生活压力

面对日益激烈的市场竞争和岗位竞争，很多企业的员工和领导者都面临严峻的挑战，企业竞争使得安全生产的标准不断提高。研究发现，26～40岁的员工承受的压力最大，这些压力很多来自安全生产的需要，以及严格的安全管理与考核制度的要求。与此同时，除了做好本职工作，员工还要承担照顾家庭、教育孩子、职业成长、人际关系等方面的压力。这些压力累积在一起，很容易产生超负荷的心理压力，从而导致降低对组织的认同感，降低心理满意度；缺乏工作热情，并可能导致产生离职倾向以及情感衰竭、企业人际关系紧张、士气低落、敌对态度等问题，这些不良情绪和行为都会给安全生产带来不利的影响。

（3）心理疲劳

疲劳可以分为生理疲劳和心理疲劳。其中，生理疲劳主要是由睡眠不足、噪声、加班、倒班等因素引起，可以通过休息的方式得到及时有效的缓解；而心理疲劳，即对工作产生的厌倦心理，则很难缓解，它往往成为生产事故的潜在"杀手"。在很多企业，尤其在生产一线的员工中，由于长时间工作、连续倒班、作息不规律等原因，很容易出现注意力不集中、情绪紧张、思维迟缓、分析判断能力下降、心情低落、行动吃力、易疲乏等身心反应。如果感觉自己出现上述身心反应的时候，说明已经处于心理疲劳状态。

心理疲劳产生的原因主要有两方面：一方面是伴随生理疲劳而产生的紧张感、倦怠感和厌烦感，导致工作兴趣低下；另一方面是由于心理问题导致，比如工作压力大、注意力高度集中、内心矛盾冲突、思虑过度、工作不称心、人际关系不和谐等都会诱发心理疲劳。一项调查显示，因疲劳诱发安全事故的多发时间依次是后半夜、凌晨、交接班时和午餐后；而疲劳反应种类则依次是身体不适、注意力不集中、分析判断能力下降、头痛、头晕、肩颈酸胀、视力模糊等。

（4）环境适应

当前全球电力、煤炭等大型产业的快速发展，也给员工带来了巨大的压力，尤其是对外派和海外员工来说，更是面临前所未有的挑战。

对于外派员工来说，由于远离家人和朋友，缺乏社会支持系统，在遇到挫折和困难时，得不到充分的支持和关怀。同时，由于夫妻长期两地分居，缺乏共同的生活环境和交往圈子，无法照顾家人，容易影响夫妻关系，对子女的成长也会带来不利影响。长期这样也容易形成自我封闭和隔离的心理特点。而对常年工作在海外的员工来说，除了要承受与外派员工相同的压力外，还要面对身在异国他乡，远离亲朋好友，对当地气候和生活习惯等适应的诸多问题。在思乡和工作压力的影响下，海外员工极易产生孤独、烦躁、抑郁等不良情绪。这种消极情绪逐渐累积，就会转化为工作和生活中的不稳定因素。比如，缺乏工作热情，做事心不在焉、注意力不集中；在生活中表现为情绪波动大，脾气暴躁、易激惹，导致与周围同事和领导发生人际冲突，破坏和谐的组织氛围，对安全生产造成不利的影响。

二、影响安全作业的干扰因素与可靠性分析

1. 人的行为与生理心理因素的影响

在企业的生产作业中，引发事故的因素很多，但主要因素不外乎人、物、环境和管理。大量资料表明，人的不安全行为引起的事故，要比物、环境、管理等问题引起的事故比例高得多。可以说，人的不安全行为是引发事故的主要因素。因此，超前控制员工的不安全行为，扼住事故的"咽喉"，便成为企业安全管理工作的努力方向。

人的不安全行为是导致事故的重要原因，这一点已经得到了越来越多的人的认同。在《企业职工伤亡事故分类标准》（GB 6441—1986）中，将人的不安全行为划分为 13 类，概述了企业员工触发事故的各种不安全行为。然而，人的行为是复杂和动态的，具有多样性、计划性、目的性、可塑性，并受到生理因素和心理因素的影响，还要受到安全意识水平的调节，受思维、情感、意志等心理活动的支配；同时，也受道德观、人生观和世界观的影响。

人本身是一个随时随地都在变化着的巨大系统，这样一个巨大系统同时又受到系统中机器与环境方面的无数变量的牵涉和影响。在生产作业过程中，每位员工作为一个处在复杂社会关系中的人，都会受到来自自然、社会、企业、家庭与具体的工作环境和劳动群体等外界环境以及个人生理、心理特点中异常因素的影响，自己的生理、心理状态因而发生不利变化。这些来自外部和内部干扰因素的影响，都将导致生产作业可靠性降低，以致出现人为失误或差错，从而导致事故的发生。

2. 影响作业可靠性的内部干扰因素

影响人的生产作业可靠性的因素很多，但主要是内部干扰因素和外部干扰因素。内部干扰因素主要是指人的自身生理和心理因素，主要包括：

（1）不良的生理、心理状态，如疲劳、情绪波动（愤怒、恐惧、惊慌、时间紧迫感等）、注意力分散或不注意、睡眠不足或大脑觉醒水平低、生理节律低谷期。

（2）个性心理特征（如能力、气质、性格等）中一些与职业不相适应的因素或不良因素。

（3）遗传生理、心理缺陷或患有身体和精神疾病等。

（4）安全知识、技能训练水平和工作经验方面的欠缺。

（5）安全意识差、职业道德和价值观上的缺陷等。

3. 影响作业可靠性的外部干扰因素

影响人的作业可靠性的外部干扰因素，是指生产作业环境影响因素，主要包括以下几个方面：

（1）不良的自然环境，如噪声、振动、高温或低温、高湿、照明不足、粉尘或烟雾、有害有毒气体、生产空间狭窄或布置不合理等。

（2）不良的社会环境，如管理行为恶劣或不当、社会不良的价值观、安全文化上的缺陷、安全管理不严及法律与制度方面的缺陷等。

（3）操作系统、信号装置、仪表等的设计存在安全人机工程学上的不合理因素。

（4）工作岗位、工种或场地的变动。

（5）过重的工作负荷，如作业强度过大、劳动时间过长、作业姿势的限定等。

（6）个人生活中的变动因素，如亲友亡故、家庭纠纷或变故。

（7）药物、毒物（包括酒精）等作用于人体而造成的影响。

（8）文化教育、安全教育培训不足。

4. 常见人员违章心理因素

违章心理，是威胁安全生产的"第一杀手"。一项调查显示，75.9％的员工认为生产中的操作失误主要是由侥幸、冒险、逆反、草率等心理造成的。

（1）侥幸心理

明知安全的操作规程，也具备相应的知识水平和技术能力，但由于不愿意付出必要的劳动，怀着侥幸心理，采用自以为巧妙的方法来达到"省力""方便"的目的。心存侥幸是员工在生产过程中的一种常见心理。调查显示，68.2％的员工都曾有过因心存侥幸而不遵守操作规程的情况。侥幸心理具体表现在：明知按自己的做法有一定的危险，但总认为灾难不会落到自己头上，"不至于那么巧""一次不会有什么问题"，操作中图省事，凑合着干，结果导致事故发生。

（2）冒险心理

由于曾经有过冒险尝试却未出事的经历，而形成的藐视危险、敢于冒险的心理定式，并逐渐对蛮干产生一种自我肯定和自豪的心情。有了这种心理的员工，在关键时刻往往容易感情冲动，不假思索地采取冒险行动。冒险心理主要表现在：自以为有胆量，敢于冒风险，缺乏冷静和全面分析问题的能力；明知发生事故的概率比较大，甚至危险已经很明显，仍然不顾客观环境，不顾行动后果，一味盲目行动，铤而走险。

（3）逆反心理

某种特定情况下，人在好胜心、好奇心、求知欲、偏见、对抗情绪等心理状态的影响下，会做出与常态心理相反的对抗行为。在生产过程中，逆反心理虽然不是特别普遍，但也仍在相当一部分人中存在。逆反心理一般表现为：自以为是，固执己见，对于外界约束和引导存在抵触心理。通常这与管理方法简单粗暴、以罚代管、以责代教等管理行为有关。

（4）草率心理

由于对事情的发生和发展缺乏预计，办事没有计划，而草率行事；同时，由于责任心差，遇事急于求成，工作忙乱，经常顾此失彼。草率心理的具体表现有：情绪不稳定、缺乏耐心、粗心、敷衍了事、责任心差；计划性和预见性比较差，喜欢轻举妄动，兴趣转移快。

5. 人的可靠性分析与评价

人的可靠性是指使系统可靠或正常运转所必需的人的正确活动的概率。人为失误的严重性是根据可能导致的后果来划分的，如损害系统的功能、降低安全性、增加费用等。

在研究人的作业可靠性时，常采用概率的方法和因果的方法进行定量和定性的研究。如果用人的失误率来定量分析，作业可靠性即可用下式表示：

$$R = 1 - F$$

式中　R——人的作业可靠度；

　　　F——人的失误率。

因此，人的作业可靠度可以定义为：作业者在规定的条件下和规定时间内能成功完成规定任务的概率。人的作业可靠度可作为可靠性的量化指标。

人的可靠性分析的定性分析主要包括人为失误隐患的辨识。辨识的基本工具是作业分析，这是一个反复分析的过程。通过观察、调查、谈话、失误记录等方式分析确定某一人—机系统中人的行为特性。在系统元素相互作用过程中，人为失误隐患包括不能执行系统要求的动作，不正确的操作行为（包括时间选择错误），或者进行损害系统功能的操作。对系统进行的不正确输入可能与一个或多个操作形成因素有关，如设备和工艺的操作不合理、培训不当、通信联络不正确等。不正确的操作形成因素包括可导致错误的感觉、理解、判断、决策以及（或）控制失误。上述几种过程中的任何一个过程都能直接或间接地对系统产生不正确的输入。定性分析是人机学专家在设计或改进人—机系统时为减少人为失误的影响使用的基本方法。如上所述，定性分析也是人的可靠性分析方法中定量分析的基础。

第二节　影响安全生产的疲劳因素

疲劳又称疲乏，是一种主观不适感。引起疲劳的原因很多，有疾病因素、睡眠不足因素，还有心理负担过重因素等。在生产作业中，需要作业人员精力充沛地走上工作岗位，在良好的意识状态下，神志清醒地进行工作。因此，要注意改善员工的工作条件，保证员工的休息时间，消除员工生理和心理疲劳，使他们在工作中始终保持清醒的头脑，从而避免事故的发生。

一、疲劳的特点和对安全生产的影响

1. 疲劳的概念

疲劳是指人体内的分解与合成代谢不能维持平衡，在作业过程中由于不断消耗能量，从而引起作业者作业能力下降的一系列生理和心理变化。

疲劳是人们连续学习或工作以后效率下降的一种自然的生理现象，可以分生理疲劳与心理疲劳。生理疲劳是疲劳在生理上的反应，心理疲劳是疲劳在心理上的反应。从生理上讲，疲劳是由于乳酸及其他代谢产物的堆积，肌肉张力下降，运动耐久性降低；由于二氧化碳的堆积，刺激呼吸中枢，还会导致打哈欠。疲劳虽然是主观上一种疲乏无力的不适，但感觉到疲劳并不是特异症状，因为很多情况都可引起疲劳。

按疲劳的原因区分，有生理性疲劳、心理性疲劳。按疲劳所发生的部位区分，有精神疲劳、肌肉疲劳、神经疲劳，这三种疲劳是由规定的作业内容引起的，精神作业产生第一种，肌肉作业产生第二种，神经作业产生第三种。按疲劳的程度区分，有一般疲劳、过度疲劳、重度疲劳。

2. 疲劳的性质与特点

劳动者在连续工作一段时间以后，都会出现机能衰退现象，这就是疲劳。疲劳是一种正常的生理心理现象。从生理学的观点来看，疲劳和休息是能量消耗与恢复相互交替的机体活动。疲劳与休息的合理调节，可以使人体的感觉器官、运动器官与中枢神经系统的机能得到锻炼、提高。在适度的范围内，疲劳对人体并没有什么害处；相反，人体如果长期缺乏应有的疲劳，则会引起机体内部活动的失调，如睡眠不良、食欲不佳、精神不振等。但是，如果由于工作负荷过重及连续工作时间过长，造成过度疲劳，就会严重影响人的心理活动的正常进行，造成人体生理、心理机能的衰退和紊乱，从而使劳动效率下降、作业差错增加、工伤事故增多、缺勤率增高等。

3. 疲劳对安全生产的影响

现在疲劳对安全生产的影响已引起人们广泛的重视，有人开始把疲劳称为工业事故中具有头等重要性的因素之一，同时它也是国际上工业安全方面一个长期研究的重点领域。因此，不论是企业还是班组，都应该更加重视疲劳因素的预防，加强劳动者休息权的保护，预防因为疲劳而引发的事故。

疲劳按其产生的性质，可分为生理疲劳（或称体力疲劳）和心理疲劳（或称精神疲劳）两种。生理疲劳是由于人体连续不断的活动（或短时间的剧烈活动），使人体组织中的资源耗竭或肌肉内产生的乳酸不能及时分解和排泄引起的。心理疲劳有时是由于长时间集中于重复性的单调工作引起的，因为这种工作不能引起劳动者的动机和浓厚的直接兴趣，加之没有适当的休息与调换工作的性质，就会使人厌倦和焦躁不安，甚至失去控制情绪的能力。在有些情况下，心理疲劳可能因为有的工种需要用脑判断精细而复杂的劳动对象，脑力消耗太大而引起。在另一些情况下，可能由于人际关系矛盾或家庭纠纷等令人很伤脑筋的事情，造成精神疲劳。

4. 生理疲劳和心理疲劳的关系

生理疲劳和心理疲劳在劳动中并不一定是同时产生的，有时身体上并不感到疲劳，而心理上却感到十分厌倦；也有时虽然工作负担很重，身体上感到疲劳，但由于工作富有意义或做出了成就而感到精神轻松，仍能很有兴趣地工作。生理疲劳和心理疲劳既有一定的区别，又有一定的联系，并且相互制约。当生理上出现疲劳时，由于某种动机的驱动和意志上的努力，可以继续工作一段时间，但不能维持过长，超过某种限度，勉强工作就会引起过度的疲劳。这不仅有碍于劳动者的身心健康，而且容易产生意外事故。因此，在实际工作中，要尊重人体的生理规律，对延长劳动时间和加班必须予以严格的限制。

二、疲劳的产生与发展规律

1. 疲劳产生与发展的阶段

感觉疲劳是人人都曾经经历过的事情，感觉疲劳后最想做的事情就是休息。疲劳这一特殊的生理心理现象的产生与发展，可以分为以下几个阶段：

第一阶段是疲劳的积累。疲劳在活动过程中产生，并随活动时间的持续而逐渐积累、加重。活动时间越长，疲劳感就越重、越明显。

第二阶段是疲劳的持续。人体发生疲劳后，并不由于活动的停止而随之消失，它要持续一段时间。疲劳的程度越重，持续的时间也就越长。

第三阶段是疲劳的缓解和消失。

2. 疲劳的发展与人体生理效率之间的关系

有关学者的研究表明，疲劳的发展与人体生理效率之间的关系变化，大体要经历以下四个时期：

（1）机能水平上升的逐步适应期

例如，刚上班不久，人体的感觉器官、运动器官，从不适应工作环境到逐步适应，这个时期工作效率不高，人体能量消耗不多，所以一般不会产生疲乏的感觉。

（2）机能水平高的适应期

这个时期人体机能完全适应了工作环境，工作效率较高，机体能量消耗也较大。但由于体内能量的储存，使能量的供应与消耗仍能保持平衡状态，所以劳动者只有轻度的疲乏感。

（3）机能水平趋于下降的意外补偿期

这个时期机体内的能量开始满足不了活动的需要，劳动者也有明显的疲劳感。但是，由于工作的责任感与主观意志的努力，工作效率仍能保持或稍低于前一时期的工作水平。

（4）机能水平下降的不适应期

下班前往往处于这一时期，工作效率迅速下降、机体能量供应明显不足，劳动者感到饥饿、四肢无力、腰酸背痛，有较重的疲劳感。

3. 疲劳产生与变化的特征

疲劳产生与变化有以下几个特征：

（1）疲劳有一定的积累效应，未完全恢复的疲劳可在一定程度上继续存在到次日。在重度劳累之后，第二天还会感到周身无力，不愿动作，就是积累效应的表现。如果次日又达到六分疲倦程度，就感到疲乏至极了。

（2）疲劳可以恢复。年轻人比老年人恢复得快，体力上的疲劳比精神上的疲劳恢复得快。

（3）人体对疲劳也有一定的适应能力。例如，连续工作几天之后，反而不觉得累了，这是体力上的适应性。

（4）青年员工作业中产生的疲劳感较老年员工小得多，而且易于恢复。青年人的心血管系统和呼吸系统比老年人功能旺盛，供血、供氧能力强。某些强度大的作业是不适于老年人的。

（5）环境因素直接影响疲劳的产生、加重或者减轻。例如，噪声可加重甚至引起疲劳，而优美的音乐可以舒张血管、松弛紧张的情绪而减轻疲劳。因此，某些作业过程中、休息时间和下班后，听听抒情音乐有助于缓解疲劳，是很值得提倡的。

（6）工作单调易让人产生疲劳感。周而复始地做着单一的、毫无创造性的、重复的工作，这种没有兴趣的"机器人"作业，最容易使人产生厌烦情绪，更容易产生疲劳感。

（7）夜班工作比白天工作更容易让人感到疲劳。劳动心理学家的专门研究表明，夜班工作完成白天班工作量的 80％，就会感到与白天一样的疲劳。

4. 夜班工作容易疲劳的分析

夜班工作容易疲劳，是人们都能够感觉到的。夜间体温、血压、脉搏降低，血液水分、盐分、尿量减少，副交感神经处于优势状态等，这些都是有利于休息、有利于睡眠的重要条件。上夜班的人往往在白天休息，但是在白天休息时，由于血液水分不充足，能量消耗不能降低，体姿转动多，再加之环境不安静，惊醒机会多，睡眠效果较差，所以上夜班的人通常都会睡眠不足，甚至连续上几个星期夜班后还不能完全习惯。此外，还有一个值得注意的问题是，如果人们的疲劳长期得不到足够的休息而恢复，会日积月累而逐渐形成一种慢性疲劳。此时，人的疲劳感加剧，不仅在工作结束之后，而且在工作之前就感到疲劳。这种情况已带有病理性质，常出现一系列的心理生理症状，如情绪易激动、有抑郁倾向、缺乏活力和主动性等。这些心理效应还常伴有许多身体不适症状，如头痛、眩晕、心脏和呼吸功能障碍、食欲不振、消化不良、失眠等。若长期疲劳，则会导致人体健康状况下降和患病率增加。

由于夜班工作晨昏颠倒，人体正常昼夜节律的生物钟被打乱，从而带来一些生理障碍，诸如失眠、头昏脑涨、乏力、食欲不振、腹痛、腹胀、便秘等。这些症状如果长期得不到缓解，就会严重影响身体健康，因此需要加强自身保健。

夜班工作人员加强自身保健的方法主要有：

（1）应注意合理安排饮食，坚持一日三餐加一顿夜班饭。上班前进食八成饱为宜，下班后切勿饿着肚子睡觉，不要因贪睡而放弃吃午饭。因夜间劳动一般比日间工作消耗体力大，应多吃有营养又容易消化的蔬菜、瘦肉、鲜鱼、蛋类、豆制品及水果等，特别是富含维生素 A 的食物，如动物肝脏、淡水鱼等，这样可提高人对昏暗光线的适应能力，防止眼疲劳。

（2）创造较好的睡眠环境，以提高睡眠质量。房间窗户可用黑布遮挡，人工制造一个"黑夜"。临睡前用热水洗脚，有助于加速血液循环，缓解疲劳，也有助于入睡。如果环境嘈杂，可在耳内塞上一团用脱脂棉做成的耳塞。

（3）夜班工作休息时做些适当的文体活动，可达到迅速解除或减轻疲劳的目的。从事重体力劳动的人员，应多参加轻松愉快的娱乐活动；从事轻体力劳动的人员，则应加强一些有一定强度的活动；经常弯腰的，可多做些伸展活动；脑力劳动者则应加强全身性活动。

三、疲劳产生的原因分析及其容易引发的事故

1. 疲劳产生的一般原因

在生产作业中，能够引起人员疲劳的原因有很多。既有劳动强度过大、作业时间过长、作业环境较差及身体条件不适应等一般原因，又有诸如缺乏对本职工作的积极动机、工作中存在消极的心理因素等众多的心理原因。在生产实际中，疲劳产生的一般原因主要有以下类别：

(1) 操作不熟练。

(2) 睡眠不足。

(3) 连续作业时间过长。

(4) 休息时间不足。

(5) 连续多日白班或夜班。

(6) 白天和夜间连续作业。

(7) 过长时间加班，精力消耗过大。

(8) 作业强度过大，体力损耗过大。

(9) 劳动中能量代谢率过高。

(10) 拘束、固定的作业姿势时间过长。

(11) 工作单调，简单重复，缺乏变化。

(12) 过于年轻或年龄过大，不适应岗位工作。

(13) 环境不佳（高温、照明不足、振动、噪声等）。

(14) 有害物质的作用。

(15) 不利的作业条件（如作业位置过高、过低或作业空间狭窄等）。

(16) 患病或体力下降等。

2. 疲劳产生的心理原因

疲劳产生的心理原因主要有：

(1) 心情烦躁，生产热情低下。

(2) 心情郁闷，兴趣丧失。

(3) 工作不安定（如不安心本职工作、担心失去工作等）。

(4) 更换新的环境或者更换新的领导，感到拘束、束缚。

（5）夫妻吵架、婆媳吵架等造成家庭不和。

（6）惦记家务事（家人生病、经济紧张等）。

（7）身体有病，对健康感到担心。

（8）面对不断变化的情况产生危险感和危机感。

（9）生产任务、产品质量、安全保障等压力大，责任过大。

（10）心中存在着种种不满（对工资、福利、晋升、不平等待遇以及对整个企业的不满等）。

（11）职业工种与个性特征不适应。

（12）兴奋过度、睡眠不足等产生疲劳暗示。

3. 疲劳的类型

作业疲劳是劳动生理的一种正常表现，它起着预防机体过劳的警告作用。从正常作业状态到主观上出现疲劳感直到完全筋疲力尽有一个时间过程，疲劳程度的轻重决定于劳动强度的大小和持续劳动时间的长短。心理因素对疲劳感的出现也起作用。一般来说，对工作厌倦、缺乏认识和兴趣而不安心工作，极易出现疲劳感；相反，对工作具有高度兴趣和责任感或有所追求，则疲劳感常出现在生理疲劳发生很长时间以后。

对疲劳的类型有不同的划分，比较常用的一种划分方法是分为急性疲劳、亚急性疲劳和慢性疲劳。其中慢性疲劳常伴有心理因素，长期劳累以致心力交瘁，实际上已超出疲劳的概念范畴。疲劳还可以分为局部肌肉疲劳和全身性（中枢性）疲劳。对于疲劳，可以细分为以下五种类型：

（1）个别器官疲劳。如计算机操作人员的肩肘痛、眼疲劳；打字、刻字、刻蜡纸工人的手指和腕疲劳等。

（2）全身性疲劳。进行较繁重的劳动由于全身动作，表现为关节酸痛、困乏思睡、作业能力下降、错误增多、操作迟钝等。

（3）智力疲劳。长时间从事紧张脑力劳动引起的头昏脑涨、全身乏力、肌肉松弛、嗜睡或失眠等，常与心理因素相联系。

（4）技术性疲劳。常见于体力脑力并用的劳动，如驾驶汽车、收发电报、半自动化生产线工作等，表现为头昏脑涨、嗜睡、失眠或腰腿疼痛。

（5）心理性疲劳。多是由于单调的作业内容引起的。例如，监视仪表的员工，表面上坐在那里悠闲自在，实际上并不轻松。信号率越低越容易疲劳，使警觉性下降。这时的疲劳并不是体力上的，而是大脑皮层的一个部位经常兴奋引起的抑制。

除此以外，还有周期性疲劳。根据疲劳出现的周期长短，又可分为年周期性疲劳和月、周、日的周期性疲劳。这种疲劳出现的周期越长，越具有社会因素和心理因素的影响。例如，员工在春节休假后刚上班的头几天，作业能力总是低水平的，而且主观上有明显的疲劳感，似乎没有充分恢复体力。体力劳动强度越大，上述感觉越突出。又如，作业人员在周初感到不适应紧张的工作，周末则有明显的疲劳感。上述诸例中，体力疲劳是基础，但明显地具有心理因素的作用。

4. 人在疲劳时的生理心理状态

疲劳是一种主观不适感觉，但客观上会在同等条件下，失去其完成原来所从事的正常活动或工作的能力。所以，作业疲劳现在是国际公认的主要事故致因因素之一。作业疲劳可使作业者产生一系列精神症状和身体症状，这样就必然影响到作业人员的作业可靠性，并常常引起伤亡事故。

人在疲劳时的生理心理状态基本相同，所感觉感受的情况也基本相同。根据俄罗斯心理学家列维托夫对疲劳的研究，人在疲劳时的生理心理状态包括以下几个方面：

（1）无力感

许多时候当劳动生产率还没有下降的时候，工人已经感到劳动能力有所下降，这就是疲劳反应。劳动能力下降表现为一种特殊的难受感觉和缺乏信心。工人感到无法按照规定的要求继续工作下去。

（2）注意的失调

注意乃是最易疲劳的心理机能之一，在疲劳状态下，注意力容易分散，并表现为怠慢、少动，或者相反，产生杂乱的好动，游移不定。

（3）感觉方面的失调

在疲劳的情况下，参与活动的感觉器官功能会发生紊乱。如果一个人不间歇地长时间读书，那么他会说眼前的字行"开始变得模糊不清"。听音乐时间过长，高度紧张，会丧失对曲调的感知能力。手工作时间过长，会导致触觉和运动觉敏感性的减弱。

（4）记忆和思维故障

与工作相关的领域都会直接出现这种故障。在过度疲劳的情况下，工人可能忘记操作规程，把自己的工作岗位弄得杂乱无章。与此同时，对与工作无关的东西，反而熟记不忘。脑力劳动造成的疲劳尤其有损于思维过程，然而在体力劳动造成疲劳的情况下，工人也经常抱怨自己的理解能力降低和头脑不够清醒。

（5）意志减退

疲劳状态下人的决心、耐性和自我控制能力减退，缺乏坚持不懈的精神。

（6）睡意

疲劳能够引起睡意。这种情况下，睡意是保护性抑制反应。人工作得疲惫不堪，睡眠的要求会变得强烈，以致任何姿势下也能入睡。实践中我们有时会看到，在连续工作时间太长而疲劳至极时，人会毫无警觉地突然入睡。这种情况对于正在从事风险因素较多的工作的作业人员来说十分危险，如在井下从事采掘工作的矿工、各种车辆司机等。

5. 疲劳作业容易导致事故的原因

疲劳可以使作业者产生一系列精神症状、身体症状和意识症状，这样就必然影响到作业人员的作业行为。疲劳引起事故的原因主要有：

（1）睡眠休息不足、困倦容易引起事故。这类事故多见于夜班或长时间作业未得休息的情况，多为技术性作业事故。如某矿的卷扬机司机，白天休息不充分，夜班时打盹，开动卷扬机后即进入半睡眠状态，以致造成过卷事故，拉断钢绳，坠入井底。类似事故不胜枚举。

（2）反应和动作迟钝。疲劳感越强，人的反应速度越慢，手脚动作越迟缓。

（3）重体力劳动的省能心理。重体力劳动常给作业人员造成一种特殊的心理状态——省能心理，反映在作业动作上，常因简化而违反操作规程。

（4）疲劳心理作用。疲劳常造成心绪不宁，思想不集中，心不在焉，对事物反应淡漠、不热心，视力、听力减退等。

（5）环境因素助长疲劳效应。例如，各工业部门在高温季节（七八月份）事故发生率较高；室外作业则在寒冷季节事故率增大。

（6）疲劳与机械化程度。历史地分析事故发生率可以发现：手工劳动时期事故率低，高度机械化、自动化作业事故率也较低；半机械化作业事故率最高，其中包含许多人机学问题。半机械化作业时，人必须围绕机械进行辅助作业，由于人比机械力气小，动作慢，所以往往用力较大造成疲劳，再加上人机界面存在的问题就会导致事故发生。

6. 疲劳作业导致的事故案例

疲劳与安全是密切相关的。防止过劳也是安全生产的关键之一。以煤矿生产为例，由于工作条件艰苦，劳动强度大，而从事井下生产作业的矿工，有许多也要兼顾农业生产，因此疲劳在煤矿事故发生的原因中占有突出地位。

下面，我们来看两起由于人员疲劳作业导致的事故。

事例之一：因工作劳累违章坐皮带导致的面部摔伤事故

我是黄陵矿业集团一号煤矿综采队的一名职工。每当我看到镜子里那张满是疤痕的脸，就不由想起多年前发生的那起事故。

2003年1月11日8点班，我和工友们在205综采工作面检修，检修完毕准备升井时，大家都感到腰酸背痛。当我们走到一部皮带机尾时，发现皮带正在运转。我心里盘算，从工作面到车场还有2 000多米的距离，要走好长时间，再从车场乘车到地面还需半个多小时，而且还要等车，太麻烦，自己又特别疲劳，不如坐皮带上去，既省时又省力。想到这儿，我立即跳上高速运转的皮带，提心吊胆地冒险前行。可过了一会发现没什么问题，思想上便放松了，而且感到有点困，就打起盹来，什么时候从皮带上掉下来都浑然不知。与此同时，皮带司机听到清煤器声音异常，便钻到机头下处理清煤器。大约 14 时 40 分，皮带司机发现有人从皮带机头上掉下来，便快速从机头下出来把皮带停住，并喊来附近的工友，一起把我送到医院。当时我只感到头部非常疼痛，无法用鼻子呼吸，送到医院后才知道自己的面部严重摔伤，鼻子和面部只连着一点皮。医生立即为我做了修补手术，后来又到省城医院做过两次整形手术。虽然没有性命之忧，但满脸的疤痕却给我留下了永久的"纪念"。

我用自己的亲身经历告诉所有的矿工朋友，千万别违章，像我一样图一时之快偷坐皮带，抹不去的痛苦将伴随一生。

事例之二：休息好才能保障安全，避免不该发生的事故

1999 年 3 月 10 日零点班，对我来说是个刻骨铭心的日子，虽说已过去了十几年，但那天发生的事情仍历历在目。

那天，我因陪父亲去看医生一天都没休息，本该请假在家休息，可一考虑明天倒大班，还是拖着疲惫的身体来到井下。工友们看到我憔悴的样子，就让我去外边轮子坡开绞车。头半班我强打精神支撑着，几个小时过去后，绞车的嗡嗡声似一首催眠曲让我昏昏欲睡……突然，把钩工小王一声吆喝把我从昏睡中惊醒，我抬头一看，矿车已拉到眼前，忙乱中在采取紧急制动时竟然把离合器当成了闸，眼瞅着矿车在绞车的牵引下翻出铁道朝我冲来，我吓傻了，不知如何是好。幸亏机灵的小王一个箭步冲上来切断了电源。或许是命不该绝，矿车在距我大约 5 厘米的位置停住了，我和小王都出了一身冷汗，脸色煞白，呆呆地对视几分钟后，我们才恢复了平静。为了不让别人发现，我俩悄悄地把掉道的矿车处理好了。

通过这件事，我知道了要休息好，才能保证上班时有充沛的体力和精力，才能保障安全。从那以后，我再也没有出过事故。

来自生产一线的调查表明，过度疲劳时的最大危险主要源于反应迟钝和动作不准确，员工在遇到危险信息时往往不能及时发现，或发现了不能快速地做出反应。而在实际的危险发生时，躲避危险的时间常常在几秒钟之内。因此，企业应针对造成员工疲劳的各种因素，采取有效的措施，努力改善劳动条件，减轻繁重的体力劳动，并严格控制延长劳动时间，从而防止员工的过度疲劳，减少事故的发生。另外，还可以实行多次短暂的工间休息的办法，调节工作与休息的节奏，不使疲劳过度积累。同时，更应尽量为员工创造工余休息的条件，如热水浴、各种临时休息室以及旅馆化的员工公寓等，以保证员工能够很快地消除疲劳。

第三节　影响安全生产的时间因素

影响安全生产的时间因素包括夜班作业、临近节假日、夏季与冬季气候变化等，其中主要是夜班作业。夜班作业由于工作与睡眠在时间上发生矛盾，使人类长期形成的正常生理节律受到干扰，再加上白天睡眠的环境条件差，受到日光、噪声、振动等的影响，使睡眠时间由 8 小时左右减短到 4～6 小时，而且睡眠的深度变浅、质量较差。时间一长，会使人感到每日劳动后体力和脑力耗损得不到完全补偿与恢复，造成疲劳的积累或过度。在这种情况下，就容易引发事故。因此，需要管理部门根据人体的生理节律实行科学的轮班制度，最大限度地减轻员工夜班作业的疲劳感。

一、作业时间因素与安全

1. 生产作业时间因素的影响

如前所述，构成事故的两大要素是物的不安全状态和人的不安全行为，其中人的不安全行为是引发事故的最主要原因。实践证明，现在许多企业实行的日班与夜班轮班制度，打乱了人体的生物钟节奏，少数职工常常睡眠不足，身体机能也因此下降，导致工作中失误增多和自我保护能力降低，给企业安全生产带来隐患。

科学研究表明，人的体力及感情特性显示出一定的周期性变化，称为 PSI 周期。所谓 PSI，即体力、感受能力、智力的英文缩写。

人的身体存在着各种节律，有像脑电波那样以秒为单位的，有像睡眠—觉醒那样以天为单位的等。表示一天中人体机能变化规律的节律称为概日节律。

在没有发明电灯以前，人们过着日出而作、日落而息的生活，人体脑部松果体在光照的作用下，产生了昼—夜的生物钟节奏，形成了白天劳动、夜晚休息的生活习惯和睡眠—觉醒这一生理节律的基本模式。人体内的激素分泌水平，如促肾上腺皮质激素、肾上腺素等均显示为白天高、夜间低的概日节律。说明了人体的生理机能白天最高、夜间最低，这一现象表示了人对自然界的适应。这种适应性，随光照和睡眠习惯的改变，呈现有规律的周期变化。

2. 人的概日节律

人体要进行有目的的操作，必须依赖于人体的五感（视觉、听觉、触觉、嗅觉、味觉）

来了解和判断外部信息。如果操作人员睡眠不足，会引起人体的疲劳，导致人体机能下降，思维与判断能力受到影响，感觉的敏锐性变低，操作的准确性和协调性受到破坏，使工作的失误率增高，往往会引起事故的发生。

概日节律是人体以 24 小时为周期的生理节律，与身体机能和工作效率之间是有紧密联系的。在一天里，人体机能处于变化状态：上午 7 点到 10 点机能上升，午后下降；从下午 6 点到晚上 9 点机能再度上升，其后从 9 点开始又急剧下降，凌晨 3 点到 4 点下降最为明显，达到了一天里人体机能的最低点。

根据国外统计资料，三班倒职工每隔 1 小时的工作失误率的发生状况，与人体机能变化完全一致，即人体机能上升时，错误率就低。在人体机能的最低点，也就是凌晨 3 点左右时，是最大的错误发生区域，人们称之为"魔鬼的凌晨 3 点"。

根据某钢铁公司 2000 年发生的重伤事故统计，发生的时间大部分是在夜间，其中有近 70％发生在"魔鬼的凌晨 3 点"。由此可见，人体机能与人的失误和事故的发生是息息相关的。当人体机能进入夜间低点时，人的失误率增加，因工作失误而引发的事故就会增加。

3. 人的工作能力的昼夜波动

我们知道，自然界中的节律现象是普遍存在的，诸如太阳升落，月亮圆缺，四季交替，植物的生长、落叶，动物的出没等，都有一定的节律，而人的生命活动也存在着明显的节律。人体生理节律又称生物钟，它从生命开始，随时间呈持续不断、周而复始的周期变化，这种周期变化就是生物节律。它与生命共存，并支配着生物体的行为。迄今为止，科学家们已经发现人体生理节律有 100 多种，其中主要有年节律、月节律、日节律等。

研究表明，人的各器官系统不能在长时间内保持均匀的工作能力，这种能力具有周期性变化的特点。其周期有时为 24 小时，或更长时间。人们发现，每个人的心跳快慢、体温、肌肉收缩力量及激素分泌等都有明显的昼夜节律，即随着白天和黑夜的交替，上述生理指标也发生变化。显然，这些变化会直接影响人的生理心理机能。

瑞典一家企业在研究事故的原因时，仔细观察了人的工作能力在 24 小时内的变化，结果表明，人的工作能力的波动与实验证明的人体植物性生理节律是一致的。在 24 小时周期内，出现两个高峰（最高点在上午 8 点到 9 点，随后第二个高峰在下午 7 点左右）和两个低谷（第一个低谷是下午 2 点，而凌晨 3 点左右降到最低点）。总的情况是：人的最高的工作能力出现在上午时间内，而在夜间工作能力则急剧下降。许多研究表明，事故的发生与人的昼夜工作能力的波动曲线是相对应的。

4. 事故发生频次的昼夜分布和一年中的月份分布

事故发生频次的昼夜分布和一年中的月份分布是有所不同的。

（1）根据对某煤矿企业历年发生的 325 起事故（主要是重伤、死亡和重大经济损失事故）的昼夜频次分布进行的统计可以看出，在一天 24 小时内，事故频次分布很不均匀，并大致呈现三个事故多发时间，即 9 点前后、14 点和 0 点。另外，凌晨 3 点前后亦分布较多。

（2）事故在一年内各个月份的频次分布。根据前面所述 325 起事故发生的月份记载，可以看到，不同月份之间事故发生的次数差异很大。全年中 5 月、10 月两个月份事故发生率最高；6 月、7 月、8 月三个月份持续在较高的水平上；事故发生率最低的月份为 4 月、9 月、11 月，相当于 5 月、10 月两个月份的 1/4～1/2；其他四个月份（1 月、2 月、3 月、12 月）则在中等水平。据统计，在一般工业行业中，一年中事故发生的规律是：6 月、7 月、8 月三个高温月份以及 12 月、1 月两个受年底和春节影响的月份事故发生率较高，其他月份则相对较低。

二、人的意识觉醒水平对安全的影响

1. 人的觉醒与睡眠节律

人的一生约有 1/3 的时间在睡眠中度过，可见睡眠对人类生命活动的重要性和必要性。人在觉醒状态下工作、学习和劳动之后所产生的脑力、体力的疲劳，必须经过充足的睡眠才能得以解除。许多研究认为，睡眠除了保证人体的生理功能的正常进行外，还与注意、学习和记忆等心理功能有关，例如充足的睡眠对注意的稳定、集中，记忆的巩固等有良好的作用。同时，睡眠对于保持健康的情绪和适应社会环境等方面也有一定的作用。

人类活动是"昼行性"的，世世代代习惯于"日出而作，日落而息"的生活规律，这种昼夜间觉醒与睡眠的交替在人类相当长的进化历程中已成为固定化的行为和生理模式，并已受人体"生物钟"的内在控制，而不是简单地与白天的光照和夜晚的黑暗相联系。有人曾自愿接受试验，在不知时日和昼夜变化的山洞里居住了一个多月，实验仪器记录他们在山洞里的体温、血压和脑电图等。分析结果表明，这些被测试者在山洞里居住期间，体内的节律仍保持在大约一昼夜的周期之内，照样呈现觉醒与睡眠的交替现象。人类这种觉醒和睡眠的交替是人脑活动的节律。这种节律与人体多种功能所呈现的规律一样，是以一个昼夜为周期的。然而，在人们的日常生活和工作中，各种外界（如倒班工作）和内在（如生理和精神的病理状态）的原因都可以在某种程度上引起人脑活动昼夜节律的破坏，即觉醒与睡眠关系的失调（简称睡眠失调）。而这种失调又会对人的生理和心理产生不利影响，并会增加人在劳动活动中的心理和行为的不稳定性。

2. 意识觉醒水平与作业可靠度

从心理学上讲，意识觉醒水平是指人脑清醒的程度，即进入一种清醒的或有知觉的新的状态。从文字含义上讲，觉醒是一个并列结构的合成词，即"觉"和"醒"同义，本义都是睡醒，从睡梦中醒来的意思，后来进一步引申为醒悟、觉悟。

在对意识觉醒水平的研究中，有人提出了意识层次理论和模型对此进行说明，即中枢系统能否意识集中而注意于当前的活动，以有效而安全地进行其工作，依赖于意识水平层次的高低。睡觉时意识丧失，一切行为失去了可靠性；觉醒时，意识水平提高，中枢处理能力增强。

意识层次理论将大脑意识水平分为五个层次，并根据研究给出了其相应的可靠度水平（最大值为 1），见表 4—1。

表 4—1 意识水平与作业可靠度

层次等级	意识水平	对注意的作用	生理状态	可靠度
0	无意识，神志昏迷	零	睡眠、癫痫发作	0
Ⅰ	正常以下，恍惚	不起作用，迟钝	疲劳、单调、打瞌睡、醉酒	<0.9
Ⅱ	正常，放松	被动的、内向的	平静起居、休息，常规作业	0.99～0.999 99
Ⅲ	正常，明快	主动、积极的，注意范围广，注意力集中于一点	积极活动时的状态	>0.999 999
Ⅳ	超常，极度兴奋、激动	判断停止	紧急防卫时的反应，慌张以至于惊慌	<0.9

意识层次理论认为人的内在状态可以用意识水平或大脑觉醒水平来衡量。人处于不同觉醒水平时，其行为的可靠性是有很大差别的。

处于 0 级状态如睡眠状态时，大脑的觉醒水平极低，不能进行任何作业活动，一切行为都失去了可靠性。

处于第Ⅰ层次状态时，大脑活动水平低下，反应迟钝，易于发生人为失误或差错。

处于第Ⅱ、Ⅲ层次时，均属于正常状态。层次Ⅱ是意识的松弛阶段，大脑大部分时间处于这一状态，是人进行一般作业时大脑的觉醒状态，并应以此状态为准，设计仪表、信息显示装置等；层次Ⅲ是意识的清醒阶段，在此状态下，大脑处理信息的能力、准确决策能力、创造能力都很强，此时，人的可靠性比层次Ⅰ时高 10 万倍，几乎不发生差错。因此，重要的决策应在此状态下进行，但该状态不能持续很长的时间。

处于第Ⅳ层次为超常状态，如工厂大型设备出现故障时，操作人员的意识水平处于异常兴奋、紧张状态，此时人的可靠性明显降低。因此，应预先设计紧急状态时的对策，并尽可能在重要设备上设置自动处理装置。

3. 倒班工作对睡眠及生理心理的影响

日班与夜班的轮班工作被认为是引起睡眠紊乱的主要因素。轮班工人睡眠紊乱的发生率为 10％～90％（通常在 50％以上），而日班工人只有 5％～20％。煤矿工人实行轮班工作制，据研究，其失眠发生率在 33.6％。轮班工作制引起的睡眠失调主要归因于生理节律的破坏。另外，睡眠紊乱还与员工的劳作周期和社会活动习惯有联系，例如随着工业现代化的发展，从事倒班工作和夜间服务的人将越来越多。倒班的方式多种多样，有昼夜三班制、昼夜两班制，还有少数昼夜四班制（所谓四六制）等。有的白班或夜班一周轮换一次，有的连续工作 24 小时后休息几天等。但无论哪种方式的倒班，都会与正常的睡眠发生冲突，这种觉醒和睡眠正常节律的破坏，对安全生产和职工的身心健康都有不同程度的影响。大量研究表明，倒班工作与某些官能性疾病有关系。其中，主要的官能性疾病是肠胃病、睡眠失调和神经系统功能紊乱，有时可能产生轻度的头痛、神经过敏、手颤、注意力集中困难等。这些都会对安全生产造成不利影响。

轮班制度对职工身心健康造成的影响主要有：

（1）生物钟紊乱

现时正在很多企业内实行的轮班制度，改变了职工的睡眠习惯。而人体的生物钟和睡眠—觉醒节律是有其规律性的，可的松荷尔蒙的释放也与睡眠有关。当人们改变睡眠习惯时，由于睡—醒周期和人体生物钟节奏的紊乱以及可的松荷尔蒙释放的混乱，白天想睡时睡不着，而夜晚上班后又昏昏欲睡，严重影响职工的安全与健康，这种情况需要几天的适应期，才能在人体生物钟的调整下校正过来。如果换班节奏太快，职工始终倒来倒去，人体没有足够的时间将颠倒的生物钟调整过来，造成生理紊乱。

（2）低点反应

据了解，轮班制度中，部分职工白天没有睡觉的习惯，夜晚上班后，则带着白天积蓄的疲劳来到岗位，工作提不起精神，效率也不高。特别是到了夜里两三点钟的时候，由于人体生物钟和睡眠—觉醒节律的作用，职工便无法自制地进入睡眠需求状态，思维更处于游离阶段，容易陷入"边缘动作"状态，也就是说人一边迷迷糊糊，一边进行操作，这时人的思维能力、反应能力、判断能力都进入一天中的最低点。这种现象称为低点反应。

（3）睡岗行为

有些职工在夜班下班后，仍然不注意补充睡眠，到了夜间，由于疲劳加上生物钟和睡—醒节律的共同作用，不可抗拒地进入睡眠需求状态。熬到实在撑不住了，就溜到什么隐蔽的地方眯一下，更有甚者，找个地方躺倒就睡。殊不知这些隐蔽的地方，大都属于危险区域，而且出了事故还不易被发现，是极其危险的行为。值得指出的是，在工间休息时，少数职工有坐在凳子上、靠在椅背上或趴在桌子上打盹的习惯。当同事喊其上岗时，职工从沉睡中猛然醒来后，多数人会感到头晕、视物模糊，脚发软、发麻。这是因为当趴、坐睡觉时人的副交感神经兴奋，心率减慢，心脏血输出量减少，流经身体各脏器及组织的血流速度相对缓慢，流经大脑的血流量更为减少，加上头高脚低的体位，引起脑暂时性贫血，大脑因缺氧而导致功能性的障碍。这种情况，一般需要 15 分钟左右才能逐渐恢复。这时如果上岗操作，极易酿成事故。

（4）轮流上岗现象

少数夜班职工，在班中为了"挤"出睡觉时间，私下里产生轮流上岗行为。就是岗位职工在一段较长的时间里，轮流上岗，轮流睡觉。少数班组长因怕得罪人，也睁一只眼、闭一只眼，造成这种现象有逐渐泛滥的趋势，如不严加管理，将会给安全生产带来严重后果。我们设想一下，当岗位上只有一名职工时，因为在岗人员本身的反应能力与自我保护能力都处于一天中的最低点，一旦遇到危险，将无法适时采取紧急措施来进行自救，也无法靠别人来及时互救，容易使事态进一步扩大。另外，更为严重的是学徒工的单独顶岗问题。由于学徒工经验不足，安全技能低，在突发事件面前，会手足无措，处置不当。班内其余人员若因为他已能独自顶岗操作，而对他放弃安全监管，极有可能引发事故。

4. 应对夜班工作的措施

人体是一部最灵敏的机器，也是一部最不可靠的机器。夜班岗位职工应随时掌握自己的身体机能状况，保证充足的睡眠，使之能胜任工作，安全完成任务。企业管理者也应充分考虑人体机能的周期性变化，合理安排作息制度，保证企业的每一个职工在各自的工作时间内，人体机能都能处于最佳状态，从而提高职工的工作能力与自我保护能力，出色地完成生产和工作任务。这对于促进企业安全与生产目标的顺利完成，不失为一个行之有效的方法。

应对夜班工作的措施主要有：

（1）夜班岗位的运用

根据概日节律，人体机能的最低点出现在夜间，此时的人体在生物钟与睡眠—觉醒节律的作用下进入休眠状态，警觉性很差，是最不适宜工作的时间。而企业因为有其连续性作业的特点，生产活动不能停下来。因此，我们必须将人体的身体机能，调整到有利于生产、有利于安全的方面来。实践证明，概日节律、睡眠—觉醒节律和人体生物钟节奏的共同作用，决定了人体机能的高峰和低谷出现的时间。我们应根据概日节律的原理，充分利用人体生物钟的适应性来调整睡眠—觉醒节律，在人体机能的高峰和低谷出现的时间上进行调整，更加合理地安排轮班制。也就是说，可以适当地延长轮班时间，在较长一段时间内保持人的固定睡眠习惯，保证人体有足够的时间来进行调整。这时人体生物钟的昼—夜节奏和睡眠—觉醒节律就会有个新的适应，有一个新的周期规律。各班次职工人体机能的高峰和低谷，在时间上的出现就会重新分布，形成各自不同的周期。如果每个班次的职工在各自的工作时间内，人体机能都处于高峰区域，这样会显著提高职工的工作效率，减少违章行为，从而减少事故的发生。特别对一些关键岗位、重点岗位，尤其是"三危"岗位（即危险源、危险区域、危险作业岗位）的运用，更具有实际意义。

（2）职工特点的运用

在实际工作中，我们常见到这样一种现象，有些职工白天精力充沛，工作效率高，到了夜晚就熬不住，属典型的"白日型"身体；而另外一些职工白天整天昏昏沉沉，工作效率低下，到了夜间，却精力旺盛，被人戏称为"夜猫子"。这是由于每个人的生活习惯不同所致，两个类型职工的生物钟节奏和睡眠—觉醒周期因此也不同。可以根据各自的特点，将他们安排在不同的岗位、不同的班次。如将"夜猫子"类型职工安排在夜间需要高度集中精力工作的岗位，发挥他们的特长；将"白日型"职工安排在白天工作，避开他们的短处，就是所谓的"扬长避短"，变被动为主动，以适应安全生产的需要。

（3）调整方法的运用

睡眠—觉醒节律和人体生物钟节奏是以24小时为周期变化的，有其规律性、适应性，这是在人体脑部松果体的作用下形成的，其中光照是决定性因素。科学实验结果表明，职工在夜间工作时，灯光要明亮充足。而下班以后的白天，夜班职工应生活在一个人工布置的全黑环境中，利用光照的变化，形成新的昼夜差，这样就能够在夜晚保持清醒的头脑、旺盛的精力。这样只需不到两天的时间，就能利用人体生物钟的适应性、规律性将颠倒的生物钟调过来，改变旧有的睡眠—觉醒周期，形成新的规律，从而保证夜班职工能以最佳的人体机能，集中精力提高工作效率、搞好安全生产。

尽管倒班工作对人体是不利的，但目前又不可能废除。所以，企业应尽量做到倒班合理化，把不利影响降到最小的程度。有人经过研究提出以下几点建议：一是慢倒班，每周最快倒一次班；二是顺时倒班，上过早班之后适宜换中班，而不宜换夜班；三是两班之间最好有一段时间休息，不宜接连下去；四是改变就餐时间。早班就餐时间可安排为7点、12点、18点，中班就餐时间为15点、20点和夜间2点，夜班就餐时间为23点、凌晨4点和上午10点。

第四节　影响安全生产的人际关系因素

人际关系是人们在生产或生活中所建立起来的一种社会关系。人际关系通常包括亲属关系、朋友关系、学友（同学）关系、师生关系、雇佣关系、战友关系、同事关系及领导与被领导关系等。人是社会动物，每个个体均有其独特的思想、背景、态度、个性、行为模式及价值观，然而人际关系对每个人的情绪、生活、工作有很大的影响。良好的人际关系有利于学习、工作和生活，而不好的人际关系则会对学习、工作和生活造成不利影响。对于员工来说，很难把不好的人际关系的影响排除在工作之外，以致造成分心或反应迟钝等情况，从而使作业失误增加、不安全行为增多，甚至导致事故的发生。

一、常见社会不良心理

企业、车间、班组不是存在于真空中，而是社会的一个组成部分，社会中的各种情绪、习惯、意识、心态等，必然会反映到生产作业中来。其中比较常见的社会不良心理，会对员工造成不好的影响。常见社会不良心理主要有以下几种：

1. 人的自私心理

自私是一种非常普遍的社会现象，在社会上有种种表现，也有程度上的区别。人们常说的自私自利、损人利己、损公肥私属于自私；有私心杂念、计较个人得失、不讲社会公德，也属于自私的范畴。

自私是一种近似于本能的欲望，具有一定的下意识性，它的存在与表现常常不为个人所意识到。有自私行为的人并不一定意识到自己在干一种自私的事；相反，往往会对此心安理得。即便自己对自己的行为心知肚明，也常常会找种种借口加以掩盖，隐藏内心深处的自私本性。自私心理作为一种社会不良心理，具有很强的渗透性，危害非常严重。当然，生活在当前的商品经济社会，每个人都会有不同程度的私心杂念，这是人之常情。但自私心理如果超过界限，例如不讲社会公德、损人利己、极端自私，嫉妒成性、以自我为中心、目中无人、容不得他人，以权谋私、以钱谋私、做权钱交易等，就成为不良心理。

2. 人的贪婪心理

贪婪是对某种事物过分的喜爱和追求，是一种极其病态的心理。对于美好事物的追求和向往，是人之常情，也是一种正常的心理。但贪婪心理和正常心理相比，具有不可满足性，甚至是越满足，胃口越大，越有越想有，越多越想多，所谓欲壑难填。贪婪的欲望是无止境的，表现在各个方面。对待金钱、权力、女色、美食、虚名的过度追逐，都是贪婪心理在作怪。在一定程度上可以说，贪得无厌，永无止境。

具有贪婪心理的人大都会利欲熏心，丧失理智，不顾社会道德、法律、法规的约束和舆论的谴责，疯狂攫取，纵死不惜。意志薄弱也是贪婪者的共性。他们在权力欲、色欲、财欲等诱惑下往往不能够控制自己的行为，把道德、法律、良心、后果置之度外。贪婪心理的表现多种多样，但不择手段的财欲，难以满足的贪欲、权力欲，欺世盗名的名利欲，色胆包天的色欲等为其共性特征。贪婪不是一种遗传疾病，现代医学也没有找到先天的遗传证据。可以断言，贪婪是在后天成长过程中受病态的社会文化影响，逐渐形成的不正常心理行为表现。

3. 人的吝啬心理

吝啬俗称"小气""一毛不拔"。民间有"瓷公鸡，铁仙鹤，玻璃耗子琉璃猫"的说法。吝啬与吝惜是不同的。吝惜是对所有的财物都非常珍惜，不随便浪费，不大手大脚。吝啬具有强烈的自私性，非常计较个人的得失，遇事总怕自己吃亏，可以慷国家集体之慨，对个人的私利却丝毫不让步，总是高估人家，低估自己，永不满足。

吝啬心理的特点是具有一定的冷漠性。他们非常看重自己的财物，为了既得利益可以六亲不认，对别人的困难、痛苦，对待公益事业毫无怜悯关爱之心。从心理上看，吝啬者具有心理封闭性，他们很少参加社会活动，不关心周围事物，不愿意帮助别人，很少有知心朋友，因此显得非常封闭。吝啬的危害可大可小，小到能够仅仅局限在自己家中，人人自危，互相不信任，亲情友情冷漠；大则可以危害他人及整个社会，对整个社会的价值观念的导向产生不利影响。人人为己，互相防卫，斤斤计较，缺乏社会责任感。

4. 人的嫉妒心理

嫉妒是指人们为竞争一定的权益，对相应的幸运者或潜在的幸运者怀有的一种冷漠、贬低、排斥甚至是敌视的心理状态，俗称红眼病。嫉妒以对别人的优势心怀不满为特征，导致心情的不愉快，自己心中惭愧、怨恨、恼怒甚至带有破坏性的情感。嫉妒常发生于青少年中，在社会竞争积累及生活、地位日益悬殊的人群中最容易发生，近年来有扩大化的趋势。

嫉妒的主要内容表现在对别人地位、金钱、财富、相貌、工作等一切的憎恨。初期大多深藏心底，不为别人所察觉，进一步发展则表现为嫉妒的完全释放，直接交锋，出现挑剔、挑衅、造谣甚至陷害。强烈的嫉妒则会引发理智的丧失，出现向对方攻击，希望置人于死地而后快。然而，嫉贤妒能者鲜有好的结果。

5. 人的浮躁心理

浮躁心理是指做任何事情都没有恒心，见异思迁，喜欢投机取巧，讲究急功近利，强调短、平、快，主张立竿见影，平时无所事事，发脾气，不能安稳工作。

在社会快速发展变化的情况下，有些人面对这种社会发展变化显得无所适从，害怕竞争，又不肯脚踏实地地投入工作，期冀一战成功，一举成名，又对自己的前途没有信心。

这类人在情绪上表现出一种急功近利的急躁心态，在与他人自觉、不自觉的攀比、暗中较劲过程中，表现出焦虑心态。由于焦虑不安，往往会情绪代替理智，使行动具有盲目性，行动过程中缺乏周密的计划、仔细的论证、慎重的思考。浮躁之人最容易见利忘义，出现违法乱纪现象。

6. 人的虚荣心理

心理学认为，虚荣心是自尊心的过分表现，是为了取得荣誉、引起普遍注意而表现出来的一种不正常的心理现象。虚荣心具有一定的普遍性，是一种常见的心态，人人都有自尊心，当自尊心受到损害、受到威胁，或者过分强调自尊心时，就可能引发虚荣心。一定程度上说，虚荣心就是歪曲了的自尊心。

虚荣心强的人往往是华而不实之人，这种人在物质上讲排场、搞攀比，事业上没有踏实作风。虚荣是社会道德的绊脚石，会衍生出自私、虚伪、欺骗等不良行为表现。人一旦拥有虚荣心，就会不择手段地加以满足维护，最终有可能陷入违法乱纪乃至犯罪。对个人而言，虚荣心强的人的心理负担过于沉重，需求过多过高，自身条件和现实生活的现状有时不能让他们得到满足。怨天尤人、愤怒压抑等负面情感会随之而生，最终有可能导致情感的畸变和人格的变态，对人的心理、生理的正常发育，都会造成极大的危害。

7. 人的空虚心理

空虚心理是指一个人的精神世界一片空白，没有信仰、没有理想、没有追求、没有寄托，整日百无聊赖，沉溺于牌桌、舞厅、酒吧，整天醉生梦死，如同行尸走肉。空虚实际上也是一种社会病，当社会变革、多元化出现，人们心理失去平衡时，一些意志薄弱的人变得无所适从，心理承受能力下降到最低点，个人价值被抹杀，产生这种病态心理。

空虚无聊的人在生活上总是懒散的，他们常处于被动观望、希望外援的状态中，自知痛苦，但又不能自拔。无聊感又可派生出无助感，总觉得自己孤立无援，内心苦闷在积累、在发展，急需找人倾诉、求助，但搜尽枯肠，翻遍电话号码，却又找不到一个适合的倾诉对象。无助感像幽灵般地袭来，甚至可导致深夜的暗自哭泣。

8. 人的自闭心理

自闭心理是一种对社会、对周围环境完全不适应的病态心理现象。其症状特点是不愿意与人沟通、害怕和人交流、讨厌与人交谈，逃避社会，远离生活，精神压抑，对周围环境敏感，回避社交。由于他们自我封闭，与世隔绝，没有朋友，常常忍受着难以名状的孤独寂寞。有专家认为，不愿意结婚的独身者、社交恐惧症者、自责心理严重的人、喜欢消极暗示性的人，大多数或多或少存在自闭性心理障碍。

自闭原因比较复杂，有的因个性与神经系统的缺陷与弱点所致，有的因受到意外的不良刺激而心理上难以承受并在行为上表现，有的因长期挫折与失败导致精神失常等。

9. 人的孤独心理

许多人性格孤僻，害怕和人交往，有时会莫名其妙地封闭自己、顾影自怜、孤芳自赏、无病呻吟、逃避社会、畏惧生活，心理学上把这种心理称为孤独心理。由孤独心理产生的与世隔绝、孤单寂寞的情感体验，就叫作孤独感。

孤独感的"症状"是寂寞，没有朋友，更没有知心的朋友；没有兴趣爱好，喜欢自己胜过喜欢他人，有些"自恋"的味道；对自己信心不足，或担心不会被别人接受，多以家为世界，只有待在家里才心安理得，离开了就浑身不舒服，坐卧不安，整日与计算机、电视为伴，不懂得也不知道如何填补自己的心灵空虚。孤独感以性格内向的青少年为最多见。主要是由于独立意识的增长、自我意识的发展，生理心理从不成熟走向成熟，伴随着逻辑思维能力的加强，社会接触范围的扩大，希望自己得到应有的重视和保护，于是在自己的心中构建起一座围墙，把自己封闭起来。独立意识是一种向外的力量，自我意识是一种向内的力量，当它们与青少年生理、心理发展的不平衡相互作用时，就会导致孤独感的出现。

10. 人的怀旧心理

怀旧是一种正常的心理现象，对往事的回忆、对亲朋好友的美好回忆实际上是一种美德。但是，如果怀旧心理过度发展，成为一种病态，就是一种不良心态。病态怀旧是一种不好的怀旧方式，主要表现为强调今不如昔，思想复古，虽然生活在今天，但是兴趣爱好却停留在昨天，思想行为与当今社会格格不入，这种怀旧实际上是一种病态的怀旧心理现象。

病态怀旧心理是个体现象，经常随着个人的生活经历、身体状况、人格特征而转移，常常发生在一定数量的社会成员中。主要表现为思想行为不合时宜，对当今社会抱有偏见，不满意现状，又无能为力，只有采取回避的态度，所谓"眼不见，心不烦"，最终导致自闭与忧郁。病态怀旧存在于各个人群的各个年龄段，但表现形式却有所不同。儿童的病态怀旧，表现为人格的滞留和对母爱的依恋；中老年怀旧主要是回避现实，对社会存在偏见，不合时宜。从病态怀旧的社会原因来看，主要是社会发生巨大变化，原有的生活环境、思维模式未能随之改变而出现失落感，导致主观上的一种对现实生活的回避遁逃，表现为对过去事物的过分依恋、对往昔的过分沉溺等。

二、人际关系与安全

1. 人际关系的概念

人际关系属于社会关系的范畴，是人们在相互交往中发生、发展和建立起来的心理上的关系。人际关系贯穿于社会生活的各个方面，是社会与个人直接联系的媒介，是人们进行社会交往的基础，是人们参加生产劳动、学习和日常生活及各种社会活动所不可缺少的。不同的人际关系会引起不同的情绪体验。良好的人际关系会使人感到心情舒畅、工作积极性提高；相反，如果人与人之间发生了矛盾和冲突，一时又没有妥善解决，双方就会产生冷淡、敌视、忧虑或苦闷等心理状态。这除了会影响个人的身心健康之外，还会导致人在劳动活动中心理和行为的不稳定，对安全来说是一个极为不利的因素。国内外许多研究证明，在不良的人际关系环境中工作，发生事故的概率比正常条件下要大，特别是上下级关系紧张的地方，更容易发生事故。

2. 劳动群体中的人际冲突

人际冲突是指两个群体之间或个人之间在行为上的对立和争执等。人际冲突的原因主要有以下几个方面：

（1）由认识原因产生的冲突。这是指人们由于认识、经验、观点及态度的不同，对同一事物产生不同的认识而造成的冲突。

（2）目标对立。这是指人们的活动目标对立。在企业劳动组织中，每一个员工参加生产作业的目标都应该是：遵守企业规章制度，创造更多的符合社会需要的产品，同时提高自己的生活水平。但有时候，部门与部门、个人与组织、个人与个人之间的目标可能出现对立的状况，因此也就容易导致冲突。

（3）需要对象的异同。每个员工都经常会有各种各样的需要，他的需要对象可能与别人相同，也可能不同。如果双方需要相同，而可供对象又不能同时满足双方的需要时，由于一方的获得势必造成另一方失去，就可能导致冲突，如在晋升职称、增加工资、分配奖金以及生活习惯形成的需要等方面都可能形成这类冲突。

（4）攀比心理。在劳动任务的分配、报酬的支付以及待遇奖金等方面都可能产生攀比心理，并进而发生冲突。

（5）嫉妒心理。嫉妒是一种常见的病态心理，是发现自己的才能、名誉、地位或境遇等方面不如他人时产生的羞愧、愤怒、怨恨等心理现象。嫉妒心理较多发生于个人情况（包括能力、地位等）差别不大的人之间，这种心理的危害性在于对他人实施攻击、诋毁等行为，从而引发人际冲突。

（6）由于小矛盾或潜在的不和未能及时疏通和解决，缺乏沟通而使误会不能消除等原因，也会导致冲突的发生。

（7）管理上机构职责分工不明，有事无人负责，出了问题互相推诿、扯皮，也容易造成群体或个人之间的冲突。

（8）分配不当。这是一个很普遍的问题，例如在生产或工作任务分配、报酬分配、物质奖励、精神奖励等方面不公时，都可能引起冲突。

3. 正确解决和处理冲突

人与人之间发生冲突的原因有很多，其中由于生活背景、教育、年龄、文化等方面的差异，导致对价值观、知识及沟通等方面的影响，因而增加了彼此间矛盾和冲突的情况最为多见。

在生产作业中发生人际冲突，为正确解决和处理冲突，建议做好以下工作：

（1）正确认识冲突。有时冲突并非全是坏事，也有其有利的一面。例如，在处理生产中的技术与安全问题或某项建设性意见上，由于观点不一致造成争论冲突，经过协商或讨论，有利于分清是非，正确决策，这种冲突只要不发展成个人攻击，就应该让它存在并正确引导；相反，如果一味压制冲突，只求表面上的协调和平静，反倒会导致更深的隐蔽性的冲突，这样对工作、生产更为不利，会造成互相不合作，对他人或对其他群体不负责任，暗中拆台等。

（2）加强思想政治工作，提高人们的思想觉悟，建立协调和睦的人际关系。和睦的人际关系特征是平等、互相尊重、团结友爱和相互帮助。共同的利益、事业，共同的理想、信念和道德观等是这种人际关系的基础。

（3）管理上的充分民主化和合理化。管理者应以公平合理的原则处理一切问题。如管理人员应充分发扬民主，不搞家长作风，虚心听取下级和广大群众的意见，做到上下沟通融洽，建立良好的上下级关系，在用人、分配及劳动管理上要公平合理。

（4）解决矛盾、缓和矛盾。首先应分清矛盾冲突的性质，然后分别采用不同的方法进行解决。对于涉及法律的性质严重的矛盾冲突，应运用法律手段请司法部门解决；属于道德范围的要采用惩罚与教育相结合的方法解决；属于一般性的争论，要分清是非，达成一致意见，或采用缓和、调解的方法达成相互妥协；而对于生活小事引起的矛盾应劝导其互相忍让谅解。

三、家庭关系与安全

1. 家庭关系与安全生产

家庭关系即家庭中的人际关系，是指家庭成员之间的相互关系，主要包括姻亲关系（夫妻、婆媳、姑嫂、叔婶、妯娌等）、血亲关系（父母子女、兄弟姐妹等）。对于大多数员工来讲，家庭关系都是特别重要的，家庭关系出现矛盾，最容易影响工作。

在家庭关系中，夫妻关系是最为主要的关系，是维系家庭的第一纽带。其次是父母和子女的关系，是维系家庭的第二纽带。家庭关系是人们日常生活中最重要的人际关系。几乎每个人一生中都在一定的家庭中生活，人们每天除工作、学习外大部分时间都在家庭中度过。因此，家庭中的人际关系好坏，对一个人的影响极大。

家庭关系更为重要的是，家庭还是人们调节情绪和消除疲劳的场所。如果家庭关系和睦，员工干完一天的繁忙工作，回到家里就能得到休息和调养，以恢复体力和精力，有利于第二天的工作。有时在工作单位里遇到不顺心的事情而心情烦闷，在家里通过向爱人或父母诉说，会得到安慰和劝解，情绪上就会平静下来。但如果家庭关系不好，整天闹矛盾，不但起不到缓解作用，反而会使烦恼加深，以致员工在工作中亦表现为情绪消极，不能集中注意于手头的工作，易于发生事故。在实际工作中，由于家庭矛盾造成情绪郁闷而导致发生人身伤亡事故的案例比较常见。

有这样一起事故，事故的深层次原因就是由家庭矛盾造成情绪郁闷而导致的。2001年11月9日晚上，北京某单位司机崔某，因刚离婚，心情特别郁闷烦躁，因而经常与单位里要好的同事张某一起喝酒，借酒浇愁。这天晚上两人又在一家小酒馆对饮起来。常言道"举杯消愁愁更愁"，烦闷的崔某很快就喝多了。这时他突然想起有位朋友托他办事等着回音，于是就匆匆忙忙借了张某的夏利小客车，拉着张某一起出发了。20时50分，崔某驾驶的夏利小客车由南向北驶上了四开桥。在四开桥由南向北的紧急停车带内，廊坊某建筑公司一辆大货车违章停放，而且在车后未设任何警告标志。张某因酒力发作，脑袋昏昏沉沉，没能及时发现前方停着的大货车，结果夏利小客车前部撞在大货车尾部，驾驶室当场被撞烂，崔某和张某两人挤在车内重伤昏迷，崔某被送到医院后，因伤势过重而死亡。事后查明，崔某每百毫升血液中乙醇含量高达170.2毫克。造成这起事故的主要原因，就是夏利小客车驾驶员崔某酒后驾车，因酒后驾车发现情况采取措施不及时，负事故主要责任。

由于家庭矛盾造成情绪郁闷，不仅会导致发生安全事故，有的还会引发刑事案件。据媒体报道，2013年2月13日是大年初四，按照广东省湛江市的当地习俗，每年大年初四要为过去一年生过孩子的家庭举行"点灯"仪式，宴请亲友。这天下午，该市坡头区官渡镇黎田上村内发生一起爆炸事件，事件的起因就是由于家庭矛盾引发的报复行为。犯罪嫌疑人陈某 50 多岁，驾驶载有炸药的夏利车来到前妻家中，与前妻争吵并发生肢体冲突，并引发载有炸药的夏利车突然爆炸，造成 5 人死亡、21 人受伤。

2. 产生家庭矛盾的原因与解决方法

家庭矛盾具有普遍性，几乎每个家庭都存在着这样或者那样的矛盾。一般来说，家庭矛盾常常由这样一些原因引起：性格不合，缺乏共同的人生观，为人处世方面的差异；自私、埋怨、缺乏理解和互相不尊重；子女教育及就业问题；家务分工、经济开支问题；令对方厌恶的习惯、嗜好等。对每个家庭来说，家庭矛盾几乎都是不可避免的，家庭关系是否能够经常维持良好的状态，关键是能否较好地处理和解决矛盾。

通常，家庭矛盾的解决可以遵循以下方法或原则：

（1）家庭矛盾的解决要遵循互谅互让的原则，各自主动指出自己的缺点、不足或错误之处。即使自己有理，也要让人三分，所谓"退一步海阔天空"，这样做，问题就会比较容易的解决。

（2）互相体谅对方的难处，多做一些有益于对方的事；注意发现对方的长处、优点或正确之处，不要相互抱怨、指责，从而使矛盾越积越深，要求得理解和尊重，共同促成矛盾的缓和解决。

（3）凡事不要算旧账，要就事论事，不要攻击对方的弱点和易受伤害处，更不要互相辱骂。

（4）对夫妻来说，如果发生很大的矛盾，确实经过长期内部努力和外部帮助均不能协调解决的，最后可以采取好合好散的离婚方式解决问题；若勉强维持下去会造成双方长期身心折磨和无穷烦恼，对工作也会极为不利。

四、生活事件与安全

1. 生活事件对人的影响

生活事件是指人们在日常生活中遇到的各种各样的社会生活的变动，如结婚、升学、亲人亡故等。同时，生活事件还是一个心理学名词，是指个人生活中发生的需要一定心理适应的事件，包括正面事件和负面事件，并引起人的情绪波动。

在工作和生活中，有许许多多的事件会使人们的情绪发生较大的波动，如亲友亡故、夫妻分离、工作变化等。这些事件无疑会对人的工作生活产生不利影响。当然还应指出，由于各种生活事件的性质和严重程度不同，其对人的影响程度也不一样。

生活事件的实质是人与人之间关系的一种表现。人从一生下来，就同他人发生各种关系，首先是和父母，其次是和兄弟姐妹及家庭其他成员打交道，在情绪、情感、语言、信息的沟通与交流中逐渐形成一定的关系。进入幼儿园，则要和其他小朋友、老师交往。上学以后，与同学、老师之间也会形成同学、师生关系。在工作中，则有同事关系、与工作单位领导的关系。如果担任一定的领导职务，还有上下级关系。参加某一团体，则有与其他团体成员之间的关系。此外，在家庭居住地周围，还有与邻里之间的关系等。人和人之间的关系是人在生活、工作、劳动活动中的基本关系，也是一个人所处社会环境的重要内容之一。人际关系如何，是融洽、和谐，还是关系紧张，不仅影响一个人的身心健康和生活质量，而且还会直接或间接影响工作效率和生产安全。

研究表明，有 75% 以上的癌症患者，在患癌症的前两年，都有遭遇亲人或好友死亡的不幸。有人观察了 515 例精神分裂症患者，发现 224 例（43.5%）有被生活事件刺激的经历。不同的生活事件关系其后果的严重程度是不一样的，有的较高，有的较低。

2. 生活事件转化为应激水平的测量

1967 年，美国心理学家霍尔姆斯等人通过大量研究，设计出一种生活事件转化为应激水平的量表，称为"社会生活再适应评定量表"（SRRS）。量表中列举了 43 件引起某些生活变化的事件，并依其影响大小给予不同分值，用生活改变单位（LCU）的数值表示。如家庭密切成员死亡，尤其是配偶死亡影响最大，需要最大的再适应，因此定为 100 LCU，其他事件给予 0~100 LCU 之间的分值。

霍尔姆斯等人的量表是根据美国社会和美国人的生活、道德、伦理和价值观念制定的，与我国国情有一定的差距。因此，有必要根据我国国情、文化背景和社会生活情况制定我国自己的量表。我国于 20 世纪 80 年代初引进 SRRS，根据我国的实际情况对生活事件的某些条目进行了修订或增删，在此基础上，上海市精神卫生中心等编制了"正常中国人生活事件评定量表"，湖南医科大学精神卫生研究所杨德森、张德森编制了"生活事件量表"。

杨德森、张德森编制的"生活事件量表"所列举的生活事件名称见表 4—2。

随着我国改革开放并与世界接轨，社会生活及人们的价值取向在不断改变，量表所列举的生活事件及生活事件刺激量的计算方法，都需要根据现实生活情况，在调查、研究和实践中不断补充和修改。

3. 需要引起注意的应激强度指标

心理学家认为，单位时间内生活改变单位的累计值可以作为度量人的应激强度的指标，得分越高，表明要求人重新调节的程度越大，人的应激水平越高。当生活改变单位的累计值超过一定限度时，强烈的情绪应激足以损害一个人的身心健康和适应环境的能力，使他得病或卷入一场事故中去。两年内 LCU 累计值导致患病或受伤的概率很大。

表 4—2　　　　　　　　　　　　　　　生活事件名称

生活事件名称	生活事件名称	生活事件名称
恋爱或订婚	子女管教困难	工作、学习压力大（如成绩不好）
恋爱失败、破裂	子女长期离家	与上级关系紧张
结婚	父母不和	与同事、邻居不和
自己（爱人）怀孕	家庭经济困难	第一次远走他乡异国
自己（爱人）流产	欠债 500 元以上	生活规律重大改变（如饮食、睡眠规律改变）
家庭增添新成员	经济情况显著改善	
与爱人父母不和	家庭成员重病、重伤	本人退休、离休或未安排具体工作
夫妻感情不好	家庭成员死亡	好友重病或重伤
夫妻分居（因不和）、夫妻两地分居（工作需要）	本人重病、重伤	好友死亡
	住房紧张	被人误会、错怪、诬告、议论
性生活不满意或独身	待业、无业	介入民事法律纠纷
配偶一方有外遇	开始就业	被拘留、受审
夫妻重归于好	高考失败	失窃、财产损失
超指标生育	扣发奖金或罚款	意外惊吓、发生事故、自然灾害
本人（爱人）做绝育手术	突出的个人成就	
配偶死亡	晋升、提级	
离婚	对现职工作不满意	
子女失学或就业失败		

　　有的学者通过研究指出，当某人在过去 18 个月的生活改变单位累计值达 150 时，即表明他很有可能患病或发生事故。因此，从安全的角度来说，对在过去一年半中 LCU 累计值达 150 的人应加以密切注意。

　　研究还表明，生活事件与心理障碍也有关系。如生活事件越多，发生的精神障碍（如抑郁症状、睡眠失调等）越多，发生心理病理行为的可能性也越大，甚至可能导致精神分裂症。另外，生活事件与人的某些躯体疾病（如溃疡病、原发性高血压等）的发生也有密切关系。某研究者在 1970 年对美国 410 名离婚的司机做过一次调查统计，发现他们在离婚前 6 个月和后 6 个月这一期间，事故率和违章驾驶次数要比普通司机大得多，尤其是在前后 3 个月中更为明显。

　　当然，如果生活比较安定，生活事件分数累计低于 30 分，可保持心理的稳定并有利于身体健康。有时，生活当中的区区小事也有可能对人的心理和行为产生很大影响。人作为"社会关系的总和"，作为复杂纷繁的现代社会中的一员，相对于个体来说的正面和负面生活事件，几乎每日都在发生，它们对个人的心理和行为均会发生积极的或消极的作用。而当这种作用的强度达到一定程度，反映于员工的生产作业过程中时，就会导致人为失误的增加，更有可能发生工伤事故。

五、节假日的松弛心态与安全

1. 节假日对安全的松弛心态

一年之中的节假日都是人们期待的，在节假日中可以放松休息、尽情娱乐。但是在节假日前后比较容易发生事故，这似乎已经成为一个普遍的现象。比如，有的人趁节假日休息举办结婚喜事，却在回家办喜事之前偏偏出了事故。家远的职工，在回家探亲前或者刚回来上班这些时间里，有时也容易出事故。更有退休前的最后一个班，以及接到信息回家奔丧，或请假探望重病的父母或家人等前后而发生事故的情况。因此，注意节假日前后员工的松弛心态，注意员工遇到大事的安全，就显得十分重要。

在节假日前后，由于与假日有关的事情会在员工的头脑中起干扰作用，使他们在劳动过程中容易注意分散，情绪不稳定。假日前，人们常会盘算着如何安排假日生活、和家人团聚以及走亲访友等。假期之后，假期中有关事件的画面还未在头脑中消失，特别是一些令人兴奋或令人烦恼的事情，更不会在头脑中立即烟消云散，因此会造成员工思想不容易马上转移到工作上来。很显然，这些情况都会对安全生产产生不利影响。生产现场的安全隐患较多，客观上要求每位员工都必须集中精力工作。

因此，在员工喜庆、婚丧、节假日前后，作为一个企业的领导者，特别是班组长，要及时做好思想工作，提醒班组员工要在离队前和归队后排除一切外在干扰，将全部精力投入到工作中。除此之外，在指挥生产、安排任务时，也要考虑采取有关措施，如安排较安全的工作，或派人与之配合监护等。作为员工个人，更要努力控制自己的情绪，在工作中绝不想工作以外的事情，集中精力，防患于未然。

2. 节假日对安全的干扰作用

安全工作是关系每个职工的生命及家庭幸福的大事，只有认真做好安全工作，人们才能过上快乐的节日。节假日的各项活动，凡事都要有一个度；否则，不但伤身误事，导致精神疲惫，也容易引发思想上的麻痹大意和情绪上的兴奋激动，当你走上工作岗位时，自觉不自觉地降低安全工作标准，放松了警惕，把心思放在过节上，工作中稍微一分心，思想开了小差，操作时就会抱着侥幸的心理，图省事，容易疏忽大意出现失误，就会引发或导致各种事故的发生。应该记住"安全没有节假日"，企业、班组不仅要加强节假日安全管理，把安全生产的责任铭刻在心，还要把安全措施落实到位，不让安全出现断档和缺位，要一如既往地做好安全工作，确保节假日安全。

因此，在节假日来临之际，各企业、各班组要针对员工的安全意识容易淡薄状况，抓好安全教育和防范工作。提前制定相应措施，加强对节日期间安全检查、监督、防范。多一声叮嘱、多一份操心、多一句提醒、多一份关爱，让员工时刻保持清醒的头脑和旺盛的精力。在岗员工要调整好自己的心态，时刻绷紧安全这根弦，排除思想隐患，在岗一分钟，负责六十秒，把主要心思和精力集中到保安全生产上来。做到越是节假日，越要对安全多一份清醒、少一份浮躁，多一份警惕、少一些盲目，聚精会神做好本职工作，防范事故的发生。

3. 节假日因素导致事故的事例

节假日来临，人们或在家消遣娱乐，或出门探亲访友，或外出旅游。利用节假日期间好好放松一下是可以理解的，但是在节前节后却不能掉以轻心，因为安全没有节假日。没有了安全，生命就没有了保障，事故的发生，不仅会给企业造成无可挽回的损失和负面影响，自己也会深受其害。所以说，安全是头等大事、是天大的事，必须按照规程去操作，来不得丝毫松懈和麻痹，安全必须时时抓、常抓不懈。

我们知道，节假日是休息的时候，最容易放松思想的警惕，也容易发生意想不到的事故。在大多数人的心中，节假日是个放松心情、出去游玩的好时机，特别是劳累的员工们，都盼望能在节假日好好玩一玩，或者是在家里尽情享受天伦之乐。尤其是新婚后的矿工，仍沉浸在甜蜜的幸福之中，到了节假日盼望着能够早早下班回家，极易造成思想不集中，干着手中的活，想着家中的事，很容易发生这样或那样的事故。如此等等，不一而足。因此，任何时候都不要有节假日的麻痹心理，如果在思想上稍微放松，事故隐患就会乘虚而入。

在节假日前后，由于临近放假或者放假刚刚结束，人的心态往往比较浮躁，最容易引发事故。下面，我们来看几个与节假日、个人喜事有关的事例。

事例之一：中秋佳节图一时之快操作不当招来的脸部受伤事故

每当我照镜子看到脸上那条长长的疤痕时，心中就会涌起无限的懊悔，多年前那惊险的一幕就会浮现在眼前。

我是 2000 年来煤矿工作的，经过培训考试后被分配到公司的采煤队攉煤。经过几年的锻炼，我在攉煤的工作岗位上已经干得十分出色，多次受到矿、队表彰，我当时心里也充满了自信，认为无论是技术还是经验自己都比别人强几倍，干起活来不像以前那么用心了。正是这种心态，让我付出了惨重的代价。

那是 2005 年中秋节，由于是节日，大家的心态都有些浮躁。我来到工作面先检查了岗位上的安全，接着攉煤、打临时护身支柱，移溜支保护了前排支柱，前期工序进行得非常顺利。可由于当天是中秋佳节，与家人团圆的日子，为了争取时间早点回家与家人共度佳节，我也就没那么较真了。当我和工友小张开始回柱时，我负责回撤支柱、绞梁；小张负责观察安全、支护支柱，并恢复松动的绞梁。就在回撤最后一根绞梁时，由于绞梁与顶板未接顶，小张建议我先用一根支柱支护好这根绞梁，再卸另一根支柱，我却认为以自己的技术和经验没什么问题，于是在没有支柱的情况下，我就开始卸那根支柱。可世事难料，就在我想着马上可以回家团聚的时候，"砰"的一声，受力的绞梁滑脱支柱急速反弹过来，打在我的脸上。

当我再次睁开眼，看见焦急的领导、工友，还有含泪的妻子和咿呀学语的小儿子时，我这才意识到自己已经受伤住院了，脑海中模糊地呈现出那惊险的一幕。医生告诉我假如受伤的位置再偏一点，恐怕我就再也醒不过来了。

中秋佳节，本是与亲人团聚的日子，而我图一时之快，操作不当，只能躺在医院，让妻儿和许多工友、领导为我操心。望着一张张充满关爱的憔悴的面容，我的眼睛模糊了，心里充满了愧疚。在此我用自己受伤的经历告诫大家：只有遵守煤矿安全生产规程，才能确保自己和工友的安全，让亲人不再担心。

事例之二：只想着早点下班陪未婚妻选婚纱违章作业招来的事故

我是渝阳煤矿的一名掘进工，一向喜欢照镜子自我欣赏的我，自从 2005 年的那次事故，就不再照镜子了。因为我那原本俊俏的脸，被自己的违章操作给毁了，但我随时都将镜子揣在身上，以随时警醒自己按章操作。

2005 年 5 月，我结婚的前一周，说好下班与未婚妻一起选婚纱。可能是被喜悦冲昏了头脑，也可能是太想见到未婚妻，当天早班排班时，值班队干部反复重申入井安全事项，我却在"坐飞机"，一个字都没有听进去，一直在想选婚纱的事。我和工友一到碛头，就摆开架式准备施工，见工友正准备敲帮问顶，我便劝说工友："兄弟，不用敲，不会出问题的，我们早做完，早收工，我好早点下班陪老婆选婚纱……"在我的再三请求和劝说下，工友放弃了敲帮问顶，但他仍不放心，不时抬头观望顶板，正当我干了一阵想休息时，只听工友大叫"小心顶板"。我边退边抬头，一块矸石落了下来，我眼前一黑，昏了过去，待我醒来，已在医院。医生说，幸好躲让及时，矸石未直击头部，只是一块小矸子和细渣，打断了鼻梁，脸上有些小伤。

从此，妻子要求我带上镜子，每每思想上麻痹大意的时候，或者偷懒想违章操作的时候，就拿出镜子，照照自己，警醒自己。如今，我原本白净的脸上，到处是未清除的小黑点，工友们都戏称我"邓麻子"。每每我有违章蛮干的念头时，我总会身不由己地摸摸怀里的镜子。

事例之三：下班后忙着去约会违章爬机车招来的断腿事故

我退休前是重庆市某煤矿的一名运输工，年轻的时候也是一个英俊的帅小伙，当时流行的霹雳舞跳得特别好，常常吸引不少女性的目光。20 多年前，因为一次违章，使我变成了终身残疾，连我的初恋情人也因此离我而去。每每想起，我都有一种刻骨铭心的痛。

那是 1987 年 4 月 10 日，我所在的准备队回收班负责在井下搬运钢轨上花车（专门运材料的矿车）。那天，我的心情特别好，因为我刚谈了一个漂亮的女朋友，我们约好晚上 7 点半一起去看电影。工作很顺利，下午 5 点我们班就顺利完成任务准备下班。想到自己的约会，我三脚两步就跑到全班的最前面，走到北二号下磨盘处，听见运矸石的机车由远而近开了过来。我回头对跟在后面的工友大声喊：走，爬机车。接着就匆匆忙忙向开过来的机车跑过去。后面的工友叫道：立军，要不得，不要去爬机车，危险！我心想：这些傻瓜，喜欢走路，就让他们走吧。于是一只脚很快吊着了急驰的矸石车，全然不理会跟车员叫我下去的声音。当第二只脚跨上去的时候，一脚踏空，我整个人一个侧翻，只感觉天旋地转，右腿就被车轮压住。巨大的疼痛使我大叫起来，这时候，机车停了下来，后面赶来的工友和机车司机连忙把压在我腿上的矿车移开，疼痛使我昏了过去。

当我醒过来时，已经躺在医院的床上，眼前出现的是父母亲、队领导和医生的影子。我一伸腿，感觉右边空空的，有一种异样的感觉。我马上掀开被子，发现我右腿的下半肢已经没有了……母亲哭着告诉我，女朋友在我昏迷的时候来过，留下几包营养品和一封信就走了。我迫不及待地用颤抖的手打开信，原来是一封绝交信。身体之痛和心灵之痛加在一起，我伤痛欲绝地大哭了一场。伤愈不久，我也由于伤残原因提前退休。我想通过自己的经历告诉矿工们，当你在违章时，危险的大门已经向你敞开。

安全为天，警钟长鸣，这是企业中最常用的一句话。没有了安全，家庭幸福就无从谈起，个人也就丧失了生活的最基本保障，所以说安全是家庭美满幸福之源，也是个人利益的最根本体现。

六、过度饮酒的危害和对安全的影响

1. 酒精对人体的影响

从医学的角度讲，适量饮酒对人体的健康有一定好处，可以起到使人欣快、加速血液循环、解除疲劳、增进食欲、帮助消化、软化血管等作用。但是如果不加控制，一喝就喝得酩酊大醉，或者喝酒成瘾，就会对身体造成严重危害。

古往今来，过量饮酒酿成的悲剧不胜枚举：三国时期，满腹经纶的曹植本来深为曹操所宠爱，欲立他为嗣。但他"饮酒不节"，酒后误事，使曹操大失所望，31 岁便命赴黄泉。南北朝时期梁朝的萧颖达，本是开国元勋，功绩显赫，身体也非常好。后来饮酒过度，结果只活了 34 岁就早早地离世了。宋代文学家、书法家石延年，性格豪爽，"饮酒过人"。他嗜酒如命，相传宋仁宗非常爱其才华，曾劝他戒酒。但他最终仍因饮酒过度而亡，年仅 48 岁。陶渊明一生不太得志，只好整日饮酒吟诗作文，虽然给我们留下了许许多多脍炙人口的诗篇和文章，但他的身体却因此而日益衰弱，54 岁就故去了。不仅如此，他几个儿子的智力也因他嗜酒而受到影响，一个个平庸无能甚至呆滞，没有一个聪明成才的。他晚年已醒悟，曾十分后悔地写道："后代之鲁钝，盖缘于杯中物所害。"

饮酒过量，最受伤的莫过于肝脏。酒最核心的化学物质是酒精（即乙醇），常说的醉酒，实际是酒精中毒。因为酒精在人体内 90% 以上是通过肝脏代谢的，其代谢产物及它所引起的肝细胞代谢紊乱，是导致酒精性肝损伤的主要原因。据研究，正常人平均每日饮40～80 克酒，10 年即可出现酒精性肝病；如果平均每日饮 160 克，8～10 年就可发生肝硬化，这是多么耸人听闻的数字啊！有研究表明，过量饮酒者比非过量饮酒者口腔、咽喉部癌症的发生率高两倍以上，甲状腺癌发生率增加 30%～150%，皮肤癌发生率增加 20%～70%，妇女乳癌发生率增加 20%～60%。在食道癌患者中，过量饮酒者占 60%，而不饮酒者仅占 2%。乙型肝炎患者本来发生肝癌的危险性就较大，如果饮酒或过量饮酒，则肝癌发生率将大大增加。

摄入较多酒精会伤及大脑，对记忆力、注意力、判断力、机能及情绪反应都有严重伤害。酒精会使男性出现精子质量下降；对于妊娠期的妇女，即使是少量的酒精，也会使未出生的婴儿发生身体缺陷的危险性增高。大量饮酒的人会发生心肌病，即可引起心脏肌肉组织衰弱并且受到损伤，而纤维组织增生，严重影响心脏的功能。一次大量饮酒会出现急性胃炎的不适症状，连续大量摄入酒精，会导致更严重的慢性胃炎。酒精会抑制大脑的呼吸中枢，造成呼吸停止。另外，血糖下降也可能是致命因素。世界卫生组织一组数据显示，由酒精引起的死亡率和发病率，是麻疹和疟疾的总和，而且也高于吸烟引起的死亡率和发病率。据不完全统计，我国每年约有 11.4 万人死于酒精中毒。

2. 饮酒后常出现的反应

喝酒是人之常情，喜庆时刻、应酬往来都离不开酒。宋代大文学家苏轼写有《水调歌头·明月几时有》一词。苏轼在丙辰年的中秋节，高兴地喝酒直到第二天早晨，喝到大醉，写了这首词。全词如下："明月几时有？把酒问青天。不知天上宫阙，今夕是何年。我欲乘风归去，又恐琼楼玉宇，高处不胜寒。起舞弄清影，何似在人间？转朱阁，低绮户，照无眠。不应有恨，何事长向别时圆？人有悲欢离合，月有阴晴圆缺，此事古难全。但愿人长久，千里共婵娟。"

酒中含有酒精，酒精既是历史悠久、普遍使用的药物，又是具有药理效应的食物。科学实验的结果却表明，它是一种抑制剂。

酒精中的乙醇进入人体后由于不能被消化吸收，会随着血液进入大脑。在大脑中，乙醇会破坏神经元细胞膜，并会不加区别地同许多神经元受体结合。酒精会削弱中枢神经系统，并通过激活抑制性神经元（伽马氨基丁酸）和抑制激活性神经元（谷氨酸盐、尼古丁）造成大脑活动迟缓。伽马氨基丁酸神经元的紊乱和体内的阿片物质（抗焦虑、抗病痛）的分泌会导致多巴胺的急剧分泌。体内阿片物质同时还与多巴胺分泌的自动调节有关。酒精会对记忆、决断和身体反射产生影响，并能导致酒醉和昏睡，有时还会出现恶心。饮酒过量可导致酒精中毒性昏迷。

在酒精的作用下，人们常出现以下反应：

（1）感觉迟钝，观察能力下降。

（2）记忆力下降。

（3）责任感低，草率行事。

（4）判断能力下降，出错率高。

（5）动作协调性下降，动作粗猛。

（6）视听能力下降，易出现幻象和错听。

（7）语言表达能力下降。

（8）情绪波动较大，攻击性强。

（9）自我意识缺乏，易冒险。

（10）易患缺氧症。

特别需要注意的是，经常醉酒对家庭生活的影响极大，醉酒后情绪易激动、乱发脾气，判断力控制不佳，易与人发生冲突，对外界刺激敏感，有高犯罪率。配偶与子女常成为暴力行为发泄攻击的对象。精神恍惚，影响工作效率。也会导致亲友疏离。这些会使醉酒者心理承担更大的挫折与压力，而更加自暴自弃，形成恶性循环。

3. 酒精对安全的影响

大量饮酒所造成的酒精急性中毒，可以使人丧命。即使少量喝酒所造成的慢性中毒也极其有害，它还能使心脏松软、收缩乏力、心脏胀大、血管硬化。常喝酒还对肺不利，容易得气管炎、肺气肿、肺炎和肺结核。饮酒更易使人患胃病和胃癌。酒尤其能损害肝脏，使肝容易硬化。此外，年轻人正在发育成长，如经常喝酒，除上述危害外，还能使脑力和记忆力减退、肌肉无力、性发育早熟和未老先衰。

酒精对安全的影响非常大，主要表现为：

（1）血液中的乙醇浓度达到 0.05% 时，酒精的作用开始显露，出现兴奋和欣快感；当血液中的乙醇浓度达到 0.1% 时，人就会失去自制能力；如达到 0.2%，人已到了酩酊大醉的地步；达到 0.4%，人就会失去知觉、昏迷不醒，甚至有生命危险。

（2）酒精对人的损害，最重要的是中枢神经系统。它使神经系统从兴奋到高度的抑制，严重地破坏神经系统的正常功能。过量的饮酒就是损害肝脏。慢性酒精中毒，则可导致酒精性肝硬化。

国内外大量研究表明，随着血液酒精浓度的增加，人的操纵能力逐渐降低，对安全作业的影响很大，所以煤矿禁止喝酒的人员下井。据调查，1962—1973 年美国空军发生的

4 200 起飞行事故中，与药物有关者占 64 起，与饮酒有关者占 25 起，共计损失飞机 66 架，死亡 128 人。

4. 饮酒过度导致事故的事例

长期大量饮酒，能危害生殖细胞，导致后代的智力低下。而且经常大量饮酒的人，喉癌及消化道癌发病率明显增加。此外，大量无节制地饮酒，还会导致慢性酒精中毒，并且可导致多发性神经炎、心肌病变、脑病变、造血功能障碍、胰腺炎、胃炎和溃疡病等，还可使高血压症的发病率升高。

在生产生活中，因为饮酒过度导致事故的事例屡见不鲜，可以说是教训深刻。下面，我们来看几起由于酒后驾车导致的事故。

事例之一：下班后私自开车酒后驾驶撞车撞人事故

2000 年 9 月 6 日，山东省某单位驾驶员孙某（男，27 岁），下午下班后，未经车队批准，私自将一辆旅行型小客车开出办事。办完事后吃饭时，孙某喝酒。21 时 50 分，孙某酒后驾车，沿滨州市渤海八路由北向南行至滨州地区第三医院门口处，在躲避一自行车时，将对行的骑三轮车的 2 人剐倒后，又驶入逆行人行道，将正在饭店门口吃饭的滨州市某建工集团 2 名农民工撞伤，2 名农民工被送到医院后，经抢救无效死亡，2 名骑三轮车人受轻伤。

事故现场在滨州市区内，路宽 12 米，道路平直宽畅，视线良好，行人较少，虽然肇事时间为 21 时 50 分，但道路两旁路灯照明良好，车辆灯光齐全有效。造成事故的直接原因，是驾驶员孙某安全意识淡薄，遵章守纪观念差，有章不循，违反"饮酒后不准驾驶车辆"的规定。由于酒后违章驾车，从而导致其感知模糊、判断错误、车速过快，遇到紧急情况反应不当，以致造成系列伤害事故。

事例之二：酒后驾车高速行驶造成的车毁人亡事故

1999 年 12 月 31 日，北京某公司经理权某，新买了一辆捷达小轿车，晚上开回家后心中十分得意。进屋后往饭桌边一坐，自斟自饮起来。不大工夫，一小瓶二锅头和一瓶啤酒就进肚了。喝完了还觉得不过瘾，便拿起车钥匙，出门去接两个要好的朋友连某和于某，然后三人来到一家餐厅。在餐厅，三人你一杯，我一杯，不知又喝了多少酒，一直喝到凌晨两点多。喝完酒，权某等三人又来到通州的某歌厅，又唱又跳，玩得一身疲惫。早晨 6 时许，权某昏昏沉沉地开车回家，权某的两个朋友连某和于某随车同行，一路上汽车以每小时 90 公里的速度狂奔。尤其是上了京通快速公路以后，权某感到特别困，迷迷糊糊地连走的是哪条车道、到收费处交没交钱，都想不起来了，好像睡着了似的。当车由东向西疾速行驶至高碑店出口处时，小轿车一头重重地撞在右侧的隔离墩上，然后又在半飞越状态下向左侧第一车道打横，发动机和前脸面目全非，左后车门甩开，连某当场被挤死在车内；

于某被抛出车外，遇同方向驶来的 322 路公共汽车，司机发现情况后紧急刹车，并向左打方向盘躲闪，但是，于某恰恰就摔在公共汽车的左前轮下，连摔带碾轧当场死亡；在此过程中，公共汽车右侧还与小轿车相剐，致使权某身上多处骨折，捷达小轿车彻底报废。

事故发生后，经事故办案民警现场勘查认定，权某酒后驾驶机动车，违反"饮酒后不准驾驶车辆"的规定，应负此事故的全部责任。防范饮酒后驾车最有效的方法，就是控制自己。在这起事故中，权某就是不能控制自己，只因酒后驾车，三个美满幸福的家庭毁于一旦。这是血的教训，千万不能无视交通法规，拿自己和他人的生命当儿戏。

事例之三：酒后驾车神情恍惚造成的人员伤亡事故

1994 年 4 月 2 日 19 时，安徽省宁国市某水泥厂驾驶员吴某某，酒后驾驶东风牌水泥散装罐车，由宣州市回厂，行经宣港线 18 千米黄渡附近与对面来车交会时，驾车过分右靠，撞剐右边 4 名骑自行车者，造成其中 2 人被车子拖出几米后当场死亡，1 名大人和 1 名小孩分别被摔到路边致伤，小孩在抢救途中死亡的特大交通事故。由于吴某某酒后神情恍惚，知觉麻木，仅感觉到车子颠了一下，仍将车子开回厂并去舞厅跳舞。晚 10 时，酒已初醒的吴某某，在回家途中听说黄渡附近发生交通事故，猛想起自己的车子曾在那里颠了一下，是否自己的车肇事？于是，急忙与同事一起前去检查车子，发现车子右前保险杠、右前大灯处有撞击痕迹和血迹等，随即向单位领导汇报，并到宁国市交警大队投案自首。

经分析，导致这起事故的原因是驾驶员吴某某酒后驾车，从宣州至宁国经几十公里路颠簸后，被酒精完全抑制了自己的中枢神经，造成精神恍惚，在交会车辆时未能发现右前方的 4 名骑自行车者，竟直接轧过去，致人死伤也不知晓，应负事故全部责任，且情节恶劣。吴某某被依法追究刑事责任，因其主动投案自首，被法院从轻判处有期徒刑 6 年。

严禁驾驶员酒后开车是安全行车有力的措施和保证。国内外相关资料表明，酒后开车肇事的占交通事故的 4％以上，死亡人数约占 10％。其主要原因是酒精影响人的心理和生理器官，尤其是大脑。酒精对人体有麻醉作用，饮酒后大脑中枢神经活动就会变得迟钝，影响人的精神状态，使思维、感知和注意力及情感等心理活动都出现异常状态。酒后驾车导致驾驶员的思考判断能力发生障碍，手脚活动迟缓，注意力降低，视觉、触觉反应变差。有的驾驶员遇到亲朋相聚、好友相邀、货主宴请等情况，也不管出不出车，将法规抛之九霄云外，经不起劝，把握不住自己，频频干杯，直喝得头昏脑涨、神志恍惚、摇摇晃晃，于是"酒壮英雄胆"，冒险行驶，在懵懵懂懂、麻木无知的情况下酿成惨祸，有的甚至断送了性命，车毁人亡，给自己和他人都带来不可估量的损失和危害。

七、企业做好特殊时期、特殊时段安全工作的做法

1. 山东兖矿国际焦化公司做好特殊时期、特殊时段安全工作的做法

山东兖矿国际焦化公司在安全管理中，特别注意做好所谓的特殊时期、特殊时段的安全工作，预防事故的发生。所谓特殊时期、特殊时段，是指节假日、夜班连续生产、冬季、夏季、特殊敏感时期和其他特殊的时段，在这个时期、时段的生产作业，由于人员关注的焦点多，精力易分散，出现安全事故后的影响大等因素，也是安全生产的薄弱环节，因此，加强特殊时段的安全生产非常重要和必要。做好特殊时段的安全生产要采取有针对性的措施，对症下药，可以达到事半功倍的效果，提高安全生产的管理水平和效果。

（1）节假日前后的安全管理

节假日大都是国内的传统节日，涉及人员的范围广，牵扯的精力大，放假期间人员相对少，安全压力更大。

该公司一般采取节前综合性的安全大检查，全面排查安全隐患并进行闭环管理，从硬件和管理上保证安全；较长的节日之前安排备品备件的排查采购，确保节日之需；加强节假日车间的值班力量，要求生产骨干力量执勤，把握住重点环节，加强现场巡查，把握住重点部位；加强内部纪律管理，值班领导严查三违，保证人员按时到岗，按时巡检；确实需要安排的检修工作，升级管理，值班的力量靠上去；明确好节假日的薪酬，让加班人员安心等。

（2）中夜班生产作业的安全管理

对于连续生产的企业，中夜班管理是一个薄弱时段，中夜班上班打破了人的正常生物钟，因此对于上班人员要合理安排好休息，保证上班期间有足够的精力。该公司一般中夜班都安排基层单位安全技术管理人员跟班、领导干部带班，值班和带班人员要靠在生产现场，随时协调和解决出现的异常情况，以身作则，保证好中夜班期间的劳动纪律；发挥好基层班组长的综合协调和安全负责人的作用；公司或者矿处都安排中夜班的值班领导，全权协调中夜班期间的安全生产，抽查基层单位劳动纪律、值班带班领导到岗情况等。

（3）不同季节的安全管理

不同企业有不同的管理侧重点，在山东兖矿国际焦化公司，煤矿企业开展以"防冻、防火、防煤气中毒"为重点的冬季三防和以"防汛、防雷电、防排水"为重点的夏季三防工作；化工企业结合行业特点，开展以"防冻、防火、防滑、防中毒"为重点的冬季四防和以"防汛、防雷电、防倒塌、防中暑"为重点的夏季四防工作；各单位成立应急救援突击队，落实应急救援所需的物资，保证突发事件的随时处理。

（4）特殊敏感时期的安全管理

特殊敏感时期是指全国"两会"、地方"两会"、领导换届、领导视察期间等，这个时期热点问题多，各界受到的关注也多，这个时期的安全更为重要，所以更有必要抓好安全生产，实现安全环保稳定生产。

一般这个时段该公司都会做出详细的安排，进行安全生产大检查，并落实整改的措施和时限，做好生产设施的安全运行，有计划地组织收听收看并宣传新闻热点和关注点，引导人员积极向上，了解并贯彻执行相关政策方针，关注并学习先进模范人物，以更好地搞好企业的安全生产工作。

2. 冀东油田公司实施"员工状况确认"控制不安全行为的做法

冀东油田公司成立于 1988 年，隶属中国石油天然气股份有限公司，从事油气勘探开发与生产、油气集输处理销售、化工延伸加工等业务，油田勘探区域横跨河北唐山、秦皇岛两市。近年来的快速发展，使得冀东油田公司安全生产的压力陡然增加。冀东油田公司自 2009 年以来，通过建立员工身体状况、家庭状况、思想状况、上岗前的状态、操作前的行为状况确认制度，超前控制员工的不安全行为，取得了显著成效。

（1）员工身体状况确认制度

冀东油田公司对员工每年进行一次体检，对特种岗位员工进行定期健康检查，建立职工体检台账，及时掌握职工健康状况。员工的身体状况决定员工的工作状态，不同岗位有不同的特征，不同岗位特征对员工身体条件的要求不尽相同。体检能及时发现员工及特殊工种员工的职业病，企业从而能采取有效的控制措施防患于未然，避免因生理缺陷或疾病引发不安全行为。同时，体检也体现了企业对员工健康的关心，让员工产生归属感，从而提高其工作热情。

按照"一人一档，一档一跟踪"的原则，冀东油田公司对 6 331 名在岗员工进行了年度体检，从保障员工身体健康的角度出发，对 6 名不适合本职岗位的员工进行了岗位调整，为油田安全生产创造了条件。

（2）员工家庭状况确认制度

冀东油田公司开展了每半年一次的家访活动，以了解员工家庭状况，保证员工无压力上岗。员工的工作状态和生活状况息息相关，员工 8 小时工作时间外的生活情况在很大程度上影响着工作中的状态。定期家访使基层和上级领导切实了解和把握每个员工的性格特点与爱好，企业从而能针对员工个体特点，施以正确的引导和疏导，解决员工生活中的困难，及时消除和克服各种消极因素；领导与员工的沟通，促进了相互间的交流，使员工更好地将安全意识融入工作和生活中，管理者也更能了解和反思安全管理工作中的不足。这种人性化的交流，在某种程度上弥补了制度管理的不足，使员工感受到了企业的人文关怀。

自开展家访活动以来，冀东油田公司 16 个二级单位共组织深入 2 741 户员工家庭，为困难家庭解决实际困难 413 个，收集生产、管理改进建议 1 975 条，员工对家访的满意度达到了 99.8％以上，减少了因家庭问题影响工作状态的情况的出现。

（3）员工思想状况确认制度

冀东油田公司每季度开展一次思想深度会谈，了解员工的真实想法，号准脉搏，对症下药，理顺员工情绪，确保其在工作时能够专心致志，不因差错而导致事故发生。员工的思想状况与工作安全息息相关，会受到薪金待遇、职务升迁、同事关系等问题的直接影响。工作过程中，员工因为情绪消极、思想障碍等问题引发的生产安全事故屡见不鲜。据调查，在驾驶车辆、操作机床时，因情绪问题而引发的事故占到事故总起数的 15％以上。而冀东油田公司通过开展思想深度会谈，了解了员工对工作的要求、对领导的意见、生活中的困难、个人的愿望等，把握了每个员工的思想动态，解决了员工思想上存在的问题和困惑，杜绝因思想状况不佳而导致的操作行为差错，从而在一定程度上避免了事故的发生。

（4）员工上岗前的状态确认制度

冀东油田公司开展了员工每一次上岗前的状态确认活动，把好上岗前最后一关，从而杜绝员工带着隐患工作。为真正做到安全管理"关口前移"，冀东油田公司各单位上班前以班组为单位，由班组长负责，通过观察、问话等方式，对员工是否饮酒、是否疲劳、是否萎靡不振等五种情况进行状态确认，并将结果记录在"员工状态确认本"上。对不宜上岗的员工，班组长规劝其在家休息，当天不再给其安排相关工作，并根据本班人员情况进行调整，由班组长或者其他人员顶岗，对顶岗人员提出相应的安全注意事项和要求，把相关调整情况和要求记录在"应急处理本"上。"两本"的实施，使上岗前员工的状态得到确认，达到了上岗员工状态无异常的目的。

（5）操作前的行为状况确认制度

冀东油田公司开展了员工每一次操作前的行为状态确认活动，有效杜绝了违规违章操作现象。操作前的确认制度是 HSE 管理体系的一项原则，目前，油田岗位操作分为一般操作和关键操作。一般在操作前，操作人复述操作卡上的风险分析、操作程序、安全措施后，持操作卡到现场进行操作；关键操作由发令人、监护人、操作人三人共同完成，发令人发出操作指令并签发操作卡后，监护人和操作人一同持关键操作卡到现场进行操作，监护人按风险分析、操作程序、安全措施唱卡，操作人进行操作，两人共同确认完成后，再进行下一步操作。操作前的行为状况确认确保了每一步操作行为的规范性。

员工的行为是各种生理、心理、环境等因素共同作用的结果，实践证明，一个人是很难做到万无一失的，但企业、团队通过实施安全确认制，就可以消除因主观原因和客观原因产生的不安全行为。冀东油田公司通过开展员工身体状况、家庭状况、思想状况、上岗前状态、操作前行为状况确认活动，保证了员工操作的规范性，有利于从源头上预防事故的发生。

3. 郑煤集团超化煤矿机电二队开办"心理诊所"为职工减压的做法

郑煤集团超化煤矿机电二队担负着超化煤矿井下采区供电、排水、原煤运输、设备安装与维护任务，共有5个班组、300多名职工。由于工作战线长，且单独工作的岗位多，管理难度较大。该队多方探索，改变管理模式，树立"以人为本、安全发展"的安全理念，变罚为帮，遵循"帮教一个人、温暖一个家、转变一群人"的原则，自行开办了心理诊所，以有效的沟通为职工减压，目前收治的几十名"带病"人员，已"健康"上岗。

（1）为"带病"作业人员"诊疗"

机电二队以班组为单位，设立了"职工基本情况登记表"，把每名职工的个人简历、家庭情况一一登记在册，并摸清每名职工的习性。有了个人的基础情况，再依据工作性质，由班组长或队管理人员察言观色，了解当班人员的情绪，随时"望、闻、问、切"，帮助"带病"作业人员去除"病源"，以塑造本质安全人。

该队机修工张伟锋因平日工作态度积极，干活"出色"，被大家称为温顺的"小老虎"。可是今年5月，"小老虎"发威了，干起活来"东一榔头西一棒子"，说话很"冲"，一反常态。后经组长盘问得知，正值麦收时节，张伟锋的爸妈都有病，儿子刚出生，自己又不愿意耽误工作，眼看家里成熟的小麦没人收，心里着急。为帮助张伟锋从"病痛"中解脱出来，队里决定让他调休，并抽调人员利用业余时间帮他收麦，不仅解决了他的燃眉之急，也让其他人感受到了大家庭的温暖。类似的事情还有很多，比如小张有心事，影响工作，经队内"诊疗"，为他拨开了心里的"乌云"；小刘因为失恋失去了生活信心，队内的"心理诊所"引导他正确面对生活。

（2）为"三违"人员"调理"

该队开办"心理诊所"的宗旨，是让每一名职工做安全事、干安全活、当安全人，使大家远离"三违"，树立与"三违"做斗争的责任意识。

2011年，岗位工秦鹏程两个月连续违章三次，被安监科查处进行教育培训，既丢了面子，又丢了票子，思想波动大，情绪很不稳定。这时，该队党支部书记找到他，与之探讨违章的危害，并实施了阶段性家访。经过一年多的"调理"，秦鹏程再无一次违章。

一些年轻职工贪玩而影响正常工作等不安定因素也被列为"危险源"，由党支部进行逐一"调理"帮教。为解决习惯性违章问题，该队党支部还采取部分岗位每20分钟以近距离相互招呼、远距离电话联系等互保联保措施，防止违章事件发生，有效增强了职工的安全意识。

（3）为"休班"人员"收心"

"连续十几天没上班，心情如何，能否进入工作状态?""回来后确实有点不适应。"该队党支部书记在与参加特殊工种培训后又休班几天的李咸杰谈话时，让人们感受到了该队党支部对职工的关心。

为了坚定安全信念，该队定下了不成文的规定，即每一名职工只要外出学习培训或休班超过 7 天，必须经队内"心理诊疗"后方可上岗。在"心理诊疗"的作用下，广大职工深刻领悟到了安全才是家庭幸福的根基，才是企业兴旺发达的保障，因此有难事、有心事都乐意求助于"心理诊所"。

第五节　生产作业环境因素对安全的影响

一、色彩环境因素对人的生理和心理的影响

在日常生活中，人们观察到的色彩在很大程度上受心理因素的影响，即形成心理色彩视觉感。色彩心理是客观世界的主观反映。不同波长的光作用于人的视觉器官而产生色感时，必然导致人产生某种带有情感的心理活动。事实上，色彩生理过程和色彩心理过程是同时交叉进行的，它们之间既相互联系，又相互制约。当有一定的生理变化时，就会产生一定的心理活动。色彩与环境又是紧密相连的，在不同的色彩环境中，由于心理活动，人也会产生一定的生理变化，比如红色能使人生理上脉搏加快、血压升高，心理上具有温暖的感觉；长时间红光的刺激，会使人心理上产生烦躁不安，生理上欲求相应的绿色来补充平衡。事实上，色彩不是可有可无的装饰，鉴于它对人的生理和心理都会产生影响，可以作为一种管理手段，运用色彩与环境的变化，提高工作质量和效率，促进安全生产。

1. 色彩对人的影响与关系

色彩是通过人的视觉起作用的。不同色彩所发出的光的波长不同，当人眼接触到不同的色彩，大脑神经做出的联想和反应也不一样，因此色彩对人的心理有直接的影响。不同的色彩会引起一定的心理活动；在有一定的心理活动时，也会产生一定的生理变化。

色彩对人的影响与关系主要体现在以下几个方面：

（1）色彩心理与年龄有关

根据实验心理学的研究，人随着年龄上的变化，生理结构也发生变化，色彩所产生的心理影响随之有别。有人做过统计，儿童大多喜爱极鲜艳的颜色。婴儿喜爱红色和黄色；4～9 岁的儿童最喜爱红色；9 岁的儿童又喜爱绿色；7～15 岁的小学生中，男生的色彩爱好次序是绿、红、青、黄、白、黑，女生的色彩爱好次序是绿、红、白、青、黄、黑。随着年龄的增长，人们的色彩喜好逐渐向复色过渡，向黑色靠近。也就是说，人越接近成熟，

所喜爱的色彩越倾向成熟。这是因为儿童刚走入这个大千世界，脑子思维一片空白，什么都是新鲜的，需要简单的、新鲜的、强烈刺激的色彩，他们的神经细胞产生得快、补充得快，对一切都有新鲜感。随着年龄的增长，阅历也增长，脑神经记忆库已经被其他刺激占去了许多，色彩感觉相应就成熟和柔和些。

（2）色彩心理与职业有关

体力劳动者喜爱鲜艳色彩，脑力劳动者喜爱调和色彩；农牧区工作人员喜爱极鲜艳的、成补色关系的色彩；高级知识分子则喜爱复色、淡雅色、黑色等较成熟的色彩。

（3）色彩心理与社会心理有关

由于不同时代在社会制度、意识形态、生活方式等方面的不同，人们的审美意识和审美感受也不同。当一些色彩被赋予时代精神的象征意义，符合了人们的认识、理想、兴趣、爱好、欲望时，那么这些具有特殊感染力的色彩会流行开来。比如 20 世纪 60 年代初，宇宙飞船的上天，给人类开拓了进入新的宇宙空间的新纪元，这个标志着新的科学时代的重大事件曾轰动过世界，各国人民都期待着宇航员从太空中带回新的趣闻。色彩研究家抓住了人们的心理，发布了所谓"流行宇宙色"，结果在一个时期内流行于全世界。

2. 色彩所引发的共同感情

色彩虽然多种多样，引起的复杂感情也是因人而异的，但由于人类生理构造和生活环境等方面存在着共性，因此对大多数人来说，无论是单一色，或者是几色的混合色，在色彩的心理方面，也存在着共同的感情。根据实验心理学家的研究，主要有以下几个方面：

（1）色彩的冷暖

红、橙、黄色常常使人联想到旭日东升和燃烧的火焰，因此有温暖的感觉；蓝青色常常使人联想到大海、晴空、阴影，因此有寒冷的感觉；凡是带红、橙、黄的色调都有暖感；凡是带蓝、青的色调都有冷感。色彩的冷暖与明度、纯度也有关。高明度的色一般有冷感，低明度的色一般有暖感。高纯度的色一般有暖感，低纯度的色一般有冷感。无彩色系中白色有冷感，黑色有暖感，灰色属中。

（2）色彩的轻重感

色彩的轻重感一般由明度决定。高明度具有轻感，低明度具有重感；白色最轻，黑色最重；低明度基调的配色具有重感，高明度基调的配色具有轻感。

（3）色彩的软硬感

色彩软硬感与明度、纯度有关。凡明度较高的含灰色系具有软感，凡明度较低的含灰色系具有硬感；纯度越高越具有硬感，纯度越低越具有软感；强对比色调具有硬感，弱对比色调具有软感。

（4）色彩的强弱感

高纯度色有强感，低纯度色有弱感；有彩色系比无彩色系更有强感，有彩色系以红色为最强；对比度大的具有强感，对比度低的有弱感。

（5）色彩的明快感和忧郁感

色彩明快感和忧郁感与纯度有关，明度高而鲜艳的色具有明快感，深暗而混浊的色具有忧郁感；低明度基调的配色易产生忧郁感，高明度基调的配色易产生明快感；强对比色调有明快感，弱对比色调具有忧郁感。

（6）色彩的兴奋感和沉静感

这与色相、明度、纯度都有关，其中纯度的作用最为明显。在色相方面，凡是偏红、橙的暖色系具有兴奋感，凡属蓝、青的冷色系具有沉静感；在明度方面，明度高的色具有兴奋感，明度低的色具有沉静感；在纯度方面，纯度高的色具有兴奋感，纯度低的色具有沉静感。因此，暖色系中明度最高、纯度也最高的色兴奋感觉强，冷色系中明度低而纯度低的色最有沉静感。强对比的色调具有兴奋感，弱对比的色调具有沉静感。

（7）色彩的华丽感和朴素感

这与纯度关系最大，其次是与明度有关。凡是鲜艳而明亮的色具有华丽感，凡是混浊而深暗的色具有朴素感。有彩色系具有华丽感，无彩色系具有朴素感。运用色相对比的配色具有华丽感，其中补色最为华丽。强对比色调具有华丽感，弱对比色调具有朴素感。

研究由色彩引起的共同感情，对于装饰色彩的设计和应用具有十分重要的意义。恰当地使用色彩装饰，在工作上能减轻疲劳，提高工作效率，减少事故；在生活上能够创造舒适的环境，增加生活的乐趣；甚至在医学上也能用于治病（如眼科医生总用绿色配合治疗眼病）。工厂车间、机关办公室冬天的朝北房间，使用暖色能增加温暖感；锅炉房、炼钢车间采用冷色能加强凉爽感。红与绿、黄与蓝、黑与白等强烈的配色容易引起注目，用于交通信号、安全标志，可以避免发生事故；用于商品广告可以引人注意，达到宣传效果。货物箱子用浅色粉刷，可以减轻搬运工人的心理上的重量负担。住宅采用明快的配色，能给人以宽敞、舒适的感觉。娱乐场所采用华丽、兴奋的色彩能增强欢乐、愉快、热烈的气氛。学校、医院采用明洁的配色能为学生、病员创造安静、清洁、卫生、幽静的环境。夏天服色采用冷色，冬天服色采用暖色，可以调节冷暖感觉。儿童服色采用强烈、跳跃、闪烁、明快的配色更能表现儿童的活泼感，以逗人喜爱。美丽娇艳的服饰色调可使妇女显得年轻、奔放、活泼、富有朝气；朴素、大方、沉静的服饰色调可以衬托青年男子稳重、自信、成熟的性格。倘若是大红大绿的花哨衣着被青年男子穿着，就能使人产生轻佻、不稳重的感觉。在医学上，淡蓝色有助于人退烧，血压降低；赭石色能使病人血压升高，增强新陈代谢；蓝色有利于外伤病人克制冲动和烦躁；利用蓝色荧光灯照射患有黄疸病的婴儿有一定治疗效果；绿色有利于病人休息；红、橙色可以增强食欲；紫色可以使孕妇安定，减轻分娩时的痛苦等。

3. 色彩所显示出来的意义

人类生活的世界，色彩斑斓，无论家庭、办公室、服务场所或车间，恰如其分的颜色及颜色搭配，会收到很好的效果。

色彩的感觉在一般美感中是最大众化的美感形式。颜色作用于人们的感觉，引起心理活动，改变情绪，影响行为。正确巧妙地选择色彩，可以改善劳动条件，美化作业环境。合理的色彩环境可以激发工人的积极情绪，消除不必要的紧张和疲劳，从而提高工作效率，有利于安全生产。

常见颜色的象征意义如下：

（1）红色

热烈、喜庆、欢乐、兴奋。使人感到温暖、热血沸腾；但是红色太多，亦会令人烦躁不安，引起神经紧张。红色使人联想到血与火，象征革命、热情。

（2）橙色

兴奋、华丽、富贵。给人愉快的感觉，使人激动，知觉度增强。使人联想到太阳、橙子、橘子，象征温暖、快活与健康。

（3）黄色

温和、干净、富丽、醒目、明亮。引人注目，令人心情愉快、情绪安定。使人联想到明月、葵花，象征明快、希望、向上。室内家具及墙壁的颜色曾流行浅黄色。

（4）绿色

自然、舒适、镇静、安定，减轻用眼疲劳，增强人眼的适应性。使人联想到树和草，象征安全与和平。绿色给人以新春嫩绿的勃勃生机，造成自然美的心理效应。如在医院的病房里常涂以嫩绿色，使之增添活力和生机，鼓励病人与疾病抗争。夏日，家中卧室也可用淡绿，增加清新怡人的气氛。

（5）蓝色

空旷、沉静、舒适，有镇静、降温之效。使人联想到高高的蓝天、宽阔的海洋，象征沉着、清爽、清静。此外，蓝色还令人产生纯朴、端庄、稳重、沉静的心理感受。在校学生着装常为"学生蓝"，使人产生洁静感。

（6）紫色

镇静、含蓄、富贵、尊严，偶尔也令人产生忧郁的情绪。使人联想到葡萄、紫丁香、紫罗兰，象征优雅、温厚、庄重。如许多国家把紫色作为最高官阶服饰用色。

（7）白色

纯洁高尚、晶莹凝重，对多愁善感的人又意味着忧伤、寒冷。使人联想到白雪、白云、白浪滔滔，象征纯洁、明快、清静。如医护人员、售货员等常穿白色工作服，使人产生清洁、幽雅的感觉。白色的反射率很大，也能提高亮度和降低色彩饱和度。

（8）黑色

庄重、力量、坚实、忠心耿耿。象征沉重、稳重、忧郁。许多公务用车采用黑色，显示出来的就是庄重。

4. 色彩对生理的影响

色彩对生理的作用，首先表现在提高视觉器官的分辨能力和减少视觉疲劳。通过改变色彩对比，在物体的亮度和亮度对比很小时，会改善视觉条件。实验证明，在视野内有色彩对比时，视觉适应力比仅有亮度时有利。

研究表明，人眼对光谱的中段色彩更为适应。在其他条件相同的情况下，注视这一光谱段的色彩较之注视其他的色彩，眼睛不易感到疲劳。因此，从不易引起视觉疲劳的角度看，属于最佳的色彩有浅绿色、淡黄色、翠绿色、天蓝色、浅蓝色和白色。而紫色、红色和橙色则容易引起视觉疲劳。然而，任何一种色彩都不可能使视觉不疲劳，眼睛迟早总要疲劳。研究发现，如果定期地使视野从一种色彩变换到另一种色彩，对于减轻视觉疲劳的效果会更好。

每一种有颜色的色彩都有另一种颜色与之相对应，在这两种色彩混合的时候，会得到白或灰色的无彩色。例如，深绿和红色、蓝色和橙色等都是对应色（或互补色）。

彩色光作用于人体时会影响内分泌、水平衡、血液循环和血压的变化。红色及橙色等能使人呼吸频率、血液循环加快和血压升高，使人容易兴奋。蓝和绿则可起到相反的作用。粉红色能使人安定和取消侵略性的冲动。有些实验表明，即使是一个暂时的粉红色，也可以使人体肌肉产生可测量的软弱，时间长达 30 分钟。但是处在蓝色中几秒钟，能够使由于被粉红色减弱的力量得以恢复。

5. 色彩对心理的影响

色彩对心理的影响取决于人在生活中积累起来的人与物交往的经验和对物的态度。色彩能引起或改变某种感觉，但是具体到某个个体来说，这种感觉变化又是因人而异的。对色彩评价的个体差异性很大。但多数人对同一色彩的感知都大致相同。这一点在生产和生活中无疑有一定实际意义。

色彩对心理的影响主要体现在以下几个方面：

（1）暖色和冷色

如前所述，色彩能引起人的冷暖感。红色、橙色、黄色能造成温暖的感觉，称为暖色。如果人们在很长时间内看着红色的墙壁，体温和血压都会升高。蓝色、青色能造成清凉的感觉，称为冷色。采用某种适当的色彩可以使房间的温度发生"变化"，并能确实被人感觉到。

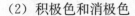
（2）积极色和消极色

红色、棕色、黄色等一些暗的暖色调可刺激和提高人的积极性，使人的活动活跃起来，人们把它们称为积极色；而蓝色、紫色则相反，使人平静和消极，这属于消极色。有些色彩既不能使人"积极"，也不能使人"消极"，属于中性色。

（3）"凸出"色和"缩进"色

色彩的运用可以使房间看起来扩大或缩小，给人以"凸出"或"缩进"的印象。比如，淡蓝色造成空间被扩大的强烈感觉；棕褐色则相反，给人以"向前凸出"的感觉。

（4）重色和轻色

色彩与人的重量感之间有一定关系。一般来说，浅绿色、浅蓝色及白色的东西让人觉得轻便，而黑色、灰色、红色及橙色的东西则往往给人以笨重的感觉。国外有一个厂家，原来用的是黑色包装箱，工人搬运时觉得很重；后来将包装箱涂成淡绿色，工人反映感觉轻松多了。

色彩作用于人的视觉，也会使其他器官活动的兴奋性增强。涂上明色调的物体容易引起人的注意，也更可能引起人的兴趣；适当的色彩对比更有利于人的观察；积极性色彩的使用会使人充满活力，积极性更高。

6. 色彩与安全

正确选择色彩，有益于作业人员的工效、安全。通过色彩的调节，可以得到增加明亮程度，提高照明效果；标识明确，识别迅速，便于管理；可以使注意力集中，减少差错、事故，提高工作质量；还可以赏心悦目，精神愉快，减少疲劳。此外，环境整洁、明朗、层次分明，还能够满足人们的审美情趣。很多研究已证明，工作场所良好的色彩环境可以使人提高劳动积极性，减少事故的发生。

（1）色彩对照明有影响

对光具有高反射系数的颜色，如白色、淡黄色、浅绿色等，能帮助提高房间的明亮度，改善照明环境。

（2）适宜的色彩可预防和减轻工人眼睛的疲劳

在工人视线投注最多的地方，应该涂有从生理学上看最佳的色彩，但一定要注意色彩搭配，否则也易引起视觉疲劳。一般来说，应该使工作面与环境背景的色彩相协调。

（3）其他方面用色

色彩可以从心理上减轻人们对环境污染因素的不良感受。例如，选择彩度高、明度低的色彩（如红色、青紫色），可在某种程度上减轻人们对空气中的毒物和粉尘污染的不良感觉。

二、生产作业环境对安全行为的影响

工作场所的气候环境被称为微气候。微气候主要取决于以下因素：空气的温度和湿度、空气流动的速度，以及工作现场的设备、各种物品等的热辐射。

1. 生产作业环境对人体的影响

为了保证人生命活动的正常进行，人的体温必须保持在一个恒定的范围内。人体内部的重要器官（脑、心脏、消化器官）的温度波动很小；外周器官（皮肤、肌肉、四肢）的温度波动较大，它们对温度波动的适应能力也较强。人的体温调节是通过体内蓄热、血液循环、汗腺分泌和肌肉抖动进行的，为了保持正常体温，人时刻与周围环境进行着热交换。在一般工作场所，如果温度过高，当人与周围环境进行热交换时，若热交换量过大，会使人的体温波动超出生理允许范围，人体各器官机能会受到不同程度的损害。

人体对工作场所温度的感觉还受到微气候的其他因素——湿度、空气流速和热辐射的影响。工作场所温度过高或过低都会加重人体生理负荷。在高温环境中，人的呼吸频率加快，汗腺分泌增多，血液循环加速，体表血管扩张。持续的高温环境会导致热循环机能失调，造成急性中暑或热衰竭。热衰竭即由热疲劳引起的全身倦怠、食欲不振、体重减少、头痛、失眠、无力等症状。高温还会使人的体力下降。温度超过 27℃时，工作效率下降，疲劳加剧。脑力劳动对温度的反应更为敏感。当有效温度达到 29.5℃时，脑力劳动的效率开始降低。

人体也具有一定的冷适应能力。环境温度低于体温时，体表血管收缩，减少人体散热量。如果温度进一步下降，肌肉因寒冷而剧烈收缩抖动，以增加热量维持体温。

人对低温的适应能力远不如人的热适应能力。在低温条件下，大脑神经兴奋性与传导能力减弱，出现痛觉迟钝和嗜睡状态。在低温适应初期，人体代谢率增高，心率加快，心脏搏出量增加；如果低温持续，则人体内部器官温度降低，心率随之减慢，心脏搏出量减少。在低温环境中，最先感到不适的是人的四肢及脸部五官。低温会影响人体四肢的灵活性，在干空气温度 15.5℃时，作业几个小时后，手就会丧失柔软和操作灵敏性。

此外，空气湿度对人体也有一定影响。尤其是在气温异常的情况下，在高温环境中，如果相对湿度超过 50％，人体通过蒸发汗以散热的功能就显著降低。温度越高，高湿度的空气对人的消极影响越大。当然，如果湿度过低，对人体也有不利影响。如果湿度降至 30％以下，那么高温低湿的环境会使人产生上呼吸道黏膜干燥、不舒适的感觉。在低温条件下，如果湿度过高，会使人感到更加寒冷。长时期的低温高湿环境，容易导致人患关节疼痛等疾病。在比较正常的气温条件下，湿度也对人体产生一定影响。

2. 生产作业环境对人的心理的影响

人在适宜的气候条件下会感到舒适，人体各器官的机能也可以正常发挥。在不利的气候条件下，人不但在生理上发生各种反应，而且心理也受到影响。

在高温环境中，由于热环境下体表血管扩张，血液循环量增加，大脑中枢会出现相对缺血，从而导致人注意力分散，记忆力减退，思维迟缓，知觉和感觉能力受到消极影响，以及人辨识能力和反应速度等下降。在低温环境中，由于神经兴奋性和传导能力减弱，人也会出现上述症状。

不适的微气候环境还影响到人的情绪，高温环境增加人的烦躁感，低温环境会使人增加紧张不安感。此外，不适的微气候引起人生理上的不良反应也会导致情绪变坏。比如，由于呼吸和心率的加快，人会感到慌乱和紧张，容易疲乏。在情绪不佳的情况下，人的责任感和工作积极性也易受到消极影响，而且也容易发生违章作业的情况。

下面，我们来看三起与作业环境有关的事故案例。

事例之一：作业环境气温高、通风差瞌睡连连招来的事故险情

我在煤矿工作已经有 30 多年了，长期在煤矿的工作经验让我养成了事事小心的工作态度。不过在刚上班的时候，我可不是一个谨慎的人，但是一场事故彻底改变了我马虎的工作态度。

1978 年夏季的那个夜班我永远不会忘记。那天，班前会上班长安排我去 31102 下平巷开一部绞车。我到达工作地点以后发现，由于绞车是安装在采空区以里 30 多米处，通风不好，气温特别高，再加上夏季天热，我前几天也没有休息好，所以眼皮直打架，瞌睡连连。松车的时候还好，由于车速快，钢丝绳的摆动幅度大，还勉强能控制住自己。但到提车的时候，由于车速慢（1.2 米/秒）、距离远（400 米左右）、时间长（5 分钟左右），就难免有控制不住的时候。为了不影响工作，于是我就耍起了小聪明——将离合控制手把上的定位螺钉由 130°调整为 180°，这样一来不用手操作就能自行提车。改完之后，我还为自己的小聪明得意了好久。然而，我却没有想到，正是这一错误举动，几乎要了我的命。

我记得是在提到第五钩的时候，我手扶着离合器在不知不觉中睡着了。在矿车到达装料地点以后，信号工的铃声也没有惊醒我，班长发现情况后大声地叫我，可我当时真的太困了，根本没有听见。矿车继续前行，就在死神向我步步紧逼的时候，班长在矿车与巷道之间狭窄的空隙里，冲到了我的跟前，挥手拉起离合，让矿车停止了运行。当我被惊醒后发现，矿车离我已经不到 3 米远了，当时冒了一身的冷汗。多亏了班长的迅速反应，我才化险为夷，是班长给了我第二次生命，遏制了一起车毁人亡事故的发生。

事情虽然已经过去了 30 多年，老班长也已经退了休，我清楚地记得老班长退休前还叮嘱我一定要按章操作，现在那段惊险的画面和老班长的谆谆教导我还一直记在心里。每每想起，我都提醒自己一定要处处谨慎，千万不能搞小聪明误了大事。

事例之二：夏季炎热，工作服衣袖口纽扣没有扣受到伤害的教训

这是5年前一个夏季发生的事情。这天下午上班后，某厂连铸机处于准备生产状态，借停机的间隙，维修工李师傅到拉矫机旁紧固螺钉。

夏季气温高，由于天气炎热，李师傅为了图凉快，劳保服衣袖口纽扣没扣上，袖口敞着。在没有通知岗位操作人员，没有挂警示牌的情况下，李师傅拿起扳手就开始紧固减速机传动轴螺钉。这时生产操作工王师傅要穿引锭杆做拉钢准备，不知道李师傅正在拉矫机旁紧固螺钉，便开启了拉矫机电机按钮，拉矫机的减速传动轴随即忽地一声转起来。因李师傅的袖口正好贴在传动轴上面，飞转起来的传动轴瞬间绞住了袖口，随着李师傅一声惨叫"哎呀，救命"，整条胳膊已被扭断。这时恰好另一名维修工路过这里，赶快通知王师傅，停止了拉矫机的转动。闻讯赶来的工友们，立即将受伤的李师傅送往医院，经过一年多的治疗休养，总算保住了那条胳膊。

事例之三：夏季进入设备搬运现场没有戴安全帽受伤的教训

进入施工现场人员必须佩戴安全帽，这是一条规定。一次，我因贪图凉快舒适，没戴安全帽就进入施工作业现场，结果险些丢掉性命。

那是在炎热的夏季搬运设备，为了凉快，我戴着草帽跟车作业。卸车的厂房地面是回填土，使用的是一台二战时期的依发车，车辆满载后倒车特别费劲，汽车一拱一拱地哆嗦着后退，震得厂房和地面都跟着微微地颤动。就在我全神贯注地指挥汽车绕障碍的时候，猛然间，一股巨大的力量打在我头上，当时我便摔倒在地。我趴在地上，只感觉头疼得难受。迷迷糊糊中听见车间韩主任喊："快！快！"紧跟着一双手伸到腋下，我全力较劲抵抗，心里只想再静静地趴一会儿；结果招来更多的人，将我架起，飞快地送往医院。

当我捂着头侧的"包"回到现场，工友们让我看那根"肇事"的撬棍，望着那根挺粗的撬棍，我倒吸了一口凉气，如果再往头顶偏一点儿，恐怕是很难生还了。从此以后我得了个教训，侥幸之心不可有，防范之心不可无。进施工作业现场要先戴好安全帽，不能因为贪图凉快就不戴，否则会十分危险。

3. 改善生产作业环境的措施

改善作业环境，应从生产工艺和技术措施、保健措施、生产组织措施等几个方面入手。

（1）生产工艺和技术措施

改善作业环境需要采取的生产工艺和技术措施主要有：一是合理设计生产工艺过程。在进行生产工艺设计时，要切实考虑到作业人员舒适问题，应尽可能将热源布置在车间外部，使作业人员远离热源。二是屏蔽热源。在有大量热辐射的车间，应采用屏蔽辐射热的措施。三是降低湿度。人体对高温环境的不舒适反应，很大程度上受湿度的影响，当相对

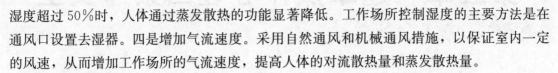

湿度超过50％时，人体通过蒸发散热的功能显著降低。工作场所控制湿度的主要方法是在通风口设置去湿器。四是增加气流速度。采用自然通风和机械通风措施，以保证室内一定的风速，从而增加工作场所的气流速度，提高人体的对流散热量和蒸发散热量。

（2）保健措施

保健措施主要有：①合理供给饮料和补充营养。高温作业时作业者出汗量大，应及时补充与出汗量相等的水分和盐分，否则会引起脱水和盐代谢紊乱。一般来说，每人每天需补充水3～5千克、盐20克。另外，还要注意补充适量的蛋白质和维生素、钙等元素。②合理使用劳保用品。高温作业的工作服，应具有耐热、热导率小、透气性好的特点。③对职工进行适应性检查。因为人的热适应能力有差别，有的人对高温条件反应敏感。因此，在就业前应进行职业适应性检查。凡有心血管器质性病变的人，以及患有高血压、溃疡病和肺、肝、肾等有病患的人都不适合于高温作业。

（3）生产组织措施

生产组织措施主要有：①合理安排作业负荷。作业负荷越重，持续作业时间应越短。在高温作业条件下，不应采取强制性生产节拍，应适当减轻工人负荷，合理安排作息时间，以减少工人在高温条件下的体力消耗。②合理安排休息场所。③职业适应。对于离开高温作业环境较长时间又重新从事高温作业者，应给予更长的工间休息时间，使其逐步适应高温环境。

第五章 违章操作心理因素与安全

违章操作是一种不安全行为，不安全行为是指员工在职业活动过程中，违反劳动纪律、操作程序和方法等具有危险性的做法。员工为什么会违章操作？为什么会出现不安全行为？对此，可以从心理学的角度进行分析。心理学认为，人的心理与行为是有关联的，需要产生动机，动机支配行为。有了动机，就要选择或寻找目标，然后进行实现目标的行为。需要得到满足，紧张、不安和不满消除，新的需要又重新发生，再形成第二个行为。这样周而复始，直到人的生命终止。也就是说，人的安全行为与不安全行为都与心理变化有关，从安全管理的角度讲，需要研究分析人的心理因素，进而分析人的行为，这样可以从更深的层次来认识人员违章操作，这对于纠正人员的不安全行为有重要意义。

第一节 安全心理与安全行为

人的安全心理与安全行为密切相关，安全行为是人的内在心理活动的一种外在体现。在安全生产活动中，如果说人的心理活动是影响安全的深层次因素的话，那么人的行为对安全活动的影响要直接得多。因此，在安全管理中，要重视引起员工心理变化的因素，如生产环境、用工制度、工资报酬、管理方式、个人因素等。可以把安全心理学的相关知识运用于安全管理中，这样不仅使企业的安全管理工作更具有准确性，同时也会带有更多的人情味和感情色彩，从而不断增强员工的安全意识，提高安全技能和自我防范能力，使安全管理工作更上一层楼。

一、人的行为概念、特征与影响因素

1. 人的行为概念

任何事物的运动都有其内部原因和外部原因，人的行为也不例外。影响人的行为的因素可以从内、外两个方面去寻找原因。影响人的行为的个人主观内在因素，包括生理因素、心理因素、文化因素、经济因素；影响人的行为的客观外在环境因素，则包括组织的内部环境因素和组织的外部环境因素。

从心理学的角度来说，人的行为起源于脑神经的交合作用，总合形成精神状态，亦即所谓意识。将意识表现于动作时，便形成了行为，而意识本身则成为一种内在行为。

　　一般来说，需要是一切行为的动因。一个珍惜生命与健康的人，或一个需要生产安全来确保企业经济效益的领导，他一定会重视安全工作。因为人有了安全的需要，就会产生安全的动机，从而就会引发有效的安全行为。因此，需要是推动人们进行安全活动的内在驱动力。动机是为满足某种需要而进行活动的念头和想法。研究行为的基本原理即需求、动机、行为之间的关系，可以透过现象看本质，为指导人的安全行为提供理论指导。

2. 人的行为特征

　　人类行为是有共同特征的。综合心理学家研究的成果，人类行为特征主要表现为以下几个方面：

　　（1）自发的行为

　　指人类的行为是自动自发的，而不是被动的。外力可能影响他的行为，但无法引发其行为，外在的权力、命令无法使其产生真正的效忠行为。

　　（2）有原因的行为

　　指任何一种行为的产生都是有其起因的。遗传与环境可能是影响行为的因素，同时外在条件亦可能影响内在的动机。

　　（3）有目的的行为

　　指人类的行为不是盲目的，它不但有起因，而且是有目标的。有时候在别人看来毫不合理的行为，对他本人来说却是合乎目标的。

　　（4）持久性的行为

　　指行为指向目标，目标没有达成之前，行为是不会终止的。也许他会改变行为的方式，或由外显行为转为潜在行为，但还是继续不断地往目标前进。

　　（5）可改变的行为

　　指人类为了谋求目标的达成，不但常变换其手段，而且其行为是可以经过学习或训练而改变的。这与其他受本能支配的动物行为不同，是具有可塑性的。

　　研究人的行为的共同特征，对探索动机的规律、管理心理活动的规律是有很大帮助的。人的行为的基本单元是动作，所有的行为都是由一连串的动作所组成的。对于班组的安全管理工作来讲，管理工作的重要任务之一，就是要了解、预测与控制一个人在什么时候可能从事什么动作（动作的发生），同时要了解是什么动机或需要能在某一特定时间唤起某个动作。

3. 影响人的行为的社会心理因素

　　影响人的行为的社会心理因素有很多，如社会潮流因素、社会价值观因素、社会角色因素等。此外，还与文化传统因素、宗教信仰因素等有关。

归纳起来，影响人的行为的社会心理因素有以下几点：

（1）社会知觉对人的行为的影响

知觉是眼前客观刺激物的整体属性在人脑中的反映。人的社会知觉可分为三类：一是对个人的知觉。主要是对他人外部行为表现的知觉，并通过对他人外部行为的知觉，认识他人的动机、感情、意图等内在心理活动。二是人际知觉。人际知觉是对人与人关系的知觉，主要特点是有明显的感情因素参与其中。三是自我知觉。自我知觉是指一个人对自我的心理状态和行为表现的概括认识。人的社会知觉与客观事物的本来面貌常常是不一致的，这就会使人产生错误的知觉或者偏见，使客观事物的本来面目在自己的知觉中发生歪曲。产生偏差的原因主要有第一印象作用、晕轮效应、优先效应、近因效应等。

（2）价值观对人的行为的影响

价值观是人的行为的重要心理基础，它决定着个人对他人和事的接近或回避、喜爱或厌恶、积极或消极。对价值的认识不同，会从其行为上表现出来。具有合理的行为，首先需要有正确的价值观念。

（3）角色对人的行为的影响

在社会生活的大舞台上，每个人都在扮演着不同的角色。有的人是领导者，有的人是被领导者，有的人是工人，有的人是农民，有的人是丈夫，有的人是妻子等。每一个角色都有一套行为规范，人们只有按照自己所扮演的角色的行为规范行事，社会生活才能有条不紊地进行，否则就会发生混乱。角色实现的过程，就是个人适应环境的过程。

4. 影响人的行为的主要社会因素

社会因素指人们生活或工作的环境，生活和工作的条件因素、人际关系因素、经济状况因素、社会舆论因素等。在现代化的社会中，许多因素都会对人的心理产生影响。

影响人的行为的社会因素主要有：

（1）社会舆论对人的行为的影响

社会舆论又称公众意见，它是社会上大多数人对共同关心的事情，用富于情感色彩的语言所表达的态度。要社会或企业人人都重视安全，需要有良好的安全舆论环境，一个企业要想把安全工作搞好，就需要利用舆论手段。

（2）风俗与时尚对人的行为的影响

风俗是指一定地区内社会多数成员比较一致的行为趋向。风俗与时尚对安全行为的影响既有有利方面，也会有不利的方面，通过安全文化的建设可以达到扬长避短的目的。

（3）环境、物的状况对人的行为的影响

人的行为除了内因的作用和影响外，还有外因的影响。环境、物的状况对劳动生产过程的人也有很大的影响。环境变化会刺激人的心理，影响人的情绪，甚至打乱人的正常行动。物的运行失常及布置不当，会影响人的识别与操作，造成混乱和差错，打乱人的正常活动。

需要注意的是，影响人的行为的社会因素、社会心理因素，通常以间接的形式影响到人们的安全行为，尤其是企业生产作业员工的安全行为。

二、人的行为与安全

1. 无意识不安全行为

通常来讲，人的行为是由意识所支配，在生产过程中人们受完成任务意识的支配，就要通过具体的生产动作加以实施。在生产过程，人们的行为有安全行为与不安全行为的区别，人的行为是否安全，许多时候取决于个人的知识水平和心理、生理状态及不同的需要。根据动机、情绪、态度和个性差异等因素，人的不安全行为可分为无意识不安全行为和有意识不安全行为。

无意识的不安全行为是一种非故意的行为，行为人没有意识到其行为是不安全行为，主要是由于在对各种信息处理过程中，由于感知的错误、判断错误、信息传递误差等原因造成的。

造成无意识不安全行为比较典型的因素有：

（1）视觉、听觉错误。

（2）感觉、认识错误。

（3）联络信息的判断、实施、表达误差。

（4）由于条件反射作用而完全忘记了危险。如烟头突然烫手，马上把烟头扔掉，正好扔到易燃品处则引起火灾。

（5）出现遗忘。

（6）单调作业引起意识水平降低。如汽车行驶在平坦、笔直的道路上，司机可能出现意识水平降低。

（7）精神不集中。

（8）疲劳状态下的行为。

（9）操作调整错误。主要是由于技能不熟练或操作困难等引起。

（10）操作方向错误。主要是由于没有方向显示，或与人的习惯方向相反引起。

（11）操作工具等作业对象的形状、位置、布置、方向等选择错误。

（12）异常状态下的错误行为。即在紧急状态下，造成惊慌失措，结果导致错误行为。

2. 有意识不安全行为

有意识的不安全行为是指有目的、有意识、明知故犯的不安全行为，其特点是不按客观规律办事，不尊重科学，不重视安全。如一些人把安全制度、规定、措施视为束缚手脚的条条框框，头脑里根本没有"安全"二字，不愿意改变错误的操作方法或行为，导致事故的发生。有些人懂得安全工作的重要，但是工作马虎、麻痹大意。还有些人明知有危险，迎着危险上，企图侥幸过关，致使事故发生。

在国家标准《企业职工伤亡事故分类标准》（GB 6441—1986）中，把不安全行为分为13大类，归纳了常见容易引发事故的不安全行为。

（1）操作错误，忽视安全和警告。

（2）造成安全装置失效。

（3）使用不安全设备。

（4）手代替工具操作。

（5）物体（指成品、半成品、材料、工具、切屑和生产用品等）存放不当。

（6）冒险进入危险场所。

（7）攀、坐不安全位置，如平台护栏、汽车挡板、吊车车钩。

（8）在起吊物下作业、停留。

（9）机器运转时加油、修理、检查、调整、焊接、清扫等工作。

（10）有分散注意力行为。

（11）在必须使用个人防护用品用具的作业或场合中，忽视其使用。

（12）不安全装束。

（13）对易燃易爆等危险物品处理错误。

3. 人的安全行为

人的安全行为是人在生产活动过程中对影响系统安全性的外界刺激经过肢体做出的理性的、符合安全作业规范的行为反应，通过人的一系列动作最终实现预期的安全目标。人的安全行为的特点是以安全作业规程、技术规程、管理规程等为规范，以人的肢体动作为载体，按照一定的操作方式连接起来的动态过程。

了解和研究人的安全行为的特点对规范人的安全行为和管理，预防事故具有重要意义。例如，如何适应社会经济的发展，建立科学、合理、有效的安全行为规范。又如，如何通过对人的教育培训，提高人的安全动作水平，保障系统过程安全。

人的安全行为与事故关系密切，人通过生产和生活中的行为直接或间接地与事故发生联系。通过对事故规律的研究，人们已认识到，生产事故发生的重要原因之一是人的不安全行为。因此，研究人的行为规律，以激励安全行为，避免和克服不安全行为，对于预防事故有重要作用和积极的意义。由于人的行为千差万别，影响人的行为安全的因素也多种多样。同一个人在不同的条件下有不同的安全行为表现，不同的人在同一条件下也会有各种不同的安全行为表现。

需要注意的是，行为是文化的外在表现，也是文化引导的结果。要确立良好的安全行为，安全行为文化是重要方面，也是建设安全文化的主要目标。

三、不同行为的心理反应与安全

1. 操作行为的过程分析

对人的安全行为的研究，就是要从复杂纷纭的现象中揭示人的安全行为规律，以便有效地预测和控制人的不安全行为，使员工能按照规定的生产和操作要求活动，更好地保护自身，维护企业的正常生产秩序。

在生产作业中，操作行为是最为普遍的行为。从操作行为来看，操作行为由于本身的单调、重复、模式化及行为对象（设备）本身的特性，不可避免地带来了许多心理和行为的异常状态。而这些异常状态恰恰是产生事故的重要根源。同时，在操作行为中，员工还存在着一系列的自保行为（如捷径反应、躲避行为、逃离行为、从众行为等），这些行为影响着整个操作行为的完成，也是容易造成事故的因素。

从操作过程来看，任何操作行为都由准备、进行、结束三个阶段组成，在不同的阶段，具有不同的特点，若组织不好就会发生事故。

（1）操作准备阶段

准备阶段如果时间过长，准备时的行为过于烦琐，将会过早消耗人的心理资源，也不利于在以后的操作中保持注意力，并导致在操作中警觉水平的下降；反之，如果准备不够充分，操作人员没有进入状态，将会无法保持注意力，这种低负荷状态也降低了人的警觉水平。每次操作都要重复这些单调的行为，时间久了必然产生厌倦和漠视的心理。

（2）操作进行阶段

在操作进行过程中，操作人员之间的连接和配合、操作人员与设备之间的连接和配合是否到位，是决定事故是否会发生的关键所在。

（3）操作结束阶段

在操作结束阶段，最重要的是核查和回检。一般来说，临近上下班时及临时交接工作，临时组合操作人员的操作，临时操作任务，操作人员临时的操作等最容易出事故。

2. 相同行为的个体差异

相同的行为可来自不同的原因，相同的刺激或情境可以产生不同的行为，这主要取决于行为的个体差异。造成行为个体差异的主要原因如下：

（1）遗传因素

人的体表特征在很大程度上受种族、遗传的影响，如身高、体格等虽然也受后天环境因素（如教育、锻炼）的影响，但在某种程度上主要受先天遗传的影响较大。体力和人体尺寸的差异与人的安全行为，在某些场合下往往会表现出来。由遗传因素决定的行为，改变往往是很困难的。

（2）环境因素

环境是对人的行为影响最大的因素，其影响主要表现在以下几个方面：一是家庭因素。家庭是社会组成的基础，是人的主要生活环境之一，其对人的行为有明显深刻的影响。因此，不好的家庭环境往往是导致子女工作中的不安全行为和引发事故的重要原因。二是学校教育因素。学校的风气、教师的态度和作风、青少年时代的同学和朋友对人的性格、态度的发展和形成都有重要影响。此外，所受的教育不同，知识水平的高低，对危险的预知和觉察能力也有不同。三是工作环境和社会经历因素。工作环境对人的习惯行为有很大的影响，社会经历（包括工作经验）不同，常给人的行为带来差异。四是文化背景因素。不同的文化背景，或者不同的企业文化背景，会在一定程度上影响人的观念和价值取向。

（3）心理因素

心理因素主要是指心理过程和个性心理。心理过程虽是人类共有的心理现象，但具体到个体而言，却往往表现出种种不同特征，因而造成个体行为的不同。再者，由于每个人的能力、性格、气质不同，需要、动机、兴趣、理想、信念、世界观不同，便构成了个体不同的特征。因此，决定了每个人都有自己的行为模式，从而给行为带来千差万别的个体差异。

（4）生理因素

人的身体状况不同，使得安全行为也有很大差异。例如，患有色盲症的员工，从事一些需要通过辨别颜色确定信号的工种是不安全的；患有某种疾病的人，在从事某种作业时亦可能会出现事故，如高血压患者不宜从事高空作业，有癫痫和皮肤对汽油过敏者不宜从事接触汽油的作业。

由于每个人的上述因素各异，因此，人的行为（包括安全行为）也必然有所不同，从而表现出个体差异的特点。

3. 不同行为的心理反应

在不同的情况下，不同的行为会产生不同的心理反应；反之，不同的心理反应也会产生不同的行为。

（1）人的捷径反应

在日常生活和生产中，人往往表现出捷径反应，即为了少消耗能量又能取得最好效果而采用最短距离行为。例如，伸手取物往往是直线伸向物品，穿越空地往往走对角线等。但捷径反应有时并不能减少能量消耗，而仅是一种心理因素而已。如乘坐公共汽车，宁愿挤在门口，由于人群拥挤消耗能量增多，而不愿进入车厢中部人少处。

（2）人的躲避行为反应

当发生灾害和事故时，人们都有一些共同的避难行动（躲避行为）。如发生恐慌的人为了谋求自身的安全，会争先恐后地谋求少数逃离机会。心理学家通过实验研究表明，沿进来的方向返回，奔向出入口等，是发生灾害和事故躲避行为的显著特征。对于飞来的物体打击，心理学家曾做过试验，对前方飞来的物体打击，约有 80％的人会发生躲避行为，有 20％的人未做反应或躲避不及。但对上方有危险物落下时，实验研究指出，有 41％的人只是由于条件反射采取一些防御姿势，如抱住头部，或上身向后仰想接住落下物，或弯下腰等；有 42％的人不采取任何防御措施，只是僵直地呆立不动（不采取措施的人大多数是女性）；只有 17％的人离开危险物落下地区，向后方或两侧闪开，并以向后躲避者居多。由此可见，人对于自头顶上方落下的危险物的躲避行为，往往是无能为力的。因此，在一些作业场所（如建筑工地、钢铁和化工企业等），头戴安全帽是最低限度的安全措施。

（3）人的从众行为反应

人遇到突然事件时，许多人往往难以判断事态和采取行动，因而使自己的态度和行为与周围相同遭遇者保持一致，这种随大溜的行为称为从众行为或同步行为。女性由于心理和生理的特点，在遇到突然事件时往往采取与男性同步行为。一些意志薄弱的人，从众行为倾向强，表现为被动、服从权威等。

（4）人的非语言交流反应

靠姿势及表情而不用语言传递信息（意愿）的行为称为非语言交流（也称体态交流）。人表达思想感情的方式，除了语言、文字、音乐、艺术之外，还可以用表情和姿势来表达，这也是一种行为。因此，可根据人的表情和姿势来分析人的心理活动。在生产中也广泛使用非语言交流，如火车司机和副司机为确认信号呼唤应答所用的手势，起重机在吊运物品作业时，指挥人员常用的手势信号、旗语信号和哨笛信号，都属于非语言交流行为。在航运、导航、铁道等交通部门广泛使用的通信信号标志，工厂的安全标志，从广义上来说，也属于非语言交流行为的范畴。

第二节 违章操作行为心理原因分析

在生产作业过程中，人需要操作工具或者设备完成生产作业任务。在操作过程中，绝大多数情况下都会正常完成操作，不会发生操作失误情况，但是在一些特殊情况下则会发生操作失误。研究操作失误行为，对于事故预防有积极的意义。

一、对操作失误行为的认识与预防

1. 人失误的概念和性质

人失误是指人的行为结果偏离了规定的目标，或超出了可接受的界限，并产生了不良的影响。关于人失误的性质，许多专家学者进行了研究，其中约翰逊关于人失误的问题做了如下论述。

（1）人失误是进行生产作业过程中不可避免的副产物，可以测定失误率。

（2）工作条件可以诱发人失误，通过改善工作条件来防止人失误较对人员进行说服教育、训练更有效。

（3）某一级别人员的失误，反映较高级别人员职责方面的缺陷。

（4）人们的行为反映其上级的态度，如果凭直觉来解决安全管理问题，或靠侥幸来维持无事故的纪录，则不会取得长期的成功。

（5）按照惯例编制操作程序的方法有可能促使人失误发生。

实际上不安全行为也是一种人的失误。一般来说，不安全行为是操作者在生产过程中发生的、直接导致事故的失误。正是人的不安全行为是导致许多事故的直接原因，因此在对人的失误研究分析中，比较集中于研究不安全行为在生产作业中的发生原因与预防措施。

2. 人失误的分类

在安全工程研究中，为了寻找人失误的原因，以便采取恰当措施防止发生人失误，或减少人失误发生概率。对人失误进行分类的方法有很多，其中下面两种分类方法比较流行。

（1）按人失误的表现形式，可以分为如下三类：①遗漏或遗忘；②做错，包括弄错、调整错误、弄颠倒、没有按要求操作、没有按规定时间操作、无意识的动作、不能操作等；③进行规定以外的动作。

（2）按人失误的原因将人失误分为随机失误、系统失误和偶发失误三类。①随机失误由于人的行为、动作的随机性质引起的人失误。例如，用手操作时用力的大小、精确度的变化、操作的时间差、简单的错误或一时的遗忘等。随机失误往往是不可预测、不能重复的。②系统失误。由于系统设计方面的问题或人的不正常状态引起的失误。系统失误主要与工作条件有关，在类似的条件下失误可能发生或重复发生。通过改善工作条件及职业训练能有效地克服此类失误。③偶发失误。偶发失误是一些偶然的过失行为，它往往是事先难以预料的意外行为。许多违反操作规程、违反劳动纪律等不安全行为都属于偶发失误。

应该注意，有时对人失误的分类不是很严格的，同样的人失误在不同的场合可能属于不同的类别。例如，坐在控制台前的两名操作工人，为了扑打一只蚊子而触动了控制台上的启动按钮，造成了设备误运转，属于偶发失误。但是，如果控制室里蚊子很多，又缺少有效的灭蚊措施，则该操作工人的失误应属于系统失误。

3. 常见行为过程失误的原因

认知心理学认为，"感觉（信息输入）→判断（信息加工处理）→行为（反应）"构成了人体的信息处理系统，按照其过程，人失误的原因大致可以分为两种：一种是感觉（信息输入）过程失误，例如没看见或看错信号、没听见或听错信号；另一种是判断（信息加工处理）过程失误。

常见行为过程失误的原因主要有以下几个方面：

（1）习惯动作与作业方法要求不符。习惯动作是长期在生产劳动过程中形成的一种动力定型，它本质上是一种具有高度稳定性和自动化的行为模式。从心理学的观点来看，无论基于什么原因，要想改变这种行为模式，都必然有意识地和下意识地受到反抗，尤其是紧急情况下，操作者往往就会用习惯动作代替规定的作业方法。减少这类失误的措施是机器设备的操作方法必须与人的习惯动作相符。

（2）由于反射行为而忘记了危险。因为反射（特别是无条件反射）是仅仅通过知觉，无须经过判断的瞬间行为，即使事先对这一不安全因素有所认识，但在反射发出的瞬间，脑中却忘记了这件事，以致置身于危险之中。反射行为造成危害的情况很多，特别是在危险场所，以不自然姿势作业时，一旦偶然地恢复自然状态，这一瞬间极易危及人身安全。例如，在狭窄空间检修作业时，习惯性起身、抬头恢复自然状态，往往会出现磕碰的现象。因此，对进入危险场所必须有足够的安全措施，以免反射行为造成伤害。

（3）操作方向和调整失误。操作方向失误主要原因有：有些机器设备没有操作方向显示（如风机旋转方向），或设计与人体的习惯方向相反。操作调整失误的原因主要是，由于技术不熟练或操作困难，特别是当意识水平低下或疲劳时这种失误更易发生。

（4）工具或作业对象选择错误。常见的原因有：工具的形状与配置有缺陷，如形状相同但性能不同的工具乱摆乱放；记错了操作对象的位置；搞错开关的控制方向。

（5）疲劳状态下的行为失误。人在疲劳时由于对信息输入的方向性、选择性、过滤性性能低下，所以会导致输出时的程序混乱，行为缺乏准确性。

（6）异常状态下的行为失误。人在异常状态下特别是发生意外事故生命攸关之际，由于过度紧张，注意力只集中于眼前能看见的事物，丧失了对输入信息的方向选择性能和过滤性能，造成惊慌失措，结果导致错误行为。此外，如睡眠之后处于蒙眬状态，容易出现错误动作；高空作业、井下作业由于分辨不出方向或方位发生错误行为；低速和超低速运转机器，易使人麻痹，发生异常时，直接将手伸到机器中检查，致使被转轮卷入等。

二、违章操作行为的心理原因

为了保证安全生产，提高工作效率，必须了解人的行为特点，并仔细观察操作人员的情感变化和个人特征，排除不安全的心理因素，从而防止事故的发生。应该注意的是，从事生产的人员发生的各种心理过程都带有个人的特点，操作行为与操作人员的精神状态、情绪好坏等因素有关，也与操作者的心理特征有关。

1. 人的个性心理特征

人的一切心理活动都是在客观现实的作用下产生的，没有外界刺激就没有人的心理活动，客观现实不仅决定心理的内容，而且决定心理的形成和发展。同时，人的心理反应由于个性特征的不同而不同。因此，对同一客观事物，不同的反映是可能大不相同的。

人的个性心理特征是一个人在心理活动中所表现出来的，比较稳定和经常的特征。正如每个人的面容各不相同，每个人都有自己的个性心理特征。例如，有的人善于学习，掌握技术知识和生产技能很迅速；有的人对工作细心认真、一丝不苟，有的人干活则粗枝大叶、马马虎虎；有的人沉着、稳重、老练，有的人则轻浮、急躁、冒失。

2. 违章操作的心理状态

一般来说，导致事故发生的原因归纳起来，不外乎外因和内因两个方面。外因包括设备情况、预防措施、保护用品、环境温度、照明条件等；内因则包括操作人员的技术、精神状态、心理活动等方面不符合安全作业的要求。在工业企业所发生的事故中，70%～80%是由于操作人员的操作行为发生错误或违章操作引起的。而人的行为是由人的心理状态支配的，所以，要研究和分析事故的内因，就必须研究和分析发生事故时操作人员的心理状态。

在事故发生之前，操作人员的心理状态有如下几种情况：

（1）麻痹大意

例如，操作者由于是经常干的工作，所以习以为常，并不感到有什么危险，"这种工作已经做过多少次，无所谓"，没有注意到反常现象等。在这种心理状态的支配下，操作人员就凭印象，毫不怀疑地根据过去的经验开始了作业，但结果是发生了事故。有时候由于没有进行日常检查，或在麻痹思想指导下，检查不够仔细，出现了与预料情况相反的状况，由于事发突然，就会因惊慌失措、手忙脚乱而酿成事故。

（2）精力不集中

操作人员有特别高兴或忧虑的事情使情绪受到极大波动而发生事故，例如与同事发生过争执，夫妻不和而心里不痛快，受批评而有情绪，或遇到特别高兴的事情，感情冲动，思想不能集中，或忘记了按照操作程序进行作业，结果导致事故的发生。

（3）技术生疏

这种情况的心理状态通常是由于技术不熟练，遇事应变、应急能力差而造成的。有些操作者能力不强，但又很自负，没有足够的经验却又过分自信，存在着怕损害自尊心的心理状态。结果在这种思想的支配下，最终导致了事故。另一种心理状态是，虽然注意到了反常情况，但自信以往经验。尽管在这种情况下，操作人员本身注意到了反常状态，但由于骄傲自满的情绪，相信自己考虑的方法是正确的，结果也就造成了事故。

（4）过分依赖他人

这类情况多数是在与他人共同作业时，自己不积极主动，不严格按照自己应承担的操作项目和操作规程进行，而总是图省事、省力，想依赖他人，侥幸取胜，结果导致了事故的发生。

（5）紧张导致判断错误

操作人员由于某些原因使心情紧张，对外界情况没有正确地进行反应，而在急急忙忙的操作中发生事故。因为在心情紧张时，注意力分配会产生偏差，顾此失彼，忙中出错。

3. 违章事故案例分析

在事故发生之前，作业人员的心理状态不佳，出现麻痹大意、精力不集中、情绪波动、感情冲动等因素，最容易导致事故的发生。这样的事例很多。下面，我们来看两个具有典型意义的事例。

事例之一：违章伸手扒煤矸石导致的右手被擦伤事故

2004 年，我在岱庄煤矿综掘一队当支护工。那年 9 月的一天，我们上早班，一组 9 个人早早便来到 2311 轨道顺槽迎头。我们按照分工依次打眼、装药，大约 1 个小时后，第一排炮放完。我们再次进入迎头进行敲帮问顶、临时支护，然后由掘进机司机启动掘进机准备往外扒碴。我当时负责清扫掘进机机后浮煤，当清扫到掘进机小溜子底下时，不知道什么原因，小溜子忽然停止运转了，这意味着从迎头扒出来的煤矸石将无法向外运输。当时我以为是小溜子的链条被煤矸石给卡住了，情急之下违章作业，把手伸进溜槽下扒煤矸石，忘了通知掘进机司机停机，结果手刚碰到溜槽的时候，小溜子又突然运转起来，出于本能的反应，我急忙将手缩回，但右手还是被擦伤了。

这件事让我至今想起来仍觉后怕，如果当时没有及时将手缩回，就可能将手挤进溜槽，后果可想而知。这都是思想麻痹、不按章作业惹的祸。

事例之二：赶工图快、违章蛮干被断钢丝弹起刺瞎右眼事故

我是一名煤矿掘进工，几年前的一起事故给我造成了终身伤害。那是 2005 年 6 月，我和工友在掘进头给扒沙机换钢绳。由于钢绳一头钢丝散开，无法穿过扒沙机的滑轮，于是我把钢绳放在钢轨上用锤子砸。工友劝我用宰子（专用工具）宰，不要蛮干，而我却把工友的话当成耳边风，抢起锤子拼命地砸，锤落丝断，眼看就要完成。忽然，我感觉到右眼被什么东西扎了一下，钻心的疼痛使我睁不开眼。我赶忙用双手捂住眼睛，殷红的鲜血从指缝间流了出来。工友们见了，急忙把我送到医院。经过医生检查，我的右眼球被飞起的钢丝刺伤，后来经医治无效失明了。

这次惨痛的经历给我造成了永远无法弥补的伤痛，每次想起受伤的经历，就像一把尖刀扎在我心上，让我悔恨不已。在此，我提醒工友们，绝不能赶工图快、违章蛮干，一定要按操作程序办事，避免悲剧发生。

三、无意违章行为与心理特点

1. 无意违章操作的行为原因

一般来说，违章可以分为无意违章和有意违章两类，许多时候，有意违章和无意违章是很难区别的，只有本人最清楚，但是通常的情况，违章者都会是说是无意违章，从而得到从轻处理。因此，探寻无意违章行为与心理特点，有助于深入分析违章的各类根源，从而减少违章行为。

按人的认知来分，违章行为可分为有意违章和无意违章两类。其中，无意违章可分为认知无意违章和过失无意违章。认知无意违章是由于当事人对设备、规程学习不够，缺乏相关专业知识和经验而导致的违章行为和违章操作，而当事人主观上认为是符合规程的。过失无意违章是由于疏忽、遗忘导致违反操作规程，造成事实上的违章，但当事人并没有意识到，如忘记某个操作步骤、走错间隔等。

在企业生产作业中，导致员工无意违章的原因主要有：

（1）劳动环境差和超负荷工作造成的身心疲劳。在生产条件差、劳动环境恶劣的情况下，经常超负荷工作，会导致人的生物节律紊乱，生理功能出现障碍。有时尽快完成任务、结束疲劳状态的欲望成为第一需要，操作中行动匆忙、草率，对事故苗头反应迟钝。当员工的工作量增加到一定的限度时，疲劳便会积累，积累达到一定程度，员工就可能出现违反操作规程的行为。

（2）不良的社会环境和家庭矛盾造成的力不从心。生产和生活中不良因素的影响会导致人的情绪波动，当人的情绪处于兴奋状态时，人的思维与动作较敏捷；处于抑制状态时，显得迟缓；处于某种极端状态时，往往有反常的举动，上述情况均可能造成违规行为的发生。

（3）具有精神疾病和其他疾病的人的无意违章行为。患有精神疾患的人，对自己的行动无法进行正确的判断，故不能允许其进入操作岗位。那些偶发精神疾患未能及时发现者，可能会出现无意违规而引发安全事故。

另外，偶发的身体不适，因各器官之间缺乏协调，会造成注意力分散，自控能力下降，也可能无意违章，导致安全事故的发生。

2. 无意违章的心理原因

无论是无意违章还是有意违章，违章的后果有潜在性，一个违章行为在当时可能没有发生什么后果，但可能与其他违章在一定条件下合成发生事故；或者违章作业与系统内已经存在的设计缺陷、施工缺陷等合成事故。还有的违章操作的后果需要很长时间才会爆发。

无意违章的心理原因主要有以下几种：

（1）认知不良

由于对规程、设备、系统运行情况的理解、判断错误而导致违章行为或违章操作，或是由于缺乏某些相关专业知识或缺乏经验而导致违章行为或违章操作，而违章者主观上误以为符合规章。

（2）自身过失

由于疏忽、遗忘导致了违反规章或操作规程，是事实上的违章，但违章者本人当时并没有意识到。如忘记某个操作步骤，记错操作方向，忘记系安全带，维修工作结束后忘记拆除临时装置等。

（3）不良的性格特点

性格是一个人对现实比较稳定的态度和与之相应的习惯行为方式。有的人行为反应迅速、精力充沛，但好逞强、爱发脾气、情绪波动大，相比之下就易于发生事故。

3. 对无意违章行为的分析

出现无意违章，主要原因是由于人的认识、理解、判断失误，或疏忽、遗忘，或知识、经验不足。这些都是人的心理特点，任何人都不可能事事认识正确、判断准确、没有疏忽、没有遗忘。知识、经验不足也在所难免，人的知识、经验是逐步积累起来的。但这些过失或不足的严重程度不但与违章者的学习情况、健康状况、接受教育和训练的情况、工作经历等有关，也与当时的作业情况、作业环境有关。一个人生病、疲劳，或对自己所操作的系统不感兴趣、不够熟悉，或者作业强度过大，超出了生理和心理限度，如操作时要求记忆的内容太多，操作时要求选择的内容太多，或操作比较复杂，作业环境恶劣（包括不良的人际关系、不良的物理化学环境）等都容易犯无意违章的错误。所以，无意违章主要是由个人难以直接控制的因素造成的。

下面，我们来看这样一起事故案例。在这起事故案例中，作为事故当事人，在事故发生前并没有意识到违章行为，只有在造成事故之后的反思中才意识到违章。这类无意违章情况在实际作业中最为多见，通常又难以与有意违章有明显的区别。

我是重庆能源集团松藻煤电公司的一名掘进工。在煤矿井下作业，最需要遵章守纪，保持警惕，千万不能麻痹大意。2003 年 8 月 22 日，我上早班，到了作业面，就在我用风镐施工底板侧脚窝时，碛头上方煤岩突然发生片帮，只听到班长大喊一声"闪开"，并用力拽了我一把，使我与死神擦肩而过，但还是有一块煤打在我的大腿上，后经医院诊断，我的大腿发生了右股骨骨折。分析这起事故的原因，一是我违章空顶作业，这是造成事故的直接原因；二是在地质条件变化的情况下，没有专门制定措施；三是思想麻痹，这是造成事故的一个主要原因。如果思想上不麻痹，就不会发生这起事故。

四、有意违章操作的心理分析

1. 有意违章者的心理影响因素

在实际安全生产中，对违章者主观故意的违章行为通常称为有意识违章；而有意识行为形成习惯，则是习惯性违章行为。对习惯性违章行为如果采取宽容的态度，认为那只不过是习惯而已，殊不知，习惯性违章行为具有更大的潜在危害性，更容易引发事故。

有意违章是违章者的故意行为，分为一般有意违章和情境有意违章。一般有意违章是当事人为了省力、省时、省事，表现自己、逞能等个人需要而造成的违章。情境有意违章是操作者在一种特殊情境下的有意违章，据国外资料统计，这种违章占违章总数的 20％左右。

有意违章者的心理影响因素主要有：

（1）违章者认为自己追求的是以最小的代价获得最佳的效果。这是人们普遍存在的心理现象，所以违章有其存在的基础。

（2）违章者主观认为省时、省力的做法。例如，不系安全带操作比系安全带操作更为方便、灵活。同样，不戴安全帽操作，也更方便、舒服；省去安全操作规程中规定的检查步骤节省时间；维修任务完成之后，不清点工具自然也省时、省力。

（3）违章并非一定导致事故。例如不戴安全帽进入作业现场，不一定被砸伤；不系安全带操作，不一定会坠落；维修时把小工具放在口袋里，不一定会掉到设备里；某些操作并非没有人监护就一定会出事故。这些现象大家都习以为常，在没有受到指责或处理的情况下，违章者主观认为没有风险。

除此之外，现有的安全规程和规章制度都存在缺陷，如有些规定制定之前没有充分征求操作人员的意见；有些不必检查的操作步骤也规定必须检查；一些安全设施存在缺陷，如有些安全帽过重、过硬，有些工作服过于笨重，有些维修现场没有挂安全带的固定挂钩等。这些都是违章者不愿遵守规程的客观原因。

2. 对有意违章者认知和判断问题的分析

有意违章可以用人的行为心理学来分析违章者的心理活动。人的行为是人的内心活动的外在表现；人的任何行为都受动机的驱使，动机越强，行为的可能性就越大；而动机来自人的需要和外界的刺激。对同一操作而言，操作者是遵章还是违章，驱动操作者行为的是他主观的需要还是周围环境对他的影响，同时还要考虑到违章带来的风险，周围人对他违章行为的认可。一般来说，他总是在收益和付出之间权衡利弊，用经济学的观点来决定自己的行为的取向。

（1）违章者的错误就在于把违章的风险和违章导致事故发生的概率等同起来。我们知道，风险等于事故严重程度与事故概率的乘积。也就是说，即使该事故发生的概率很小，其风险也是不容许忽视的。以不戴安全帽为例，不戴安全帽进现场，不一定会被砸伤，但是一旦被砸，砸伤（砸死）是必然的，其风险不能不考虑。有的违章操作甚至可以导致灾难性的后果，但是这种事故发生的概率极小。违章导致事故的概率小，不等于风险小，违章者自认为风险不大的主观判断，事实上是错误的。

（2）违章者把个人需要与组织（或企业）需要等价对待。按安全规程操作来完成任务是企业安全的需要，与个人的各种需要是不等价的。任何个人的需要如果与企业的安全需要发生矛盾，应必须放弃个人需要，认识到这一点是保证不违章的前提。

（3）违章者衡量代价与效果的标准不同。违章者认为自己追求的是以最小的代价获得最佳的效果，但是违章者没有考虑，衡量代价与效果的标准不是个人的得失，而是他人或集体的安危，也包括自己的安全。如果能以最小的代价保证安全、高效，那当然是应该充分肯定的；如果因为个人方便而导致事故，那将是不能饶恕的。

（4）违章者认为最便捷、省力的做法最佳。对于一些必须每完成一步就要进行检查的操作，违章者为图省事直到最后工序结束前才检查，常常就造成了全部返工，有时甚至造成不可挽回的事故。

有意违章的出现，是主观认识和主观判断导致了有意违章者的错误行为，使有意违章不断发生，甚至重复发生。

五、解决违章行为的心理学方法

1. 分析违章行为注意从客观原因入手

事故教训告诫我们：一个人的心理特点很重要，对行为安全有直接关系，因此，企业安全管理人员和班组长必须重视与安全有关的心理问题。要采取有效措施，提高员工从心理上控制自己行为的能力，做到行为安全，万无一失。

对于员工的违章行为，如果能够从分析违章行为的客观原因着手，既可避免遗漏某些客观因素，又有利于营造一种宽松的、实事求是的氛围，从而使违章者敢于说出自己的想法和违章行为。只有客观原因找准之后，才能较好地分析主观原因。

加强教育培训，提高思想认识，是解决违章行为的一个有效方法。

（1）要使操作人员建立安全的基本概念，树立风险意识，特别是对维修作业的潜在风险要有清醒的认识。安全与风险是一个问题的两面，有了风险意识也就有了安全意识，这样就会警惕各种危险源，提高责任感，就不会对各种违章风险做出错误的估计。有了风险意识，就能理解违章可能是零事故，但绝不是零风险，而且只要允许一次违章，就会有第二次、第三次，以至于违章成为习惯性的、普遍性的，成为企业精神上的腐蚀剂。如此，必将导致频发事故，使企业蒙受巨大损失，甚至失去生存能力。必须使每一位员工认识到，违章是绝对不允许的。

（2）使员工了解人的基本心理特性、人性的弱点，了解人为什么会失误，弄清楚人的行为与动机之间的关系，以及人的需要与价值观之间的关系。要让员工清楚了解企业的需要和企业的目标，认识个人需要与企业需要之间的关系，把个人的需要与企业的需要一致起来。安全是企业的第一需要，是企业的生命，确保安全是每个员工的责任。当员工真正明确了自己个人需要与企业需要之间的利害关系时，就会自觉执行操作规章，杜绝违章。

（3）对员工的教育培训不能光靠讲课灌输，而要多采用互动式教学法，畅所欲言，达成共识。也可用典型违章事例进行模拟实验，再现违章操作，并赋予各种可能的后果，使违章者重新反思自己的行为，从而改变自己的认识。目前，有些企业把违章者集中培训，方式主要是讲课，内容主要是重复讲解规程和奖惩制度，培训考核不及格者延长培训时间，培训期间停发奖金等，事实上把集中培训变成了某种惩罚。由于培训内容、形式、激励方式等不合适而改变了性质，甚至使受训者产生逆反心理，这样就得不到培训应有的效果。

2. 杜绝违章的技术性措施

违章管理的目的不是消灭违章行为（如果消灭违章当然最好），而是控制违章的风险

（把违章的风险控制在可接受的范围），使违章行为减至最少，同时把违章损失减至最小。杜绝违章。除了加强对员工的安全意识教育之外，还需要积极改进技术性措施，这样对于杜绝违章有重要的作用。

（1）改进操作方法，改善安全防护措施和设施。杜绝违章是个系统工程，因此，除了培训、教育以外，还必须从其他方面采取措施。如定期组织规程编写人、执行人（包括违章者）以及安全监管人员对规程的正确性、准确性、表达方式等进行审评；对具体操作方法和步骤、安全防护措施进行广泛讨论；改进或改善安全防护设施和设备。如果安全帽既通风又轻巧，则不戴安全帽上岗的人就会少些；如果安全带既结实又轻便，则不肯系安全带登高操作的人也会少些。

（2）完善检查、监督机制和奖惩制度。任何措施均不可能是尽善尽美的，特别是受资金和科技水平的限制，任何措施、设施和方法的改进都不可能完全满足操作者的要求。所以，还必须有一套反违章的监督机制和奖惩制度，并不断进行完善。

（3）加强检查、核查和监护。一旦发现违章行为立即采取措施补救；对造成事故的，要追究个人责任；对由于有意违章而导致事故者要严肃处理，迫使有违章倾向者正确估计自己行为的风险，使遵章守纪的员工更有自我约束的动力。同时，要奖励遵章守纪、对安全工作有贡献的员工。通过奖励与处罚，建立起安全管理的氛围。

（4）尽可能采用防错、容错措施。人行为的可靠性是很难预测的，尽管上述措施都能减少违章的发生，但这些措施都不能保证违章不再出现，所以需要越多越好的防错、容错措施。例如，提高操作规程的可操作性，在重要操作步骤前加提示，以免遗漏；强化按照规程进行操作的训练，强化对重要操作进行监护的训练；定期检查危险点、危险源，并为员工熟知而不敢轻易违章；增加各种硬件的防错、容错功能，例如有人闯入禁区会立即出现报警信号；机件的设计使得不按次序拆卸或装配成为不可能；采用多重纵深防御措施，增加安全设施和多道安全屏障等。

3. 培育良好的安全文化氛围

培育良好的安全文化氛围，也是解决违章行为的一个心理学方法。企业内外对违章的态度以及重视安全的思想氛围，对违章者的行为有很大的影响。虽然违章发生在个人身上，但它不是一个孤立的事件，如果周围的人都有很强的安全意识、责任意识、法律意识，都把违章视为绝对不可容忍的行为，都有良好的按规程操作的习惯，那么违章操作就没有生存的土壤。所以，必须培育安全文化氛围，加强和提高安全责任意识和法律意识。这是最根本、最有效的措施，需要长期坚持。这种文化得以延续、发扬，就能逐步掌握违章的规律，积累防违章的经验，最终使违章的风险趋于零。

六、纠正违章者进行个别谈话的艺术

1. 纠正违章需要合适的方法

大量的事故统计资料表明，绝大多数事故的发生与人的不安全行为有关，也就是与违章作业行为有关。法国电力公司在 1990 年提出的安全分析最终研究报告中指出，70％～80％的事故与人的不安全行为有关。日本劳动省 1983 年对制造业伤亡事故原因分析表明，85 687 起造成歇工 4 天以上的事故中，由人的不安全行为导致的占 92.4％。美国矿山调查表明，由人的不安全行为导致的事故占矿山事故总数的 85％。我国煤矿中的"三违"现象是导致事故多发的重要原因，它是典型的人的不安全行为。由此可见，人对于安全的主导作用，贯穿于企业安全的所有方面。

要保证安全，就需要纠正人员违章行为，但是纠正人员违章行为却并不简单。有这样一个事例。茂名乙烯厂安全科长杜丕祥，在走马上任之时，家人骂他自找苦吃，同事劝他三思而后行，因为要做好全厂的安全工作谈何容易。上任的第 2 个月，他遇上了一件让他极为伤心的事情。他在高压装置现场检查时，发现一名设备员没有戴安全帽，就当场制止了这起违规行为，并要记录该设备员的名字。设备员迅速扯下胸前的上岗证往口袋里塞，拒绝查看。情急中，杜丕祥伸手夺了过来。想不到的是，当天晚上该设备员找到他，一口咬定白天他检查时偷了他 500 元钱，并说如果不罚他，这 500 元钱就算了，要不然就跟他没完。杜丕祥活到 40 多岁，头一次遇上这么委屈的事，当时也曾想过饶了他这次。但是，正是这事让他更清醒地认识到安全工作的任重道远。以后，在纠正人员违章中，还招来了一些麻烦，不断有各种冷言冷语，他的自行车轮胎也曾被扎坏。

纠正人员违章，需要讲究方式方法，与违章者进行个别谈话，是企业开展安全管理工作中常用的形式，也是安全管理人员深入了解违章者思想动态的基本方法之一。俗话说："药到病除，言至心开。"通过个别谈话，违章者大都能够透露心中的想法，使安全管理人员更好地掌握情况，以便开展下一步安全工作。但是，并不是有了良好的意愿，就能收到良好的教育效果，日常的实践工作表明，有的谈话收效显著，使违章者心平气和，如沐春风；有的谈话收效甚微，未能解决问题；有的谈话则适得其反，见面就谈崩了，闹得不欢而散，不仅加深了成见，而且激化了矛盾。那么，原因在哪里呢？谈话是一门学问，也是一种艺术，是否掌握了谈话的秘诀，是能否取得成功的关键。

2. 要做好谈话的准备

对违章者进行个别谈话前要做好下列准备工作：

（1）要有针对性。安全管理人员找违章者谈话，要有准备、有计划地考虑几个问题。

一是对所谈的问题要有针对性。一般来说，下列违章者应成为谈话对象：习惯性违章者，在作业中总是无视安全，视安全为儿戏的；受到处分的违章者，安全生产观念不强，表现涣散的；家庭发生突然变故的；有突出问题的。二是对违章者个人要有针对性。在对违章者谈话前，一定要做好调查工作，对谈话对象的思想、心理问题要有一定的了解，把握好违章者的性格特征，做到心中有数。

（2）谈话主题有目的性。对违章者进行个别谈话教育，要有明确的谈话主题，要明确谈什么问题，达到什么样的教育目的。同时，谈话的内容要围绕安全生产、确保家庭幸福这个主题进行，不能不着边际。一是通过谈话，进一步了解违章者的内心世界，对他人、集体、某一安全工作的具体感受，便于下一步更好地开展工作。二是通过谈话，处理好问题，化解违章者的矛盾，稳定情绪，为他们消除疑虑、排忧解难。三是通过谈话，首先肯定违章者已有的成绩，使违章者端正态度，同时提出对安全生产要有责任意识。

（3）把握好谈话的时机。抓住谈话的时机，掌握好谈话的火候，往往能收到事半功倍的效果。违章者有下列情形时一般必谈：试图改变，需要他人帮助时；当违章作业之后已经自责，需要谅解时；当家庭突然发生变故，需要安慰时；当心中抑郁、满怀愁绪、需要排遣时；当取得了一定的成绩，需要得到认同时。出现下列情形时一般不谈：当违章者的问题情况不明，事故原因不清时；当对违章者了解不够，对矛盾分析不透，应对无策时；当与谈话对象关系紧张，容易引发矛盾时。

（4）对谈话的地点要有选择。找违章者谈话，应该选择一些好的地点，不能随心所欲，碰在哪里就在哪里谈。选择谈话地点要做到：一是要选择比较清洁、舒适的地方，不要选择杂乱无章、难以置身的场所；二是要选择比较清静、易于安心的地方，不要选择容易受干扰的场所。

3. 要遵循谈话的原则

对违章者进行个别谈话教育不仅是一种语言交流行为，更是一种政治思想教育方法。因此，它不仅要遵循语言交际的合作原则和礼貌原则，还要遵循违章者思想活动规律。为此，安全管理人员在对违章者进行个别谈话教育时，应遵循以下几项原则：

（1）精诚所至，金石为开。对违章者进行个别谈话要推心置腹，不能装腔作势，唯有真心才能引起违章者心灵的震撼，才能使其敞开心扉，将内心世界向你表白。

（2）尊重理解，态度和蔼。和违章者谈话时，一定要尊重对方、理解对方，态度要和蔼可亲，要认真倾听违章者的诉说，让其把心中的困惑、忧愁尽情地说出。要坚持引导、鼓励、帮助，切忌挖苦。

（3）因人而异，量体裁衣，不可千篇一律。要根据违章者的脾气、性格、爱好、文化程度、情绪心态、接受能力等特征，并根据谈话的内容、主题、环境等诸多因素，选择比较恰当的谈话方式。

（4）诲人不倦，不怕麻烦。俗话说："冰冻三尺，非一日之寒。"对违章者进行个别谈话教育一定要有诚心，诲人不倦，不怕麻烦。不要奢望谈一两次话就可以立竿见影地解决问题，要有思想准备，要经过反复教育，才能收到良好的效果。避免操之过急，要注意谈话的内容和质量，对违章者一时还不能接受的话题，可以暂时放一放，待时机成熟再谈。

4. 要运用谈话的技巧

与违章者进行个别谈话教育是一门综合艺术，它不仅要求安全管理者要有一定的思想修养、道德水准和心理素质，还要有渊博的知识，掌握一定的社会学、政治学、心理学和教育学等多种学科的综合知识，要具有丰富的工作实践经验，灵活运用谈话技巧。这样才能在对违章者进行个别教育时应对自如，达到教育的目的。具体来讲，谈话时要灵活运用下列技巧：

（1）掌握阶段性技巧。谈话的第一阶段应有意识地谈一些双方都感兴趣的话题，营造一种轻松的谈话氛围，为谈话顺利进行打下一个良好的基础。谈话的第二阶段要有意识地"投石问路"，给违章者以心理暗示，并逐步实现话题转移。谈话的第三阶段要紧扣主题，逐步向深度发展，使双方认识得到统一，实现谈话的目的。谈话的第四阶段要巩固谈话教育的心理效应，注意违章者思想认识的变化，并认真听取其对自己违章作业行为的表态，恰到好处地提出希望和要求。

（2）逐步深入。在谈话中可采取多种方法对违章者进行引导，使其心悦诚服，觉得安全管理者是他们的良师益友。另外，要鼓励违章者认识自己违章行为的错误，激励其在今后的工作中严格遵守各项安全规章制度。同时还要对违章者给予理解，但理解不是迁就。对遭受挫折或非主观原因造成情绪忧郁的，一方面要体贴安慰，表示理解；另一方面要帮助分析原因，使其尽快走出情绪低谷。

（3）谈话语言的技巧。首先，在谈话中涉及一些事故案例时，要有根有据，不可随意捏造。其次，在谈话时注意把握分寸，批评时不可把违章者说得一无是处。批评的话语要刚柔相济，既要一针见血，严肃认真，也要满怀热情和关心鼓励。

第三节　纠正违章行为常用对策与方法

习惯上对违章作业的定义，是作业者违反有关制度规定作业的行为，这种行为也是不安全行为。违章行为的反复出现以及屡禁不止，原因是多方面的，既有领导责任不落实、管理不到位的问题，也有培训针对性不强、员工素质不高的情况；既有制度不完善、无章可循的问题，又有有章不循、执行不力的现象；既有监督不严格、监控不到位的问题，又有个别人不服从现场管理、屡教不改的问题。而违章行为的根本原因，主要还是员工思想麻痹，忽视安全生产。对此，需要以先进的安全管理理念为指导，建立健全规章制度体系，编制科学规范的操作规程，全面实施岗位确认和监控制度，加大监督检查和违章处罚力度，从而消灭违章现象。

一、违章行为的心理成因分析

在许多企业，都存在人员违章行为，由于人员违章导致的事故也是层出不穷。那么，到底是什么因素促使人员冒险违章呢？对此，有许多不同的认识。在此，以触电事故中的违章行为为线索，从心理学的角度来探讨人员违章的原因。

1. 违章行为的认知过程

在认知心理学中，认知是指个体对于社会的和物质环境的最简单、最初的理解。人类行为的产生，首先有赖于个体对外在环境的看法，这个看法就是透过认知作用而产生的。例如，人们对"电"的最初的认知，一般认为高压供电线路危险，低压供电线路比较安全。从制度上来看，从事高压电气作业，有严格的规章制度，如工作票制度，工作许可证制度，工作监护制度，工作间断、终结、恢复送电制度等。这一切又加深了人们对"电"的进一步认识：电压等级太高，万一有闪失，后果不堪设想。因此，在高压供电线路作业中，违章行为比较少。据统计，只有2％的触电事故发生在高压供电线路作业中，其余的触电事故均发生在低压供电线路中，这倒是应了一句俗话："越是危险的地方越安全。"

在施工生产过程中，由于用电范围广，380伏的动力线、220伏的照明线在施工现场如同蜘蛛网；因作业点转移快使得临时用电也多，动力电缆随处可见。作业者对施工现场的这种现象可谓司空见惯，几乎到了熟视无睹的地步。施工生产用电管理的规章制度虽然有，但执行起来却没有高压供电系统那么严格。接个线、搭个火、换个灯泡什么的，稍有一点用电常识的人也能应付。因此，当维护电工不在现场时，作业者往往是自己主动地承担了这些工作，安全检查人员即使看见了也未必会严加制止。施工生产用电范围内的这一类违章行为在人们的心目中似乎很正常，算不得是违章。究其原因，主要是人们的错误认知在作祟。在人们的潜意识中，"电压等级不高，只要小心一点，不会有问题的"。这似乎已经成为施工现场的一种不自主的思维定式或者叫作作业惯性。唯有事故发生之后，人们才会在事故调查报告的字里行间读到，当事人具有违章行为。

2. 违章行为的心理基础

尽管从统计的角度来看，大多数事故是违章行为引发的。但是从微观上看，并不是每一次违章行为都会导致事故，导致事故的违章行为仅仅是作业者多次违章行为中的一次。按照违章者的话说，"这一次我倒霉"。为什么这一次倒霉？轨迹交叉理论认为，人的不安全行为和物的不安全状态是人—机"两方共系"（两个方面共存于一个系统）中能量逆流的两个系列，其轨迹交叉点便构成了事故的时空。这就是说，事故并不是一个孤立的事件，人的违章行为可以看成是一个"触媒"，如果此时正巧"物"存在不安全状态或危险性，则人、物轨迹异常接触，事故便会发生。在正常情况下，由于设备的可靠性比较高，这种人、物轨迹不适当交叉的概率比较低。如果每一次违章都会导致事故，相信不会有多少人去冒这个风险。也正是因为这一点，才使作业者误认为，作业环境比较安全，即使违章也不会出事故，这种视小概率事件为零的容错思想正是作业者敢于违章的心理基础。

3. 违章行为的心理活动过程

生理心理学研究认为，人的行为规律一般是：客观事物的刺激引发需要，需要产生动机，动机支配行为，行为指向目标。当有多个需要并存时，往往是强度最大的需要具有优势动机，形成行动的驱动力。从主观上讲，没有人希望事故降临到自己头上。然而在客观现实中，常常存在更具诱惑力的刺激，引发人们对其更强烈的需要，并因此取代了安全需要的优势地位。

比如，当事人发现潜水泵抽水不畅，未断电停泵便下水移泵，因潜水泵外壳带电导致触电死亡。这起事故的主要原因是当事人具有违章行为。如果当事人的安全需要处于优势地位，他便会遵章守纪，按正确的操作程序行事：拉闸停泵→下水处理故障→上岸合闸→察看效果。客观情况是，配电箱一般离潜水泵有一段距离，当作业者一个人单独作业时，按正确程序操作得来回跑。如果合闸之后潜水泵依然抽水不力，还得再重新操作一次，这的确很麻烦。当作业者嫌麻烦、想省事的心理占上风时，安全需要便降到了劣势地位，作业者极有可能采取一种不安全的行为——直接下水排除故障。其后果取决于物的状态，如果设备没有隐患，则行为达成目标——既省力又省时。实际上，我们时常看到人们对规程、规定置若罔闻而自行其是的现象，如计算机操作说明书上都有规定，一定不要在未切断电源的情况下插拔计算机机箱背板上的各连接线。但是有多少人是按这种规定操作的？人们之所以这样做，其外在的诱惑是省力或省时，其内在条件则是主观上具有这种需要与欲望。需要是否转化为动机，主要取决于作业者对违章的风险与既得利益的比较。当作业者主观认为违章风险小而既得利益大时，需要便形成违章的动机。从动机到行为，其间的心理活动过程并没有完结，人们一方面出于省事的需要，另一方面也希望自己不要出事故。最终，动机是否会转化为有意识的违章行为，则取决于三个前提条件：一是自我感觉良好，即作业者非常自信；二是基于对设备可靠性的信赖；三是缺乏外在约束力。当前面两个主观条件具备而又缺乏强有力的外在约束力时，动机将指向有意识的违章行为。

一个违章行为的产生，亦可看成是一连串错误的结果。由错误的认知，形成错误的思维定式，并强化了错误的需要，从而导致一个错误的行为。这一连串错误如同多米诺骨牌，如果我们能拿掉其中的一张牌，或许我们就能阻止一系列的违章行为。在众多的错误中，作业者的思想认识起主要作用，因此，预防违章行为的主要措施是安全教育。在作业者的自我约束力尚未完全形成时，借助于外在约束力来规范人的行为，即加大管理力度，严格执行各项规章制度亦不失为一张切实可行的牌。

二、对习惯性违章操作行为的认识与分析

河豚肉是世上难得的美味之一，而河豚毒素是剧毒无比的致死剂。在美味的诱惑与死亡的恐惧之间，有人不顾危险选择了美味，有人因此而失去了宝贵的生命。这就有了"拼死吃河豚"这一说法。河豚毒素是永远存在于河豚体内的人类致死剂，但河豚肉也天天有人在品尝。正因为河豚肉处理得当（但并不保险），吃后不一定致死，而且非常美味，这就引出了大批拼死去吃的尝鲜者。生活中这一奇特的现象，使我们联想到了企业生产中的习惯性违章操作。

违章者大都知道自己的行为是有问题的，但关键是违章给违章者带来的"好处"是显而易见的，如省时、省力、快捷等。更重要的是违章后不一定会给违章者或他人造成必然伤害的后果，这同"拼死吃河豚"的心态极其相似。所以，违章者如果第一次违章没发生事故，那么他就可能会一而再，再而三，或者一辈子地违章下去，这就形成了所谓的习惯性违章现象。

统计分析表明，习惯性违章操作是引起事故的主要原因之一，其隐蔽性和顽固性是安全管理者一直寻求解决而又难以攻克的一道难题。下面，就习惯性违章操作的特征及其产生原因和纠正方法进行分析。

1. 习惯性违章操作的特征

所谓习惯性违章操作，是指那些职工习以为常的、经常性的、与安全管理制度或操作规程相违背的操作方法。习惯性违章操作具有以下几个特征：

（1）方便性

习惯性违章操作一般都比较方便、顺手，往往还能省工省力，简单易行，职工往往能自觉或不自觉地违章。

（2）实用性

习惯性违章操作往往能较快地处理生产中遇到的问题，而用正规的方法则很可能要花更多的时间，付出更多的劳动，这也是职工很容易学会并更愿意违章的原因。

（3）隐患的隐蔽性

从理论上讲，违章操作都是不安全的，但不安全的程度和发生的概率有所不同。有的一违章就必定发生事故，有的则不一定发生事故。习惯性违章操作就属于后一种，其隐蔽性一般不能一眼识破，以致职工慢慢忽视了其隐患之所在，久而久之甚至将其看成了"正确"的操作。

（4）传递性

习惯性违章操作因方便、实用，而危险源容易被职工用一些不规范手段绕过而趋吉避凶，职工之间往往能自然而然地互通有无、相互学习，有的职工还能"无师自通"甚至"捍卫发展"。所以，习惯性违章操作有很强的生命力，能在职工中世代相传。

2. 产生习惯性违章操作的原因

习惯性违章操作的表现形式很多，产生的原因也相当复杂，既有主观原因，也有客观原因；既有人的生理特征的影响，又有设备本身不合理或管理不严等因素的影响。归纳起来，产生习惯性违章操作的原因主要表现在以下几个方面：

（1）设备结构不合理

主要反映在设备结构不符合人体的生理特征，按正规的操作不方便或耗时耗力，从而引起习惯性违章操作。如木工平刨的防护栅，当职工拿木料推开防护栅刨木时，视线往往被挡住，造成木料刨削量难控制，同时由于木屑堵塞防护栅难复位，使每天都要花很多时间去清扫防护栅，因而防护栅被木工弃而不用而改用手推压板。手推压板对刨木有较好的防伤功效，但对手部误触刨刀却不能起到防护作用。

（2）惰性的影响

人或多或少有点惰性，总想简单一点、方便一点，喜欢走捷径。正规操作能防患于未然，但往往不能直接避免事故，其效果不能马上显现，且正规操作相对来说比较麻烦。与此相反，习惯性违章操作恰恰具有快捷、干净利索等表面特征，与人的惰性相符，所以很容易被接受。

（3）违章不见得立即发生伤害事故

习惯性违章操作一般情况下不会发生事故是职工容易接受的又一重要原因之一。可以说，违章操作仅是发生事故的必要条件，并不是充分条件。隐患要变成事故往往需要许多偶然因素凑在一起。正是基于这一点，许多职工产生了侥幸心理，对习惯性违章操作也就不愿改正，听之任之。

3. 习惯性违章操作的辨识

要识别习惯性违章操作，关键在一个"章"字上做文章。不管习惯性违章操作多么隐蔽，只要用现代安全管理的事故成因理论分析，就很容易分辨出来。依笔者多年从事安全工作的经验，总结出以下几点鉴别方法：

（1）查操作是否违反有关规章制度，如与规章制度相抵触的，一定是违章的。

（2）查操作是否符合设备的使用要求与设计要求。

（3）分析此种操作是否会引发能量失控或人的误操作。

（4）分析事故案例，看历史上是否因此种操作而发生过事故。

4. 纠正习惯性违章操作的对策

要纠正习惯性违章操作，必须遵循"以人为本、因势利导"八字方针。以日本治理吃河豚为例，日本首先是立法治理，建立烹调河豚学校。厨师必须领取烹调河豚合格上岗证才能上岗操作，并指定部分饭店准许烹调河豚，不滥发牌照，定期审证，违者依法论处。因此，日本每年吃河豚中毒个案都控制在较低水平。

纠正习惯性违章操作，应该采取的对策主要有以下几个方面：

（1）提高职工对习惯性违章操作危害的认识，方法是加强教育。开展此类教育不能搞形式，走过场，要结合实际，多举实例，特别是多举本企业、本车间、本岗位曾发生过的事故的例子，使职工有所触动，就能收到较好效果。

（2）加强领导及管理人员对习惯性违章操作的监督。领导及管理人员对习惯性违章操作监督不力、听之任之，也是习惯性违章操作存在的重要原因之一。这就要求管理者加强法律意识，摆正安全与生产、安全与效益的关系，并通过承包制、责任制等行政、经济手段加大管理者对习惯性违章操作的监督力度。

（3）因势利导，使部分违章操作无害化。习惯性违章操作之所以能成为习惯，有其省时、省力的一面，那么，如果能因势利导，使其有害的一面无害化，可以使生产效率大大提高。因此，改良设备，加强对危害源的保护，化有害为无害，也是纠正习惯性违章操作的一种方法。

（4）推行操作标准化、制度化。推行操作标准化、制度化，是纠正习惯性违章操作最有效、最科学的办法。习惯性违章之所以禁而不止，与许多企业没有进行规范化、制度化管理有很大的关系，因此，加强企业立"法"，开展企业安全评价标准化及企业现场管理，是企业杜绝习惯性违章操作的必由之路。

（5）严格执法。制度建立后，必须做到有法必依、执法必严、违法必究，因此加大监督力度非常重要。这就需要开展经常性的检查或抽查，发现一个，处理一个，并处理得当事人心痛、旁观者心惊。唯有如此，才能真正根除习惯性违章操作。

三、对违章行为的分析与控制

统计资料表明，由于违章造成的事故占事故数的 70％以上。尤其应引起重视的是，重复性的违章已成为引发事故的顽症。因此，对各种违章行为进行归类、分析，并制定相应的防范措施，从根本上解决这一难题，对于企业现实的安全管理工作具有重要的指导意义。

1. 违章行为的类型

因行业、专业、岗位、地域、季节等不同，违章行为的表现也千差万别。分析其始发心理和管理缺陷，大致可以分为以下几种类型：

（1）冒险性违章

冒险性违章，就是对自身、设施、设备起安全防护作用的用具或规定认为是多此一举，从而弃之不用。如登高作业不系安全带，或者是进罐作业没有监护人，在矿井下操作不戴安全帽等。冒险性违章还有一种表现形式，就是滥用防护用品。如铣工戴手套取车床上的工件，或者戴手套在运转中的机械上注油、检修、清扫等。冒险性违章的最大特点就是，一般情况下不易引发事故，从而使安全意识较差的员工容易产生冒险的冲动。

（2）习惯性违章

习惯性违章，就是对违章行为习以为常，把错误的组织、操作当成顺理成章。它大致产生于两种情形：一是不知道正确、安全的组织和操作方法；二是知道正确的组织和操作方法，但是当新的安全装置投产或改变工艺或采用新工具设备时，因旧的工作习惯一时没有改变，或喜舒适、图方便，从而下意识地操作而造成的违章。

（3）侥幸性违章

侥幸性违章，就是在进行生产组织、具体作业的时候，组织者和操作者已经预见到潜在的危险，但这种危险的程度并不大，在侥幸心理的驱使下违章指挥、违章作业。它的产生往往是由于在无意或有意进行了第一次违章或者是知道他人有过同类违章行为的发生，但没有酿成事故的情况下，产生了侥幸心理。如汽车司机利用斜坡下滑起动成功一次，再遇到有坡度的地方，他就会采取这种方法起动。

（4）被动性违章

被动性违章，就是明知操作是违章行为并具有潜在的危险性，但受一定条件的制约必须违章，否则就完不成任务，或面临人身胁迫等。

（5）异常性违章

异常性违章，就是大脑出现短暂的"真空"状态，指挥系统失灵，引发操作失控。它的表现形式很多，例如特殊情况下大脑缺氧，短时间心绪紊乱，长时间连续作业引起疲劳过度，大脑、手、脚失控，身体机能有缺陷导致不能完成正常的操作等。

（6）记忆和判断失误性违章

这是由于训练不足丧失"短期记忆"而对安全事项想不起来，或在作业时，突然因外来干扰使判断失误发生的违章。如一埋头伏案设计的电气工程师，忽然想起要测一下变电站电机的相应尺寸，于是没有换工作服而穿着长袖衫到低矮的变电室屈身蹲下去实测，头上有高压线，正当测量之时，突然右衣袖脱落，他下意识地举手企图卷上衣袖，结果手扬起时指尖接触电线而触电死亡。这是典型的记忆性违章，假使身穿工作服，后面一连串的事故就不至于发生。

（7）环境性违章

指个体受到外界的刺激促成心理异常而发生的违章，如环境引发兴奋过度、忧愁担心、发怒等心理反应影响了对危险的预见，或根本不考虑危险，致使操作违章等。

2. 产生违章行为的原因

行为科学指出，人的行为受个性心理、社会心理、社会、生理和环境等因素的影响，产生个体违章行为的原因是复杂的。通过对大量的人为事故进行分析，得出违章原因主要有以下几种：

（1）技术不熟，能力不强，盲目蛮干。操作者没有熟练掌握操作规程，没有工作经验，又不向他人请教，没有察觉到危险的存在，这是产生冒险性违章的主要原因。

（2）自以为是，习以为常。操作者自认为从事该项工作多年，很有经验，对不安全行为习以为常，满不在乎，甚至在工作条件和环境发生变化后也没有引起足够的重视，始终凭经验办事，这是产生习惯性违章的主要原因。

（3）心存侥幸，思想麻痹。在遇到难干、麻烦的工作时，只图省事、省力尽快完成任务，虽然感到操作有一定的危险，但认为问题不大，对潜在的风险未有足够的警觉，这是产生侥幸性违章的主要原因。

（4）生产作业条件受限。生产现场设备相对简陋，作业环境恶劣，加之生产任务又紧，作业人员只能利用现有的条件来完成生产任务，很难有其他的选择，这是产生被动性违章的主要原因。

（5）力不从心，疲劳作业。操作人员过于疲劳，感觉机能减弱，注意力下降，动作准确性和灵敏性降低，人的思维和判断错误率提高，无法正常操作，从而产生异常性违章或记忆和判断失误性违章。

（6）受情绪影响，意识不集中。受到外界各种因素的刺激，心情不好或情绪激动，大脑皮层极度兴奋，注意力难以集中到生产作业中去，这种情况容易导致环境性违章。

3. 对违章行为的控制

从发生机理上讲，任何事故都是可以防范的，同样，任何违章行为都是可以控制的。企业的安全管理人员可以在对各种违章行为进行分类、分析其表现形式和产生的具体原因的基础上，根据违章行为的危害大小，对症下药，有重点、分先后地整治各类违章。

（1）努力提高设备本身安全配套水平，尽量减小违章行为对企业安全生产的影响。安装安全保险装置，目的在于尽量降低机器设备的危险程度，使事故造成的损失最小化。如高压设备的安全阀、泄压阀，电路中的过压、过流自动保安器；电气设备的接地、接零装置；冲压机械的安全互锁器；金属剪切机室的出入门互锁装置等。同时，还可以实施有效的隔离防护。能量意外释放理论认为，事故是能量的非控制释放造成的，工伤是非控制能量直接作用于人的结果。这些能量形式有机械能、电能、热能、化学能、电离及非电离辐射、声能和生物能等，其中意外释放的机械能是造成工业伤害事故的主要能量形式。因此，只要对这些能量进行有效的屏蔽、隔绝，对员工个体进行控制、防护，就可以防止非控制能量对个体造成伤害。

（2）建立科学、规范的安全教育培训考核机制，努力提高生产指挥人员和操作人员的岗位胜任能力。要建立现场管理、作业人员安全教育培训台账，考核不合格者，不准上岗。培训内容应包括安全生产法律法规、标准、规章制度，安全生产工艺技术、操作规程，安全生产责任制等。通过培训应使员工懂得某项工作应该做什么，不应该做什么，具体怎样做。

（3）形成立体化的现场监督检查机制。查治违章行为单靠安全管理人员的力量是不够的，必须动员各方面的力量，形成合力才能真正从整体上控制违章现象的发生。查纠违章要分清主次，集中力量分而治之。首先要通过广泛开展群众性的"反三违"活动，提高广大员工对违章行为危害的认识和反违章意识，形成现场管理人员和岗位操作人员之间相互监督的氛围，从而对相互间的违章行为及时进行批评纠正。其次是通过开展经常性的检查来查治违章，对生产岗位普遍查、要害岗位反复查、危险作业蹲点查、隐患部位跟踪查、特殊时期重点查，使违章行为无藏身之地。

（4）逐步建立健全与安全生产有关的规章制度，有效控制违章行为的发生。违章行为的发生除与个体自身的素质、现场作业条件等因素有关外，还与企业的管理互为因果关联，如果管理制度没有违章行为约束，势必导致违章现象的泛滥；反之，司空见惯的违章行为必然造成管理制度的虚设。因此，企业建立查治违章行为的管理制度是十分必要的。有的企业建立违章积分卡制度，制定违章行为具体记分办法，及时如实记录个体违章行为，积分达某一定值时，按规定进行处罚。

四、人的心理对安全行为的影响与控制对策

在企业生产过程中存在着各种危险性，特别是石油化工企业的生产过程，具有易燃易爆、高温高压、有毒有害的特点，容易发生各类事故。从石油化工行业各类事故的特点来看，属于"三违"事故的每年都要占相当大的比例，而"三违"事故的根源都可追溯到人的不安全行为的影响。为了控制这类事故的发生，研究人的心理对安全行为的影响并在实际工作中进行引导，从而指导安全生产，具有十分重要的意义。

1. 事故成因与人的关系

在事故成因的各要素中，人是主要因素。人既是管理的主体，又是管理的客体，既要靠人去管理，又要对人进行控制。所以，减少和杜绝"三违"事故就是要对人进行管理。

人的行为是受心理意识支配的。事故与人的心理和行为有着密切的联系。一般来说，人有什么样的心理和行为，就会出现什么样的安全工作状态，如果每个人都从思想上重视安全，熟练掌握了本单位、本岗位的科学知识、操作技能，明确了本岗位的安全生产责任，清醒地认识到本岗位安全生产工作的重要性、发生事故的危害性，就能有效地控制、减少甚至杜绝各类事故的发生。

2. 人的心理和行为规律

由于每个人的生理特征、工作条件和生活条件不同，所处的地位以及所受的教育程度不同等，每个人的心理过程都具有自身的特点。人的安全行为，同样基于人的心理作用，往往是在主动积极因素的影响下，达到控制各类事故的目的。由于人受到主动积极因素的影响，使人产生安全需要，引起正确的动机，有了安全行为，从而达到控制事故发生的目的。

人的心理和行为规律，说明人的心理是可以预测的，人的行为也是可以引导的。从这一点出发，在安全管理中需要强调激发人的内在动力，施加对人的主动影响是非常重要的。

3. 影响人的不安全心理和行为的因素

人的心理状态与受到的影响密切相关。因为人不是独自存在的，不可能脱离现实社会，所以任何社会现象都会在每个人的心理上得到反映。人有行动自由，所以人的活动易受环境条件所造成的心理影响。主要影响因素包括以下几个方面：

（1）受企业管理水平影响

这主要表现在企业管理水平、技术水平、劳动环境、劳动组织等方面，都容易对企业

职工产生较大影响。如果企业的管理水平和技术水平高、劳动环境舒适、劳动组织合理，就会使职工对本岗位产生兴趣，激发职工对工作的热爱、对事业的信心，从而增强安全责任感。这对严格执行安全操作规程和各项制度，提高工作效率具有积极的推动作用。同时，如果企业领导重视安全生产，并将其融入全面的企业管理中，也会取得企业的良好发展。

（2）受企业经济效益影响

人工作是为了获取应得的劳动成果，如果企业效益好、管理好，职工的物质生活得到保障、改善、提高，就能促使职工自觉珍惜本岗工作，努力工作，多创效益，同时也会增加职工对企业的依赖性、可信度和工作使命感。

（3）受生产性因素影响

主要表现在家庭环境、个人心理状态、居住条件、就业交通、服务质量等方面，也会对人的心理状态造成不可忽视的影响。

（4）受习惯性因素影响

单位传统习惯、集体内工作气氛对职工的心理影响非常大。在一个小团体内往往容易形成一些不成文的、非正式的习惯。这也可以看作是一种从众心理，是人们在适应群体生活中产生的一种反映，不从众的人会感到有一种社会的精神压力。在这种心理的作用下，不安全行为也易被仿效。如在工作中某一个或者几个人的违章行为没有发生事故，那么其他同事很容易跟着那么做，如果不这样做，可能会被同事说技术不好、胆小、怕死等，所以这种从众心理极易引发事故，严重威胁安全生产。

（5）受教育程度影响

一个人所受教育程度如何，对安全生产有较大影响。受安全教育的程度越高，安全意识越强，对本岗位的危害性认识越清，行为就会越规范，思想往往能与当前安全管理要求相适应；反之，受安全教育程度浅的人，往往缺乏安全意识，行为就不一定规范，甚至盲目进行违背客观规律的行为和操作，或者瞎指挥，造成事故。

（6）受侥幸心理影响

海因里希 1∶29∶300 的事故法则告诉我们，伤害事故的发生是一种小概率事件，一次或多次的不安全行为不一定会导致伤害。所以，在生产工作中，一些有着多年从事某一项工作的"权威"员工，在自己的多次违章中没有发生事故，会认为自己这样干了近一辈子工作也没有出过什么事，就容易凭经验而忽视各种安全技术操作规程，不考虑生产过程中经常变化的复杂因素，容易引发事故。这种凭经验、侥幸心理状态下发生的违章行为实为明知故犯，其危险程度最大，后果也最为严重。

（7）受节省能耗心理影响

人总是希望以最小的能量消耗取得最大的工作效率，这是人类在长期生活中形成的一种心理习惯，也就是说我们每个人都有惰性，这种心理给人类进步带来好处，在长期的生产劳动中促使人类不断改进劳动工具，从而使生产向更加自动化的程度迈进，推动了人类生产力的不断进步。然而，在这种心理因素的驱使下，有些操作者在工作中因为嫌麻烦、怕费劲，就会省去一些必要的操作步骤和不使用必要的安全防护设施及劳动用品，从而引发事故。

（8）受逆反心理影响

在某些时候，人会存在好奇心、好胜心，或对某些事物存在偏见、对抗或抵触，在这种心理状态下，人常常会产生与常态心理相对抗的心理状态，偏偏去做出一些不该做的事而引发事故。

4. 控制人的不安全行为的对策

探讨人的心理和行为规律，掌握人的不安全心理和行为影响因素，目的在于对职工的不安全心理进行预测，对职工不安全行为有效地采取相应的控制、调节措施。并针对不同环境、不同条件下职工的不同心理状态采取相应的对策，消除消极因素，调动积极因素，以便做好事故的预防，杜绝不安全行为。

在使用这些方法的过程中，关键是要运用人的心理活动和行为规律调动职工的工作积极性，培养其敬业爱岗精神。

（1）要善于从实际情况出发。人的心理是极为复杂多变的，它一方面有其共同的规律；另一方面有其差异性，即所谓的个性。因此，解决安全问题必须从实际出发。解决人的思想问题要善于抓症结所在。一个人缺乏责任心的原因可能很多。必须具体情况具体分析，对症下药，才会做到一把钥匙开一把锁，达到预期目的。

（2）坚持正面教育诱导为主。可以从心理活动规律出发利用外部条件对主体实施影响，启发其自觉地进行思考和判断，因势利导。对职工进行心理诱导，在日常工作中善于发现职工的兴趣、爱好、特长、性格、情绪及行动意向等，然后根据工作意图，选择有利因素进行适当的诱导。

（3）在提高职工的安全意识上下功夫。在认识过程中，印象的产生、概念的形成、规律的发现，无不有意识在起作用。顿悟和灵感的出现，也是有目的的系统思维结果。因此企业安全工作中，提高职工的安全意识会发挥其明显的作用。

五、对十种常见违章人员的心理分析与预防对策

前文已经多次讲过，事故与人的违章操作行为有很大的关系。在实际生产活动中，有十种常见的容易产生违章行为的人，也是容易出事故的人，因而防止和纠正此类人员违章，就可以有效减少事故的发生，提高安全可靠性。

1. 十种常见违章人员的心理和行为表现

十种常见违章人员如下：

（1）初来乍到的新工人

由于上岗时间短，对生产操作技术和安全操作规程不熟练，缺少处理问题的经验，凭着自己的感觉和胆量行动，随意行动，糊里糊涂地作业。

（2）心存侥幸的人

这种人有违章作业而未发生事故的经历，认为违章作业未必出事故，即使发生事故也不一定造成人身伤害，因此操作时碰运气，相信不会发生事故。

（3）冒险行事的人

这种人一般为了争取时间，不按照操作规程作业，明知道违章行为有危险，认为胆大心细就不会有事，企图消除或减少某种存在的不良影响，或者自以为能够一举成名，而不听劝阻，冒险行事。

（4）满不在乎的人

由于是经常性的操作，没有发生过事故，逐渐习以为常，感到没有危险，因此产生麻痹思想，从而不能注意到出现的反常现象，仍然按照往常的方法进行操作，放松了对危险因素的警惕和防备，导致错误操作的发生。

（5）自我表现的人

这种人以青年员工居多，虽然参加工作时间不长、工作经验不足，但常常表现得很自信，在其他员工或领导面前喜欢表现自己的能力，对于并不熟练的操作充内行，甚至硬充好汉，不量力而行，导致危险发生。

（6）省事取巧的人

为了少费力，图省事，把一些必要的安全操作规定、安全措施和安全防护器材或设施当成麻烦的形式，甚至觉得碍事或多余，弃之不用，造成出现异常情况时，各种防护措施失效。

（7）盲从而无主见的人

由于看到其他人员不遵守安全规程，并未发生事故，而出于从众心理仿效他人，或者怕其他人员说自己"胆小"或"技术不行"，迫于精神上的压力而不能坚持遵章守纪，导致盲目从众违章行为的发生。

（8）心神不定的人

由于在工作岗位、家庭生活或者社会生活中受到刺激，或者生理上的不良反应，导致在工作岗位上注意力不集中、精力不足或者情绪不稳定，而疏忽应遵守的操作程序或应采取的安全防范措施，导致"无意识"的违章行为发生。

（9）固执己见的人

由于从事工作的时间较长，积累了一定的经验，而过分相信"自我经验"，凭着自己片面的"经验"行事，不能接受别人的提醒和建议，不能及时觉察异常情况，或者采取相应的处理方法，仍沿用过去的方式进行操作，导致危险发生。

（10）违章蛮干的人

由于存在思想上的偏见或对抗情绪，而不听从管理人员的指导和规劝，自恃懂技术，而采取不合作的方式，"你要我这样干，我非要那样做"，从而发生违章行为。

2. 预防违章操作行为的控制对策

控制操作行为的目的在于保证各项规章制度和生产指令能够有效地得到执行，严格地按照操作规程进行作业活动。

（1）预先控制

预先控制是指针对某项具体的工作任务，对可能发生的情况进行预测，做好应对各种异常情况的准备，使作业活动计划周密，对员工进行事先安全警示，防患于未然。包括以下几点：一是使员工确实掌握工作任务的实施方法和实施程序；二是可能出现异常情况时应采取的应急处理措施；三是对材料、操作工具和安全防护器材的准备。

（2）现场控制

安全主管人员应深入现场，亲自监督检查，指导和控制操作人员的活动，以保证执行规定的程序。这方面工作包括：对操作人员提出恰当的工作方法和工作程序；监督操作人员按照规定程序操作；发现不安全的行为或者防护措施存在缺陷，及时采取纠正和改进措施。

（3）反馈控制

反馈控制是指对作业活动的结果与工作要求进行对比和考核，对操作人员进行物质和精神上的奖励。具体包括：查找已经产生的或者即将产生的偏差；分析工作偏差可能存在的原因和对未来可能的影响，及时制定纠正措施以防偏差继续发展成为隐患；对产生工作偏差的员工进行业绩考核，给予适当的惩戒，以防今后再度发生。

3. 预防违章操作行为的管理对策

（1）加强安全教育培训是预防违章操作行为的基础。安全教育培训是安全管理工作的首要任务，采用多种教育培训形式进行安全生产方针、法律法规、劳动纪律、安全知识和工艺操作规程的学习，使员工认识到安全生产规章制度是维持生产正常秩序、保护员工生命安全和身体健康的准则，始终做到严格遵守各项安全生产规章制度，防止违章操作行为的发生。

（2）加强安全教育，从心理上排除不安全因素。要特别注意抓好根据各种人的不同心理特性，采取"一把钥匙开一把锁"的安全教育方式，从心理上排除不安全因素，强化员工的安全生产意识，使其掌握劳动安全技术和防护知识，提高个人安全素质。

（3）搞好现场安全监管是制止违章操作行为的关键。作业现场是员工生产活动的场所，也是发生"三违"的场所。各级安全管理人员都要深入作业现场，检查员工是否做到自觉遵守安全操作规程和各项安全生产规章制度；检查设备、工具和安全装置是否齐全完好；检查员工是否坚持在生产岗位上正确、合理使用劳动防护用品；及时发现并制止或纠正违章操作行为。

（4）全员参与治理是防治违章的保障。反对违章应从各级领导做起，坚持"领导是单位的第一安全责任人"的思想，领导要把安全工作当作头等大事来抓，以身作则，做遵章守纪的带头人。各级职能管理部门的管理人员要发挥监督管理作用，利用安全生产责任制的约束作用和经济责任制的激励作用，层层抓制度的执行。基层员工在生产一线的工作中，相互协调、相互监督，通过自查自改，消除身边的违章行为，坚持做到"不伤害自己、不伤害他人、不被他人所伤害"，从我做起，防止违章操作行为的发生。

第六章 企业管理心理因素与安全

企业管理是对企业的生产经营活动进行计划、组织、指挥、协调和控制等一系列职能的总称。安全管理属于企业管理的一个重要组成部分。对于安全管理，企业需要以"以人为本"作为管理活动的中心，它的结合点在于人的心理效应，人既是管理的主体（即管理者），又是管理的客体（即被管理者）。企业中每个人都处在一定的管理层次上，心理活动的基本点和行为表现均有差异，在管理形式上既管理他人，又被他人所管理。因此，通过管理活动上下衔接形成一条"以人为本"的管理链，离开人，就无所谓管理。管理又是生产力，而且是生产力中至关重要的"软件"，只有不断开发与应用，才能提高现代管理水平。对于企业安全管理来讲，需要重视管理中人的因素，重视人的心理活动与心理因素，这样才能更好地做好安全管理工作。

第一节 领导行为与安全心理

安全管理同其他管理一样，离不开领导者的作用。一个企业安全管理机制中的一个重要因素，是这个企业与安全有关的各级领导者的行为特性。不同的领导行为特性会带来不同的安全管理工作效率，而领导的行为特性又是由不同的领导心理决定的。因此，在研究安全管理心理问题的同时，研究安全领导和安全领导心理问题成为安全管理心理学中的一个重要前沿课题。

一、安全工作需要安全领导

1. 领导的概念

在汉语里，"领导"既是名词又可作动词，人们习惯地把领导人称为领导，同时把领导者的行为也称为领导。事实上，领导者与领导是两个不同的概念。在管理心理学中，为了便于对管理过程中领导者的心理和行为进行分析，一般有意将"领导"与"领导者"这两个概念区别开来。

什么是领导？概括地讲，领导是某个人指引和影响其他个人或群体，在一定条件下实现某种目标的行动过程。而对他人实施影响、致力于实现领导过程的人，即为领导者。

领导者是组织中那些有影响力的人，他们可以是组织中拥有合法职位的、对各类管理活动具有决定权的主管人员，也可以是一些没有确定职位的权威人士或非正式群体中的"头领"。领导是领导者运用权力或威信对被领导者进行引导或施加影响，以使被领导者自觉地与领导者一道去实现群体目标的过程。领导是管理的基本职能，它贯穿于管理活动的整个过程。

2. 领导的基本功能

领导者在领导活动中所表现出来的行为就是领导行为，领导行为的影响和作用体现为领导功能。领导的基本功能可以分为组织功能和激励功能两个方面。

（1）领导的组织功能

实现行动的目标是领导过程的最终目的。围绕这个目的，生产企业的领导者必须根据企业的内外部条件，生产需要与可利用资源，制定企业的目标与决策，建立组织管理机构，科学合理地组织使用人力、物力、财力，实现最终生产目标。领导者在实施领导的过程中，只有通过有效的组织，提供合适的工作环境和条件，才能引导（影响）被领导者实现行动目标。

（2）领导的激励功能

所谓激励，就是调动被领导者的主动性、积极性、创造性的过程。激励功能是领导的主要功能之一。对于领导者而言，组织功能尚可借助他人的知识与能力实现，而激励功能是不能借助于他人的。任何一个领导者，若不能发挥好领导的激励功能，目标与决策再好，组织机构再合理，管理再科学化、现代化，也不能很好地实现组织与企业的目标。领导的激励功能主要体现在：提高被领导者接受和执行目标的自觉程度，激发被领导者实现组织目标的热情，提高被领导者的行为效率。

3. 企业领导者常采用的激励手段

企业领导者常采用的激励手段包括：

（1）职工"参与"激励

即将组织目标与职工的个人目标（利益、需要、方向）统一起来，实行参与式的民主管理。发动职工参与制定目标，进行决策，增加组织目标与决策的透明度，提高职工接受和执行组织目标的自觉性与积极性。

（2）领导者"榜样"激励

即领导者以身作则，在职工中起模范带头作用，这对于调动职工的积极性是至关重要的。

（3）职工需要"满足"激励

即合理地满足职工的各层次的多种需要，激发职工实现组织目标的热情。

（4）职工素质"提高"激励

即在领导者的支持、帮助、关心、培养和使用下，职工通过自身素质的提高，提高实现组织目标的期望水平，从而能够更好地工作。

二、安全领导的作用

1. 安全领导与安全管理的区别

在现代企业安全生产工作中，安全领导和安全管理均不可缺少，两者是一种相辅相成的关系。管理与领导的概念既有联系，又有区别。安全领导（安全领导者）和安全管理（安全管理者）有如下区别：

（1）安全领导要研究企业安全生产中带有全局性、宏观性或战略性的问题，强调的是确定安全方针、阐明安全形势、构建安全远景规划、制定安全生产战略等；安全管理则是研究具体的安全工作与问题，强调的是制定详细的安全工作日程，安排几个月或一年的工作计划，分配必需的资源，以实现组织的安全目标。

（2）安全领导者的任务是解决单位或组织中安全与生产之间带有方向性、战略性、全局性的问题；安全管理者的职责是进行危险辨识、安全评价、安全措施计划、安全控制、事故管理等工作。

（3）企业的安全领导者与一般领导者是融为一体的，是在组织或团体中具有权力、地位（职务）或相当影响力的人物，一般是企业的最高领导者或由其委托的其他高层领导者；而安全管理者除专门从事安全管理工作的人员外，还包括各个基层的领导人。安全管理者的人数要多于安全领导者。

（4）安全领导侧重激励和鼓励员工，授权给员工，鼓励他们通过满足自己的需求实现安全生产；安全管理意味着完成安全生产活动，支持、控制日常工作。

（5）安全领导者一般是带着情感进行活动，他们探索的是形成安全的思想和文化，而不是做出反应，他们的活动是为企业长期的、高水平安全发展问题提供更多可供选择的解决方案；安全管理者则是事务型的，更喜欢同别人一起工作，共同解决安全问题，但工作中很少包括情感因素，他们采取措施增强规范性、减少不确定性。

2. 安全领导影响力

影响力是指一个人在与他人的交往中，影响和改变他人心理与行为的能力。安全领导影响力，是指安全领导在管理过程中，影响和改变他人心理与行为的能力。依据影响力发生作用的性质，可分为权力性影响力与非权力性影响力两类。

权力性影响力也可称为强制性影响力，它由社会赋予个人的职务、地位、权力等因素构成。这种影响力并非人人都有，仅仅属于社会结构中居于领导者角色地位的人才有。权力性影响力的特点是，对别人的影响带有强迫性与不可抗拒性，以外推力的形式发生作用。在它的作用下，被影响者的心理和行为主要表现为被动、服从。因此，它对人的心理与行为的激励是有限的。

非权力性影响力也称为自然性影响力，这种影响力与法定权力无关，它不是外界所赋予的，而是由影响者的自然状态所引起的。只要有合适的被影响对象，这种影响力人人可以具有。非权力性影响力的特点是：对被影响者所产生的心理和行为影响是建立在使他人感到信服的基础上，以内驱力的形式起作用，在行为上表现为自愿、主动。因此，它对人的激励作用要比强制性影响力大。

非权力性影响力主要是由领导者的品德、才能、知识和情感因素所组成。

（1）品德因素

领导者的品德因素主要包括道德、品行、人格、作风等，其反映在领导者的一切言行中。领导者具有优秀的品格会给自己带来巨大的影响力，会使被领导者对自己产生敬爱感，能吸引、诱使他人去模仿；相反，品德不良，无论职位多高的领导者，其影响力也会丧失殆尽。由此可见，品德因素是影响力的重要组成部分，也是领导者自我修养的重要内容。基于这点认识，一些企业在领导者的人才选拔中，特别重视对候选者的品德乃至他个人婚姻与家庭生活等方面的考虑。

（2）才能因素

所谓才能因素，是指领导者的聪明才智和工作能力。才能不仅反映在领导者能否胜任自己的工作，更重要的是反映在工作业绩上。一位才能出众的领导者，不仅给自己的事业带来成功，而且还能以此赢得他人对自己的敬佩，使人们自觉地接受其影响。

（3）知识因素

知识本身就是一种力量，知识渊博的领导者，会使人产生信赖感，增强影响力。知识面狭窄、孤陋寡闻的领导者，其影响力会大为减色。

（4）情感因素

情感是融洽人际关系的重要因素，领导者与被领导者之间建立良好的人际关系，有着深厚的情感，就会使领导者的行政和业务管理工作得心应手。情感常常成为搞好领导工作的催化剂。

3. 提高安全领导影响力的途径

如前所述，安全领导影响力包括权力性影响力和非权力性影响力两个方面。其中，权力性影响力在整个安全领导影响力构成中占主导地位，起决定作用；非权力性影响力只占次要地位，而且其强度往往受后者的制约。

安全领导者在使用合法的权力性影响力时要注意以下几个方面：

（1）要持审慎的态度

安全领导不同于安全管理，安全领导要求使用权力的人，不仅要按规章制度办事，更要真正做到秉公办事，要避免过多地采用强制手段。有职权者必须注意，对行使权力来施加影响一定要持慎重态度。

（2）要具有无私精神

安全领导者必须以身作则，在安全规章制度和纪律面前，要做到罚不避亲、赏不避仇，这样才能取得运用合法权力的良好效果。

（3）要善于授权

授权是现代安全领导工作和安全管理工作中的基本行为。授权就是由上级安全领导者委授给下级员工一定的安全责任和权力，使其在安全领导者的监督下，能够相当自主地处理有关安全生产的事务，采取必要的正确行为，防止伤害事故的发生。员工授权可以使员工在安全决策上有充分的发言权，可以自动发起并实施对安全的改进，为了自己和他人的安全对自己的行为负责，并且为自己所在组织的安全绩效感到骄傲。因此，作为安全领导者必须学会授权并善于授权。

（4）要注意给予具体指导

作为安全领导者不能只是要求部属做什么与如何做，而且要让部属了解和懂得其中的安全原理和原因，要他们知道"所以然"。为此，就要求安全领导者做具体指导，使部属在安全工作的每一个环节中都能洞察下一环节和本环节的有机联系，使他们始终保持安全行为，防止由于无知或蛮干导致的事故。

4. 正确使用非权力性影响力

一般来说，权力性影响力是企业安全领导实施安全决策的主要依靠，但若完全依靠权力性影响力来推动安全领导工作却又难以持久见效。这是因为非权力性影响力要比强制性的跟从自然得多。权力性影响力确定之后，提高非权力性影响力就成为关键，包括不断提高安全领导者自身的德、学、才、识和感情及人际交往方面的影响力。

在提高非权力性影响力时要注意以下两个方面的问题：

（1）要注意主次关系。在非权力性影响力的诸因素构成中，要以品德、才能因素为主，以知识、感情因素为辅。

（2）当一个安全领导者的品德、才能达到相当水平时，感情因素就十分重要了。知识因素也随之成为一个关键因素。尤其是在今天科学技术突飞猛进的时代，作为安全领导者，必须努力学习和掌握更多的安全知识，才能适应新环境、新情况、新要求。

总之，安全领导者应该在工作实践中不断提高自身的影响力，特别是要扩大和加强自己的非权力性影响力。实践表明，越是优秀的领导者，他所依靠的就越有可能是其本身所具有的非权力性影响力。

三、领导行为与安全

1. 领导行为

领导行为是指领导者在领导过程中的所作所为。领导者在领导过程的不同阶段中因情境和任务需要会表现出不同的领导行为。

领导行为有以下一些特点：

（1）领导者不同于管理者。领导是一种影响力，是影响个体、群体或组织来实现所期望目标的各种活动的过程。领导者的权力是个体影响其他个体或群体的能力。领导与权力、权威不可分，领导要很好地运用权力树立权威。

（2）领导者是领导活动的主体，他是集权、责、服务于一体的个人或集体。被领导者是领导活动的对象和基础，是领导者所辖的个人或团体；环境是领导活动的客观条件。

（3）领导现象与领导行为的关系。在任何群体中，一般都存在领导现象；有效的领导行为可以导致领导现象的产生，而无效的领导行为则不可能导致领导现象的产生；领导现象不一定是领导行为的产物。

（4）决策是领导者的基本职能，是决定领导活动成败的关键因素，也是衡量领导者领导水平高低的重要尺度。作为一名优秀的领导者，要努力掌握科学决策的方法和艺术，实现领导决策的民主化、科学化。

2. 领导决策与安全

领导者的主要职责是决策，然而，领导者不是完人，由于经验、身份、专业知识、行为习惯等多种限制，一个人做出决定会有很大风险。那么，降低风险的必要措施就是征求意见，尤其是要多听持不同立场者的意见。用一句老话来说，就是兼听则明，偏信则暗。全面听取各方面意见对制定全面且明智的决策是很有必要的。

领导者必须取得下级信任。决策权属于领导者，而执行要靠下级。领导者在贯彻自己做出的决策时应该采用说服而非命令的方式，以排除执行障碍。因为只有下级理解并且信服的时候，才能够高效、高质地执行决策。

领导者决策方式很多，比较常见的有以下几种模式：

（1）独裁型

这种领导模式的全部决策权归领导者，绝不允许下级直接参与决策。经营活动中，从发现问题到提出方案再到拍板定案，完全由领导者一手决定。领导者可以考虑下级的需求和情绪，但不许下级介入。决策实施中有可能采取强制措施。这种领导决策的方式对安全管理有不利的影响，领导者个人掌握的安全知识毕竟有限，很有可能由于个人决策失误导致事故的发生。

（2）推销型

这种领导模式的决策权依然在领导者，下级同样不能参与，其与独裁型的差别在于决策的执行靠说服而不是靠强制。常见的领导者兜售决策的方式，是向下级尽可能说明执行该决策能够给下级带来什么样的好处。这种模式有助于决策的执行，对于安全管理方面决策的落实有积极作用。

（3）报告型

这种领导模式同样是领导者决策，但在表面上似乎要征求下级意见。一般来说，这种领导者会召集会议或者座谈，号召员工提出问题，但领导者往往掌握问题的解释权，已经胸有成竹，通过解释来说服员工接受决策。这种模式有助于员工理解领导者的决策意图和安全目标。

（4）咨询型

这种领导模式允许下级有限度地参与决策，但领导者占据决策的主导地位。其标志是领导者掌握识别问题和提出方案的权力，当领导者征求下级意见时，他实际上已经有了初步决策预案。他会欢迎下级提出不同意见和建议，并在方案中尽可能吸收下级的思想成果，程度不同地采纳下级建议，并由领导者最终拍板。

（5）参与型

这种领导模式的决策权由领导者和下级分享，识别和提出问题的责任在领导者，然后同下级一起商议解决办法，提出方案。同咨询型的差别在于，下级这时可以提出不同方案，而不仅仅是提供修改方案的不同意见。领导者在自己同下级会诊问题的过程中一起提出的多个方案中进行选择。最后定案的选择权仍然归领导者。这种方式对安全管理有积极意义，可以发挥大家的智慧，共同制定目标。

（6）授权型

这种领导模式的决策权实质上已经转移到下级手中，领导者确定相关的问题边界和方法边界，指出决策的原则、先决条件和可接受限度。在决策术语中，这种模式就是由领导者确定决策目标和约束条件，具体方案交由下级自主决定。

（7）自主型

这种领导模式的决策权彻底下移，领导者只提供决策的保障条件，对下级不加其他限制，而且要做出承诺，不管下级做出何种选择，他都要保证实施。从界定问题到寻求方案，再到拍板，全部交给下级。这种模式在实际工作中比较少见，在一些志愿者组织中往往采取这种模式。

班组长作为"兵头将尾"，在班组中承担着领导者的权力和责任，因此在做出事关安全的决策时必须十分慎重，在安全生产与经济效益发生矛盾时，要优先考虑安全的需要。

第二节　管理行为与安全心理

对于企业以及车间班组来讲，不同的管理行为会让被管理者产生不同的心理感受，被管理者也会由于管理行为出现不同的心理反应。对于安全管理来讲，要从掌握员工心理状态入手，不断创新安全管理模式，在注重依法治理、严格管理的同时，还要做好耐心细致的思想工作和充满爱心的批评教育，避免员工产生逆反心理，防止产生消极不满情绪和过激的行为。一般来说，安全管理只要符合客观实际，管理过程中公正公平、合乎情理，哪怕是非常严格的制度，员工也会从心理上给予理解，并在行为上积极响应，会心悦诚服地自觉遵守。人的这种自觉遵章守纪的行为，动力源泉来自于正确的动机和有效的管理。

一、管理行为与安全管理层次

1. 管理的基本概念

管理是人类有目的的活动，它广泛应用于社会的各个领域，不仅适用于营利性企业，也同样适用于政府机关、学校、医院和公共事业单位等。无论是什么组织，都需要合适的管理。

一般来说，管理就是由一个或多个人来协调其他人的活动，以便收到个人单独活动所不能收到的效果。还有人认为，管理是通过计划、组织、领导和控制，协调以人为中心的组织资源与职能活动，以有效地实现目标的社会活动。

从管理的基本概念出发，可以分析出管理的如下要点：

（1）管理是共同劳动的产物。没有共同劳动，人们就不会结成配合与协作的关系，也不存在组织的共同目标，管理工作就成为多余。有了共同劳动，就必然存在着从事共同劳动人员之间的分工、协作问题，管理人员及其管理活动就有存在的必要。

（2）管理的目的是有效地实现目标。所有的管理行为都是为实现目标服务的。没有共同的目标，就没有共同劳动，也就不需要管理。目标不明确，管理就会无的放矢。

（3）管理目标实现的手段是计划、组织、领导和控制。任何管理者，要实现管理目标就必须实施计划、组织、领导、控制等管理行为与过程，这些是一切管理者在任何管理实践中都要履行的管理职能。

（4）管理的本质是协调。要实现目标，就必须使资源与职能活动协调，所有的管理行为在本质上都是协调问题。

（5）管理的对象是以人为中心的组织资源与职能活动。它强调了人是管理的核心要素，所有的资源与活动都是以人为中心的。管理最主要的是对人的管理。

2. 管理的特性

管理有自然属性与社会属性的区别，通常把管理的自然属性称为管理的一般职能，把管理的社会属性称为管理的特殊职能。管理的一般职能与管理的特殊职能是结合在一起的，在管理的基本职能中体现出来并一起发挥作用。管理的特性主要表现在以下几个方面：

（1）管理有二重性。管理作为共同劳动的产物，不能脱离具体的社会历史环境而抽象地存在，也就是说，一定社会的管理无不具有科学技术和上层建筑的二重特征，这就是通常所说的管理的二重性。管理的二重性一方面是管理具有同现代生产力和社会化大生产相联系的一般性质——自然属性，这种性质是一切社会化大生产所具有的客观规律，它取决于生产力的发展水平和劳动的社会化程度，并不取决于生产关系和社会制度的性质；另一方面，管理又是在一定的生产关系条件下进行的，因此它具有同生产关系、社会制度相联系的社会属性。这两个方面的属性即管理的二重性。

（2）管理的主体是管理者。管理的主体是具有专门知识、利用专门技术和手段来进行专门活动的管理者。管理劳动是社会生产过程中分离出来的一种专门劳动，是一种职业，它符合一般的职业要求：从职人员必须具有专门的知识结构；职业技能的获取需要长期的教育和培训；应聘职业时将受到限制，通常需要经过某种形式的考试；从职人员必须遵守一定的职业道德，违反者应受到惩罚。显然，并非任何人都可以成为管理者，只有具备一定素质和技术的组织成员才有可能从事管理工作。

（3）管理的客体是组织活动及其参与要素。组织需要通过特定的活动来实现其目标。任何活动的进行都是以利用一定的资源为条件的。因此，要促进组织目标的有效实现，管理需要研究的是怎样充分地利用各种资源，如何合理地安排组织的目标活动。

（4）管理的核心是处理好人际关系。管理是让别人与自己一道去实现既定的目标。管理者的工作或责任的很大一部分是与人打交道，所以处理好人际关系对管理工作的意义非常重大。

3. 安全管理行为的性质

安全管理是管理中的一种，安全管理行为是组织在从事安全管理活动中各种管理行为的综合体现。就安全管理行为的功能和工作程序来说，一般可再分为安全决策行为、安全组织行为、安全协调行为、安全教育行为、安全监察行为、安全惩罚行为、安全情况分析行为等。在安全管理的各个环节中，管理者依据什么样的管理理论，采用什么样的安全管理方法，用什么样的安全管理理念管理员工的工作行为，如何对员工进行安全教育和安全培训，将在很大程度上决定着安全管理的效果。

安全管理行为的性质主要体现在以下几个方面：

（1）社会性或群体性

安全管理行为是为社会和群体利益需要，对具有一定社会组织形式的群体所进行的目标明确的一种管理活动。

（2）组织性

安全本来就是有序的结果，安全管理则必须有组织、有序地进行，安全管理行为是一种有组织的行为。

（3）任务性

任何一项安全管理活动都有特定的对象、目标和任务，对此设定管理程序和方法，提出确定的任务和目标。

（4）科学技术性

安全管理对特定对象的物质流、能量流、信息流、人力流做出特定的控制和规定，必须掌握这些"流"的特性和规律，而这些特性和规律非人的本能所能掌握，必须具有这方面的科学技术知识。

（5）普遍性

从广义的角度看，安全管理具有普遍的意义。人的各项活动都存在安全问题，只要这个问题涉及两人以上便出现安全管理的任务。

（6）特异性

不同领域和不同对象的安全管理方法与要求不尽相同，各有特殊性，需要分情况予以研究对待。

4. 安全管理行为的形成

安全管理行为的产生是基于组织的特定需要而产生的，它是组织的一种特殊管理行为。实施安全管理行为会受到安全信息的刺激与感应的影响，而这种影响因安全刺激的种类、对刺激的认识与判别以及对刺激做出的响应的差异而不同。

总的来说，安全管理行为需要通过多个环节才能完成，从决策指令的发出到每个具体细节项目管理完成，都是由各环节上各人分工合作的结果。因此，一个环节上出差错，便损害了这种整体行为，使其总体效果受影响。安全管理者所居层次越高，联系面越大，在整体行为中的作用也越大，一旦在这个层次上出问题，其影响也越大。因此，在安全管理上尤其要重视高层次的建设，端正其行为。

二、安全管理行为的层次与原则

1. 安全管理行为的三个层次

安全管理是企业生产管理的重要组成部分，是一门综合性的系统科学。安全管理是一种动态管理，管理对象是生产中一切人、物、环境的状态管理与控制。

安全管理行为的层次与安全管理的组织结构密切相关，一般分为三个层次：安全管理个体行为、安全管理群体行为、安全管理组织行为。

（1）安全管理个体行为

安全管理个体行为是在安全管理过程中单个人的行为，是个人对安全管理在内在心理和外在环境驱使下形成的安全管理行动和作为。安全管理个体行为是安全管理群体行为的基础，是安全管理行为研究的起点。安全管理个体行为包括不同个体心理因素下的安全管理行为、不同环境刺激下的安全管理行为、不同个体的安全管理行为等。

（2）安全管理群体行为

安全管理群体行为是以安全管理个体行为为基础，但是它并不是安全管理个体行为简单的相加，而是一种群体在安全管理过程中实际行为和工作行为的综合表现。安全管理群体行为包括不同类型群体的安全管理行为、群体的安全管理决策行为、群体的一致性安全管理行为、非正式群体的安全管理行为等。

（3）安全管理组织行为

安全管理组织行为是以安全管理个体行为和安全管理群体行为为基础产生的，但不等于安全管理个体行为和安全管理群体行为的简单相加。安全管理组织行为包括安全管理目标行为、安全管理组织架构行为、安全管理运行机制、安全管理设计行为、安全管理变革行为等。

2. 安全管理行为的基本原则

安全管理行为需要遵循一定的原则，从而认识和处理安全管理中出现的问题。在企业安全管理活动中应遵循以下原则：

（1）动态相关性原则

对安全管理来说，要搞好安全管理，掌握与安全有关的所有对象要素之间的动态相关特征，必须有良好的信息反馈手段，能够随时随地掌握企业安全生产的动态情况，且处理各种问题时要考虑各种事物之间的动态联系性。例如，当有员工发生违章时，不能只考虑员工的自身问题，而要同时考虑物和环境的状态、劳动作业安排、管理制度、教育培训等问题，甚至考虑员工的家庭和社会生活的影响。

(2) 整分合原则

整分合原则是指为了实现高效的管理，必须在整体规划下明确分工，在分工基础上进行有效的综合。整体规划就是在对系统进行深入、全面分析的基础上，把握系统的全貌及其运动规律，确定整体目标，制订规划与计划及各种具体规范。在整分合原则中，整体把握是前提，科学分工是关键，组织综合是保证。没有整体目标的指导，分工就会盲目而混乱；离开分工，整体目标就难以高效实现。

(3) 反馈原则

反馈控制对于系统安全有着特别重大的意义。为了维持系统的稳定，就应及时捕捉、反馈不安全信息，及时采取行动，消除或控制不安全因素，达到安全生产的目的。

(4) 封闭原则

封闭原则是指任何一个系统的安全管理手段、安全管理过程等必须构成一个连续封闭的回路，才能形成有效的管理运动。把封闭原则应用到安全管理领域中，要求安全管理机构之间、安全管理制度和方法之间，必须具有紧密的联系，形成相互制约的回路，保证安全管理活动的有效进行。

(5) 弹性原则

弹性原则是指在安全管理上要有弹性，就是当面临各种变化状态时，管理能机动灵活地做出反应以适应变化。

3. 安全管理中的重要原理

安全管理是复杂的，在安全管理中不仅涉及资金投入、设备设施的安全运行，还涉及人员的培训教育、人员的选拔任职，涉及人员的利益。因此，安全管理中的一些重要原理，成为安全管理运行的基础。

安全管理中的重要原理主要有：

(1) 安全管理中的预防原理

我国安全生产的方针是"安全第一、预防为主、综合治理"。通过有效的管理和技术手段，减少并防止人的不安全行为和物的不安全状态，从而使事故发生的概率降到最低，这就是预防原理。要想做好安全管理工作就必须把握"预防原则"，在完善各项安全规章制度、开展安全教育、落实安全责任的同时，多举措做好安全管理工作的全过程控制，使事故发生率降低到最小，真正使安全工作做到防微杜渐。

(2) 安全管理中的人本原理

安全管理以人为主体，以调动人的积极性为根本，这就是人本原理。人本原理有两层含义：一是一切管理活动都是以人为本展开的，人既是管理的主体，又是管理的客体，每个人都处在一定的管理层面上，离开人就无所谓管理；二是管理活动中，作为管理对象的

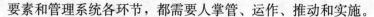

要素和管理系统各环节，都需要人掌管、运作、推动和实施。

（3）安全管理中的强制原理

强制就是绝对服从，无须被管理者同意便可采取控制行动。因此，采取强制管理的手段控制人的意愿和行为，使个人的活动、行为等受到管理要求的约束，从而有效地实现管理目标，就是强制原理。

（4）安全管理中的责任原理

在管理活动中，责任原理是指管理工作必须在合理分工的基础上，明确规定组织各级部门和个人必须完成的工作任务与相应的责任。在安全管理、事故预防中，责任原理体现在很多地方，运用责任原理，大力强化安全管理责任建设，建立健全安全管理责任制，构建落实安全管理责任的保障机制，促使安全管理责任主体到位，且强制性地安全问责、奖罚分明，才能推动企业履行应有的社会责任，加强安全监管部门监管力度和效果，激发和引导好广大社会成员的责任心。

第三节　安全管理过程中的激励

激励有激发和鼓励的意思，是管理过程中不可或缺的环节和活动。有效的激励可以成为组织发展的动力保证，实现组织目标。它有自己的特性，它以组织成员的需要为基点，以需求理论为指导；激励有物质激励和精神激励、外在激励和内在激励等不同类型。在安全管理过程中，每个人都需要激励，包括自我激励、同事激励、领导激励等。通过激励，最大限度地调动人的主观能动性，激发人的安全创造性和遵章守纪的自觉性，使人自觉自愿、心情舒畅地工作。

一、激励与激励过程

1. 激励的概念与特点

在管理心理学中，激励的含义主要是指持续激发人的动机，使人有一股内在的动力，朝向所期望的目标前进的心理活动过程。在激励这一心理过程中，在某种内部或外部刺激的影响下，人会始终处在兴奋状态。激励用于安全管理，就会调动职工的安全生产积极性。

激发人动机的心理过程的具体模式是：需要引起动机，动机激发行为，行为又指向一定的目标。这一模式表明，人的行为都是由动机支配的，而动机则是由需要引起的，人的行为都是在某种动机的策动下为了实现某个目标的有目的的活动。

激励有以下几个特点：

（1）有被激励的对象，即被激励的人或群体（如班组、车间、科室）。

（2）激励是激发从事某种活动的内在愿望和动机，而产生这种动机的原因是人的需要。

（3）人被激励的动机强弱不是固定不变的，而且激励水平与许多因素有关，例如职工文化状况、个人价值观、企业目标吸引力、激励方式等。

（4）这种积极性是人们看不见、摸不着的，只能从观察由这种积极性推动所表现出来的行为和工作绩效上判断。

在现代化企业的安全管理中，激励是调动职工安全生产积极性的核心问题。这种积极性是指人们对安全问题的重视和努力程度，体现在实现安全生产的自觉性、主动性和创造性上。

2. 激励的功能

激励是企业管理和安全管理的重要手段，其主要功能体现在以下几个方面：

（1）提高工作绩效

激励水平对工作绩效有相当大的影响。实验表明，经过激励的行为和未经过激励的行为存在着明显的差距。用精神激励法，其误差次数是未经激励的 1/3；用奖惩的物质激励，也使误差减少一半。这充分证明了激励的功能。

（2）激发人的潜能

通过激励可以充分挖掘职工的工作潜力，发挥其工作能力。美国哈佛大学的心理学家詹姆士在对职工的激励研究中发现，若按工作时间计酬，职工的工作能力仅发挥出 20%～30%。但是，一旦他们的动机处于被充分激励的状态，他们的能力则可以发挥到 80%～90%。这说明，同样一个人在经过充分激励后所发挥的作用相当于激励前的 3～4 倍。可见，激励在激发人的潜能方面，具有显著的功能。

（3）激发人的工作热情与兴趣

激励具有激发人的工作热情与兴趣、解决工作态度和认识倾向问题的独特功能。在激励中，职工对本职工作产生强烈、深刻、积极的情感，并能以此为动力，集中自己的全部精力为实现预期目标而努力；激励还使人对工作产生浓厚而稳定的兴趣，使职工对工作产生高度的注意力、敏感性，形成对自身职业的喜爱。并且能够促使个人的技术和能力，在浓厚的职业兴趣基础上发展起来。

（4）调动和提高人对所从事工作的自觉性、主动性和创造性

实践表明，激励能提高人们接受和执行工作任务的自觉程度，能解决职工对工作价值的认识问题，能使职工感受到自己所从事工作的重要性与迫切性，进而更主动地、创造性地完成本职工作。

3. 激励的过程

普通管理学基本原理表明，人的工作绩效取决于他的能力和激励水平（即积极性）的高低。根据这个原理，执行工作任务的人员必须具备从事该项工作的能力，否则就不能胜任工作任务。这种能力包括智力因素（例如分析、判断、综合能力，语言表达能力和文字表达能力等）和体力因素（例如身体的强壮度和灵敏度）。

但是不管人的能力有多强，如果积极性不高（激励水平低），终究还是做不出好的工作绩效来。因此，有必要研究与激励有关的心理活动过程是怎么进行的。这里重点讨论行为产生的原因、行为方向与行为控制、激励过程的基本模式这三个方面的问题。

（1）行为产生的原因

在心理学中，把能激发人的行动，并引起行动以满足某种需要的欲望、理想、信念等主观心理因素叫作动机。人的行为必然是由一定动机引起的，所以人们还常将引起个体行为、维持该行为并导向某一目标（即满足个人的某种需要）的过程称为动机。这种由动机引发、维持和导向的行为，被称为动机性行为。动机性行为是人类行为的基本特征之一。例如，职工安全生产积极性高涨可能受不同动机的影响，有的是对安全价值的正确认知，由成就感引起；有的是为了荣誉、奖金，由外部激励引起。

动机的产生主要依赖两个条件：一是内在条件，即个人缺乏某种东西而引起的需要（欲望），或身心失去平衡而产生的紧张状态或感到不舒服；二是外在条件，即个人身外的刺激，如设备的运转状态、管理和操作的要求等。

（2）行为方向与行为控制

正常人的自主行为都是有目标的，这种目标就是行为的方向。从这个角度看，可以认为行为是为消除人的欲望、紧张或不舒服而要实现目标的一种手段。当目标实现之后，原有的需要和动机也就消失了，这时又会产生出新的需要和动机，为满足这种新的需要又会产生出新的行为。在任何管理系统中，人的行为必须控制，也是可以控制的。控制行为的必要性主要来自行为的多样性，以及其对实现组织目标的不同影响。控制的可能性主要来自需要和动机的多样性与可变性，以及管理者的权威和职责。通过行为表现与管理目标的偏差分析，及时反馈给行为者就可能控制其行为。

（3）激励过程的基本模式

激励过程是指从人的需要开始，到实现目标和满足需要而结束的整个过程。研究证明，未满足的需要是激励过程的起点，需要的满足是激励过程的结束。根据心理学揭示的规律，人们将需要、动机、行为和目标这些因素衔接起来，构成激励过程的模式，以说明激励过程中各种因素的相互作用和内在联系。

值得注意的是，在现实生产和生活中，激励过程一般是复杂多变的。这是因为人有许多动机，而他们究竟选择哪种动机来推动他们的行为也是不相同的。例如，有的人努力工作就是为了得到更多的钱；有的人努力工作是为了建立一定友情，以处于良好的人际关系中；有的人努力工作是为了得到挑战性的工作，使工作更有意义；还有人努力工作是在上述多种动机推动下进行的。应采用各种方法来激励职工，如分配给他们感兴趣的工作或让他们参与管理，实行带刺激性的工资制度，严格监督等办法。总之，在客观上并不存在对什么人都适用的激励办法。

4. 激励的基本原则

激励的基本原则主要有：

（1）目标结合原则

在激励机制中，设置目标是一个关键环节。目标设置必须同时体现组织目标和员工需要的要求。

（2）物质激励与精神激励相结合的原则

物质激励是基础，精神激励是根本。在两者结合的基础上，逐步过渡到以精神激励为主。

（3）引导性原则

外激励措施只有转化为被激励者的自觉意愿，才能取得激励效果。因此，引导性原则是激励过程的内在要求。

（4）合理性原则

激励的合理性原则包括两层含义：其一，激励的措施要适度，要根据所实现目标本身的价值大小确定适当的激励量；其二，奖惩要公平。

（5）明确性原则

激励的明确性原则包括三层含义：其一，明确，激励的目的是明确需要做什么和必须怎么做；其二，公开，特别是在处理奖金分配等大量员工关注的问题时，其更为重要；其三，直观，实施物质奖励和精神奖励时都需要直观地表达它们的指标，总结给予奖励与惩罚的方式。直观性与激励影响的心理效应成正比。

（6）时效性原则

要把握激励的时机，"雪中送炭"和"雨后送伞"的效果是不一样的。激励越及时，越有利于将人们的激情推向高潮，使其创造力连续有效地发挥出来。

（7）正激励与负激励相结合的原则

所谓正激励，就是对员工的符合组织目标的期望行为进行奖励。所谓负激励，就是对员工违背组织目标的非期望行为进行惩罚。正、负激励都是必要而有效的，不仅作用于当事人，而且会间接地影响周围其他人。

（8）按需激励原则

激励的起点是满足员工的需要，但员工的需要因人而异、因时而异，并且只有满足最迫切需要（主导需要）的措施，其效价才高，其激励强度才大。因此，管理人员必须深入地进行调查研究，不断了解员工需要层次和需要结构的变化趋势，有针对性地采取激励措施，才能收到实效。

二、激励的引导作用与安全生产

1. 激励所包含的内容

对企业、车间、班组来讲，激励是激发和引导员工行为，以实现预期目标的活动。常用的激励主要有两种：一种是需要财力投入的物质激励，另一种是不需要财力投入的精神激励。

激励的概念包含以下几个方面的内容：

（1）激励的出发点是满足组织成员的各种需要。即通过系统地设计适当的外部奖酬形式和工作环境，来满足企业员工的外在性需要和内在性需要。

（2）科学的激励工作需要奖励和惩罚并举。既要对员工表现出来的符合企业期望的行为进行奖励，又要对不符合企业期望的行为进行惩罚。

（3）激励贯穿于企业员工工作的全过程，包括对员工个人需要的了解、个性的把握、行为过程的控制和行为结果的评价等。因此，激励工作需要耐心。

（4）信息沟通贯穿于激励工作的始末。从对激励制度的宣传、企业员工个人的了解，到对员工行为过程的控制和对员工行为结果的评价等，都依赖于一定的信息沟通。企业组织中信息沟通是否通畅，是否及时、准确、全面，直接影响着激励制度的运用效果和激励工作的成本。

（5）激励的最终目的是在实现组织预期目标的同时，也能让组织成员实现其个人目标，即达到组织目标和员工个人目标客观上的统一。

2. 激励的方式与效果

企业通过激励可以充分挖掘员工的工作潜力，发挥其工作能力，提高工作效率。研究表明，按时计酬的方式，员工的能力仅发挥 20%～30%；若员工受到充分的激励时，其能力的发挥可高达 80%～90%，即相当于激励前的 3～4 倍。通过激励可以激发员工的积极性，这是毋庸置疑的。

激励有不同的方式，目的只有一个，那就是激发出人们更多的热情，激发出人们更多的对工作的热爱和完成工作任务的干劲。

（1）目标激励

通过目标的制定、实施，激发人们实现目标的热情。一般来说，所设置的目标要具有挑战性，使人们感到实现它不是轻而易举的事情，必须付出一定的努力，这样才能够强化目标的激励作用。但是，如果设置的目标太高，实现的难度太大，让人们感到可望而不可即，就会减少目标的吸引力，影响积极性。因此，设置的目标必须具有实现的可能性，让人们感到只要付出一定的努力，目标就有实现的可能，这样才能激励员工为实现这个目标而努力奋斗。

（2）参与激励

参与激励就是让下属参与本部门、本单位重大问题的决策与管理，并对领导者的行为进行监督。参与激励包括多种形式，主要有开放式管理形式、提案形式、对话形式、员工代表大会制度等。通过参与激励，领导与下属之间可以增进相互之间的了解，加深理解，使干群关系更加和谐，制造一种良好的相互支持、相互信任的社会心理气氛，因而具有极大的激励作用。

（3）荣誉激励

荣誉的激励，主要是把工作成绩与晋级、提升、选模、评先进联系起来，以一定的形式或名义标定下来。其主要的方法是表扬、奖励、经验介绍等。荣誉可以成为不断鞭策荣誉获得者保持和发扬成绩的力量，还可以对其他人产生感召力，激发比、学、赶、超的动力，从而产生较好的激励效果。

（4）奖罚激励

奖励是对人的某种行为给予肯定与表彰，使其保持和发扬这种行为。惩罚则是对人的某种行为予以否定和批判，使其消除这种行为。奖励只有得当，才能收到良好的激励效果。在实施奖励激励的过程中，领导者必须注意：要善于把物质奖励与精神奖励结合起来；要创造"学先进、赶先进、超先进"的良好奖励氛围；奖励要及时，因为过时的奖励不仅削弱奖励的激励作用，而且可能导致下属对奖励产生漠然视之的态度；奖励的方式要考虑到下属的贡献的大小，拉开奖励档次；奖励的方式要富于变化。惩罚的方式也是多种多样的，要做到惩罚得当，领导者需要注意：惩罚要合理，达到化消极因素为积极因素的目的。

（5）关怀激励

领导的关怀激励，是指领导者通过对下属多方面的关怀来激发其积极性。领导者经常与下属谈心，了解他们的要求，帮助他们克服种种困难，把组织的温暖送到群众的心坎上，可以激发他们热爱集体的热情。领导者关心、支持下属的工作，是关怀激励的一个重要的方面。支持下属的工作，就要尊重他们，注意保护他们的积极性，并为他们的工作创造有利的条件。

（6）榜样激励

榜样的力量是无穷的，选准一个榜样就等于树立起一面旗帜，使人学有方向，赶超有目标，起到巨大的激励作用。榜样应扎根于群众之中，为群众公认并为群众所敬佩和信服，并且是大部分员工都可以通过学习和努力做到的。

(7) 公平激励

人对公平是相当敏感的，有公平感时，会心情舒畅，努力工作；而感到不公平时，则会怨气冲天，大发牢骚，影响工作的积极性。公平激励是强化积极性的重要手段。所以，在工作过程中，领导在员工分配、晋级、奖励等方面要力求做到公平合理。

3. 激励的循环过程

激励是企业和班组安全管理必须采用的手段，通过激励可以提高工作绩效，激发员工的潜能、工作热情与兴趣，还能调动和提高员工工作的自觉性、主动性和创造性。通过对激励的掌握，可以使安全管理更为有效。

激励实际上是一个循环的过程。一般来说，当人产生某种需要时，会产生一种紧张的心理状态，在遇到能够满足需要的目标时，这种紧张的心理状态就转化为动机，促使人们去从事某种活动来实现目标。当目标实现时，需要也得到满足，紧张的心理状态就会消除。这时，人又会产生新的需要，形成一个循环的过程。

在激励的循环过程中，可以发现，有些需要容易得到满足，而有些需要很难得到满足，所以激励的时间有长短之分。而当有些需要几乎不可能满足的时候，将会出现两种结果：一种是产生非常强大的动机，这种动机促成非常努力的行为，直至达到目的实现的需要；另一种是消极结果，即该种需要消失，或由低层次需要取代。

在企业中，对员工的激励要密切注视并研究激励的过程，因为员工的需要不一定与企业的目标相符合，当不能符合的时候，结果是员工的行为与企业所需要的行为不一致。因此，企业必须积极引导员工的需要尽量与企业的目标相一致，最终达到良好的激励效果。

三、运用激励保证人员和作业安全的方法

1. 运用安全激励时应把握"四性"

在企业的实际安全工作中，激励的方法多种多样，运用得好就会受益无穷；反之，就会产生副作用。在运用安全激励时，应把握好以下"四性"：

(1) 安全激励的目的性

安全激励的目的是发挥激励效能，而要使其真正发挥效能，一是要明确安全激励方向；二是要明确安全激励条件，所采取的安全激励措施能满足员工的愿望与需要。

(2) 安全激励的适时性

安全激励需要讲求时效性，这种适时激励有两种好处：一是当事人的安全行为受到肯定后，有利于他继续重复企业所希望出现的安全行为；二是使其他员工看到，只要按安全制度要求去做，就可以立刻受到安全激励，安全制度是值得信赖的，因而大家就会争相努力，以获得肯定性安全激励。适时的安全激励不仅可以发挥激励的成效，还可以增加员工对安全奖励的重视程度；相反，过迟的安全激励，不仅会失去激励的意义，还会减弱员工安全工作的兴趣。

（3）安全激励的灵活性

对于企业员工来讲，每个员工的愿望与需求不会完全相同，所以对员工的安全激励方式也要灵活运用、因人而异，不可千篇一律、千人一面。当不同的员工取得同样良好的安全工作成绩时，为达到激励的目的，对其采用的安全激励方式可以有多种方式，从而有利于激发积极性。

（4）安全激励的弱化性

激励效应的弱化是指安全激励的实施并未达到应有的目的。在企业安全工作中，安全激励效应弱化的原因很多，如安全奖励不公，导致受奖者愧疚，未受奖者不满；一奖了之，导致被奖者受奖后处于茫然状态，找不到新的安全努力目标；安全奖励评价过高，导致被奖者忘乎所以而产生骄傲自满情绪等。因此，安全激励需要避免激励弱化性现象，要客观看待先进者的长处和不足，对其长处要积极肯定，对其短处也要指出。如果为了保先进，对先进者有错误不指出，甚至遮遮掩掩，就会使先进者在过多的奖励面前飘飘然，造成先进者与同事之间的隔阂而失去榜样的吸引力。

2. 安全生产激励适用方法

不同的企业有不同的激励方式方法，归纳起来，主要可以从以下几个方面进行安全生产激励：

（1）设置有难度的具体安全工作目标。经常听到企业鼓励员工，"尽最大努力去做"。但是"尽最大努力"意味着什么？这容易让人感到模糊不清。安全生产激励的首要源泉在于安全工作目标，前提是它必须告诉员工要做什么以及需要做出多大的努力。具体的安全工作目标比笼统的"尽最大努力"效果更好，因为它能使员工明白到底要做什么，清楚地认识到距离目标存在多大的差距，并以此随时调整安全工作的方法和进度。而有难度的安全工作目标比容易的安全工作目标更有激励性，因为困难使员工感到需要投入更多的时间、精力和创造力，因而容易调动起员工的安全潜力。此外，企业应注意时常把员工努力工作所取得的成绩反馈给本人，这样会使员工对安全目标和差距保持清醒的判断，使其下一步做得更好。

（2）获得高度的安全工作目标承诺。企业要让员工一直关注安全工作目标要注意三点：

一是安全工作的难度要合理，严重超越主观能力和客观环境条件的目标，不容易获得员工内心的赞同；二是让安全生产激励对象参与安全工作目标的制定，这样更加切合实际，从而有利于目标的实现；三是把安全工作目标公布于众，促进安全目标的实现。

（3）必要时需要鼓励打气。目标的实现是一个过程，在实现目标的过程中，肯定会遇到各种困难、各种障碍，因此需要企业为员工鼓励打气，坚定对安全工作成功的信心，鼓励员工积极解决所遇到的棘手问题。

（4）进行令人心服的考核评价。员工经过努力获得的安全工作成绩，只有得到企业的肯定之后才能产生安全生产激励效果。而安全工作成绩的评价在很大程度上取决于人们的主观判断，有许多指标无法客观测量，例如安全工作态度、安全努力程度等。在这种情况下，如果员工感觉企业对自己的评价不合理，就极有可能与企业形成心理上的隔阂，丧失积极性。因此，要想对员工做出恰如其分的安全评价，就必须进行充分的有效沟通，促进了解，避免误会，并且在可能的情况下让员工参与到成绩评估和考核中来。这不仅可以得到更准确的、双方都认同的考核结果，而且员工对结果的认同也有助于今后的工作改进。

（5）公平对待所有员工。在企业安全管理中，分配的不公平会导致企业与员工之间、班组与班组之间、员工与员工之间人际关系的紧张，影响企业的安全工作凝聚力和士气。因此，企业要想让员工满意，就需要公平合理地分配奖励。一是要给所有员工同等的竞争机会。二是要在投入和贡献对比的基础上进行合理的利益分配。三是必须有公平且透明的过程，也就是把结果产生的过程告诉给员工。只有公平的安全生产激励，才会产生应有的安全工作效果。

3. 激励理论的实际运用

对激励理论的运用实际上并不复杂，许多企业都采取激励的方法，促进员工的技术学习和生产任务的完成，同时促进班组安全管理工作。在对激励理论的运用上，肥城矿业集团公司白庄煤矿采煤一区马保庆班和黑龙江龙煤集团鹤岗分公司新陆矿一采区 271 采煤队甲班，这两个班组运用激励促学习、促生产、保安全的做法值得参考借鉴。

肥城矿业集团公司白庄煤矿采煤一区马保庆班现有员工 39 人，平均年龄 33 岁，是一支年轻精干的队伍，也是采煤一区的主力生产班组，担负着全区 40% 的生产任务。

马保庆班是以班长马保庆的名字命名的先进班组，班组组建 7 年来，在促进班组员工技术学习上采取激励到位的方式，效果很好。具体做法是：面对一线职工劳动强度大，工学矛盾突出的难题，该班组坚持物质激励和精神激励双管齐下，专门制定奖励办法。对在各类技术比武中拿到名次以及通过自学成才拿到文凭的，每人给予不少于 200 元的奖励；同时坚持每季评选一次"成才新星"，予以适当奖励，并在评先树优、入党提干等方面优先推荐，真正让爱学习、肯钻研的员工经济上得实惠，工作上有奔头，激发和调动班组成员的学习热情。目前，全班 39 人中已有 12 人取得大专以上学历，有 21 人持有两本岗位资格证。

黑龙江龙煤集团鹤岗分公司新陆矿一采区 271 采煤队甲班现有员工 42 人，是主要从事煤炭开采的生产班组。近年来，271 采煤队甲班在完成任务和保障安全上，采取把住验收关的做法效果很好。具体做法：一是工前施行"一班三检"。即：进入作业地点前，班长先自上而下全面检查工作面存在的问题和隐患，检查单体有无漏液情况、硬帮顶板情况、软帮联网情况，查出后立即整改，落实好防范措施后再操作；收工严格执行小班质量交接班制度，班长验收本班的工程质量并让职工签字，方可生效；跟班队级干部验收本班的工程质量，拿结果进行比较后进行奖罚。二是严格小组旬评制度。一旬一评比，班组长全体参加评比，现场打分，现场兑现。对一旬时排在最后的小组，罚该组组长 100 元；两旬时仍排最后，则罚 200 元；三旬时还是排最后，就换组长。在 2006 年 3 月下旬的评比中，产量最高的小组质量评比却最差，仍然对该小组进行了罚款。严格的施工管理，严肃的奖罚政策，严实的隐患排查，有力地推动了全班质量稳步提升。从 2004 年开始，甲班已经杜绝了重伤以上事故的发生。

第四节　安全管理中的群体心理与群体行为

群体是指人们彼此之间为了一定的共同目的，以一定的方式结合在一起，彼此之间产生相互作用，心理上存在共同感并具有情感联系的两人以上的人群。群体概念并不难理解，因为我们每个人在生活、工作、学习中，都会融入群体之中。任何人都不能孤立地存在于社会之中，他总是生活、工作在一个群体或若干个群体之中。在群体中，个体为了适应群体和群体环境，会表现出与单独情况下所不同的心理反应和行为方式，使个体的安全心理和安全行为产生不同情形、不同程度的变化。因此，研究群体心理及行为的规律和特征，群体中的人际关系、群体内聚力以及群体规范等对个体心理和个体行为的影响，对更好地发挥群体的作用，提高安全管理效率，促进安全生产工作，具有十分重要的作用。

一、群体的特征、类型与功能

1. 群体的概念及其特征

一般认为，群体是两个以上的人为了达成共同的目标，以一定方式结合在一起，彼此间相互作用，心理上存在相互联系的人的集合体。但是，个人的简单集合并不等于心理学中所研究的群体，例如球赛的观众、候车的乘客、围观的人群等，都不被认为是群体。这些偶然聚集在一起的人群，在心理上缺乏内在的共同点，行动上也不存在直接的相互影响、相互依赖和相互作用的关系，因而只是个人的集合体，而不是群体。

群体与一般集合体相比，具有以下特征：

（1）群体成员有着共同的目标或利益，这些目标被成员们清晰地意识到，并由共同的活动结合在一起。

（2）各成员之间相互依赖，在心理上彼此意识到群体中的其他个体，也意识到自己是群体中的一分子，具有"我们同属一个群体"的感受，即成员具有群体意识，具有归属感。

（3）各成员在行为上相互交往、相互作用、相互影响，成员之间有信息、思想和感情上的交流。

（4）群体成员具有一定的组织性，在群体中占有一定的地位，担当一定的角色，有一定的权利与义务。

（5）群体中有一定的规范和规则，要求每个成员必须遵守。

2. 群体的类型

群体可以根据不同的标准进行不同的分类。通过对群体分类的研究，便于掌握不同群体形式的发生及其发展规律，加深对群体安全行为的了解。常见的群体类型可分为以下几种：

（1）大型群体和小型群体

根据群体规模的大小和其内部联系形式的不同，可以把群体划分为大型群体和小型群体。从心理学角度来说，大小群体划分的标准是：群体成员的数量及成员之间是否存在直接的、面对面的接触和联系。一般来说，2～20人组成的群体能够具有直接的接触和联系特征，因此构成小型群体。而大型群体的成员之间的接触和联系只是间接的，主要通过共同的目标、群体规范和机构间信息交流来同各组织机构相联系。如社团组织、工厂企业、公司、大型车间等，一般可视为大型群体；而企业中的生产班组、工段、职能科室、小型车间等，可视为小型群体。

大型群体和小型群体的划分只是相对而言的，划分的界限并不严格。划分出这两种群体的意义在于，有利于研究不同的内部联系方式对不同规模的群体的行为及对群体成员心理产生的不同影响。在小型群体中，出于人们之间有直接的接触，成员间存在着感情上和心理上的联系，因而心理因素的作用较之大型群体中的作用要大得多。大型群体主要是社会心理学研究的对象，安全管理心理学所研究的群体主要是小型群体。需要注意的是，安全管理规章制度一般是由大型群体制定，而遵守执行规章制度却是在小型群体中实现。

（2）正式群体和非正式群体

根据构成群体的原则、方法和结构的不同，可以把群体划分为正式群体和非正式群体。正式群体是指由一定社会组织认可的、有明文规定的群体，例如集团公司，下至企业的车间、班组、科室等，都属于正式群体。这类群体有既定的目标和完备的规章制度，其成员有固定的编制，有明确规定的权利义务以及明确的职责分工。由于受组织纪律的严格约束，所以成员对群体有一种明显的服从心理。通过群体成员的相互作用，促使组织目标的实现。在企业中，正式群体占主导地位，安全组织与制度管理就是依附于正式群体而实施的。

非正式群体是指人们在相互交往中，建立在某种共同利益的基础上自发形成的、没有正式明文规定的群体。如在一个车间或班组里工作的志趣相投的伙伴或老乡、业余兴趣小组等。非正式群体中的成员往往以个人好恶作为联系的纽带，具有强烈的感情色彩。这种群体中也存在着一定的相互关系结构和不成文的群体规范，它影响着成员的行为。但是，这种相互关系结构和群体规则一般没有正式群体那样严密和正统。在安全管理中，非正式群体既可以起到积极作用，也可以起到消极作用。如何加强对非正式群体的引导，是安全管理工作必须重视的问题。

（3）假设群体和实际群体

根据群体是否实际存在，可以把群体划分为假设群体和实际群体两种。

假设群体是指为便于研究和分析的需要按某种特征而划分出来的群体，亦称统计群体。这种群体可以按年龄、性别、工龄、工种、职务等不同特征来划分。例如，在企业安全管理中，经常按照工种特点划分群体，如划分成特种作业人员和普通作业人员，按年龄划分出青年职工、中年职工和老年职工等群体。这些不同工种、不同年龄的职工可能互不相识，并没有实际联系和直接的交往，但由于他们在某些方面具有相近的特征，在分析研究安全管理问题时可以把他们当作群体来看待。假设群体是我们研究和分析某些问题的有用的手段。

实际群体是指现实存在着的具有群体特征的群体。这类群体的成员之间有着直接的或间接的联系和沟通，由共同的目标和活动将其成员相互结合在一起。如前所述的大型群体和小型群体，正式群体和非正式群体均属实际群体。安全管理心理学所研究的群体心理和行为，主要是指实际群体的心理和行为。

（4）实属群体和参照群体

这是根据群体对成员行为的影响作用不同所进行的划分。

实属群体又称隶属群体，是指个体属于其正式成员，行为应服从于其纪律约束的群体。例如，个体所在的班组、科室等。

参照群体也可称为榜样群体或标准群体，是指个体并未实际参加，而又自觉接受其规范、准则，并以此指导自己行为的群体。这是个体在心理上"向往"的群体。实验研究发现，某些小型群体中的部分成员所采用的行为规范，并不是该实属群体的，而是其他某个群体的。因此，个体所属群体并不一定是他心目中的参照群体。参照群体具有比较职能，即个体可用它对自己的行为进行标准评价，如发现不符合参照群体的标准，个体就会修正自己的行为。

研究参照群体在安全管理中具有重要的实践意义。应该在企业中树立安全生产先进车间、安全管理达标班组等参照群体，使职工学有榜样赶有目标，从而形成一种竞争激励机制。但也要注意到对安全行为有负面影响的参照群体，如因违章作业未受惩处反而获利的班组，上班暗地聚众打牌、喝酒等非正式群体，这种群体对一些安全意识不强的人也会产生很大的影响。如果把这种群体作为自己的参照群体，就会养成某些恶习，带来事故隐患。

（5）永久性群体和临时性群体

按照群体存在的时间长短可将群体划分为永久性群体和临时性群体。永久性群体指时间上存在较长久的一种群体，如工厂公司、机关单位、科研院所、学校社团等。永久性群体中的成员可能会有所变化，但是群体形态是相对恒定的。永久性群体一般都是正式群体。临时性群体是指为了完成某一临时的任务而形成的群体，可能是正式群体，也可能是非正式群体。如安全管理体系实施小组、安全生产检查组、抢险救灾队、事故调查组等。这类群体存在的时间较短，几个月、几周、几天甚至几个小时不等，一旦任务完成，群体即行解散。

3. 群体的功能

在由个体、群体和组织构成的社会系统中，群体起着中介的作用，它是组织与个体之间联系的桥梁，对组织行为和个人心理有着深刻的影响。

具体来讲，群体的功能体现在以下几个方面：

（1）完成组织赋予的任务

这是群体最基本的功能。每一个组织（企业）都有其总目标和总任务，要实现此目标，就必须通过分工与合作，把任务逐级下达给所属的群体去推进和完成。在安全管理中，企业组织所确定的安全总目标必须通过车间、科室，直至班组这些不同层次和不同职能的群体来共同完成。群体围绕着企业安全生产的总目标，层层分解，展开细化成各个群体的具体目标，并采取有效的组织手段和技术措施来加以落实，在各自的职责范围内加强安全管理，搞好安全生产，从而确保企业安全目标的实现。

（2）进行有效的信息沟通

群体是人们了解别人、了解社会的一个窗口。在群体里，其成员可以利用各种正式渠道和非正式渠道，互通消息，交换情报，沟通与各方面的信息。如有关安全生产方面的法规、制度，国内外安全生产的科技情况，兄弟单位的安全生产经验或事故教训，以及群体内的安全生产动态，成员各种情况的变化等，都可以在群体内迅速而又广泛地传播。正因为群体能疏通多方面的信息渠道，因而能够满足成员对信息的需要。

（3）协调组织内的人际关系

人们长期地在一个群体中工作、学习、生活，既可能形成亲密友好的关系，也可能会产生一些隔阂和冲突。群体的作用就是根据这些隔阂和冲突产生的不同原因，利用群体的力量，有针对性地做好思想教育工作；通过心理咨询活动、开展批评与自我批评等方式，协调好人际关系，促进人与人之间的感情交流和相互了解，消除各种隔阂和矛盾，增进群体成员的团结协作和增强群体的内聚力。

（4）促进成员间的相互激励

实行激励可以调动人的积极性，对于提高安全生产绩效具有重要作用。群体可为成员提供对自我认识、相互竞争的环境。一方面，通过群体成员之间的思想交流，可以巩固自己原来不确定、不定型的看法和意见，增强个人的自信心，完善自我认识；另一方面，通过相互交往，看清别人的长处、发现自己的短处，从而激励群体成员奋发向上的精神，形成你追我赶、相互竞争、共同提高的良好风气。

（5）满足群体成员的心理需求

群体成员的需求是多种多样的，有的可以通过工作得到满足，有些则要通过群体来满足。一般认为，群体可以满足其成员以下几种心理需求：一是获得安全感，个体在群体中可以免于孤独、恐惧，获得心理上的安全感；二是满足归属的需要，群体中的个体可以与其他成员建立联系，通过交往获得友情和支持，当个体生病、疲劳或遇到困难时，能得到群体成员的互助和鼓励；三是满足自尊的需要，个体在群体中的地位，如受人尊重、受人欢迎等都可以满足自尊的需要，同时也会产生自我确认感；四是增加自信和力量感，在群体中经过大家共同讨论、交换意见，得出一致的结论，可以使个体对某些不明确的、无把握的看法获得支持，增强信心。

企业安全管理必须依赖于企业群体的上述功能，以维持企业安全组织工作的有效性和正常运行。

二、群体行为及其特征

1. 群体行为特征

群体是由个体构成的，因此群体行为也离不开个体行为。但是群体行为并不是个体行为的简单相加。这是因为，当某一群体把其成员凝聚在一起的时候，就不再以个体的意识、目的为转移，而是具有该群体的意识和目的，并且具有其特定的社会性，该群体的活动效果反映着整个行为主体的状况。例如，厂长在考察各车间安全管理状况时，会分析哪个车间工作得好，哪个车间工作得不好。工作的好与坏，可以有许多不同的标准，但这些标准的出发点均不是衡量哪个人，而是衡量整个车间。群体在其组织内部的一切活动，其发挥作用的性质、大小、方式等，均属于群体行为。任何一个群体，自其建立形成之时起，就是作为群体来进行活动并且产生相应影响的。因此，群体行为主体在组织内进行的活动就是群体行为。

群体行为一般具有以下四个方面的特征：

（1）群体行为是有规律的行为

任何群体中，均存在着活动、相互作用和感情三个要素，群体是通过这三个要素而存在的。活动即人们所进行的工作、所从事的任务；活动的完成，取决于群体成员对活动的认识、态度和感情，以及相互间的协作与配合；群体成员思想感情的融洽对任务的完成和相互间的合作具有重要的意义。在上述三要素相辅相成的过程中，是有群体行为变化规律可循的。群体行为作为有意识、有目的的活动，既受到社会特别是所从属的组织的群体规范制约，又受到群体内的成员的个体意识、需要、态度和动机等的影响。因此，安全管理心理学对于群体行为的研究任务，正在于对群体行为变化规律的掌握及其对安全生产的影响。

（2）群体行为是可以定性或定量测量的行为

群体行为的某些方面可以进行定性分析，例如一个车间或班组对安全规章制度执行是严格还是涣散，车间职工安全意识水平高还是低等。就群体行为的某些具体指标来看，可以进行定量的测量，如一个车间或班组的危险隐患整改的个数，违章行为发生的次数，全年安全教育的人数等，可以通过这些定量指标确定该车间或班组的安全生产基本状况。

总之，对群体行为进行测定，有利于分析一个群体的现状，从而进行正确诊断，找到促使其行为合理化和提高绩效的正确方法。

（3）群体行为是可以划分为不同类型的行为

对群体行为予以定性和定量测量之后，可以根据测量结果把群体行为划分为若干类型。首先，从群体行为的作用来划分，可以分为积极行为类型和消极行为类型。其次，从群体所承担的主要任务来划分，可以分为主要行为类型和次要行为类型。再次，从一定时期内在群体中起主导作用的行为来划分，可以分为主流行为类型和支流行为类型。最后，从行为持续时间及行为目的来划分，可以分为长期行为类型和短期行为类型。

（4）群体行为是对其成员的个体行为有重大影响的行为

群体中的个体要受到群体规范和纪律的约束，同时成员个体在群体中具有归属感，因此群体的行为必然会对其中个体的行为产生重大影响。例如，一个生产班组在生产作业过程中以遵章守纪为主流行为，则其成员一般都会遵章守纪。某职工违反规章制度的行为会与班组的行为格格不入，这就制约了职工个人的违章行为发生。

2. 群体动力论

群体动力论也称群体动力学，作为一个独立的研究领域形成于 20 世纪 30 年代后期的美国。群体动力论主要研究群体、群体活动的过程、群体行为的动力。通俗地讲，群体动力论就是研究在群体中，只要有别人在场，一个人的思想行为就同他单独一个人时有所不同，会受到其他人的影响作用的理论。

群体动力论是由德国心理学家勒温于 20 世纪 40 年代开创的。他援引物理学中的力场概念，来说明群体中成员之间各种力量相互依存、相互作用的关系，以及群体中的个人行为。他认为，人的心理和行为决定于内在需要与周围环境的相互作用，群体中个人行为的方向和强度取决于个人现存需要的紧张程度（即内部动力）和群体环境力量的相互作用关系。群体动力论就是研究群体内部力场与情境力场相互作用的情况与结果，研究群体中支配行为的各种力量对个体的作用与影响。

群体动力论认为，群体动力来自于群体的一致性。这种一致性表现为群体成员有着共同的目标、观点、兴趣、情感等，群体成员在群体动力的相互作用和影响下，其行为会发生变化。

3. 群体行为对个体的影响

群体对其成员的安全心理和行为都会产生一定程度的影响，而对个人心理的影响会促使个体的安全行为发生变化。个人在群体中的安全心理与行为和他单独一个人时往往不同。在一些情况下，个人在群体中工作或别人在场时，其工作效率和安全行为会表现较好，管理心理学家把这种现象称为社会助长或社会促进；而在另一些情况下，个人由于处于群体中或他人在场，其工作成绩反而比独自工作时低，或者操作失误性增加，管理心理学家把这种现象称为社会致弱或社会促退。

群体对个人安全作业究竟是起助长作用还是致弱作用主要取决于如下几个因素：

（1）工作性质

根据心理学家的实验研究发现，群体其他成员在场所发生的作用取决于作业的性质，即作业的机械性与复杂性。当从事简单、熟练、机械性的工作时，一个人单独操作，不如与其他人一起工作效率高，甚至会在自认为不会发生事故的情况下，采取违章作业的行为。当从事复杂性工作时，例如在要求快速情况下操作复杂的设备，或事故隐患因素较复杂而需要及时判断解决时，有其他人在场将会起干扰作用，会促使工作者注意力不易集中，效率降低，失误增加。但也有人指出，如果群体中成员关系是相互依附，有共同的目标，而且有自由沟通的机会，则许多人在一起可以相互启发，开拓思路，也有助于新观念、新方法的产生。可见，在什么情况下发挥社会助长作用，要因人、因事、因时、因地制宜。

（2）竞争心理

人们通常都有一种成就动机，这种动机的强弱程度与它对个体活动所产生的推动作用的大小成正比。个人的成就动机在有他人在场时表现得特别强烈，希望自己的工作比其他人做得更好，这时强烈的成就动机会转变为竞争动机。即使只有两个人在一起工作，不是有意识的竞赛，个人的成绩也比在单独时好，因为双方都不肯示弱，在暗自使劲。而个人在单独工作时，缺乏较量的对手，劲头自然不足。这种现象被称为结伴效应。

（3）被他人评价的意识

个人在群体中作业时，不可避免地会产生被他人评价的意识。个人在和其他成员一起工作时，总认为他人有评价自己的可能性。这种意识一旦产生，就会对个人的行为起推动作用。竞争心理和被他人评价的意识是结伴效应的心理基础。而结伴效应对安全行为是促进还是促退，不可一概而论，要看群体的环境而定。

4. 群体安全规范的作用

群体安全规范是群体成员意识中的一种安全生产行为标准，具有强迫成员接受的规定形式。它规定了成员安全行为的范围，有约束成员行为的效力。群体安全规范有的是明文正式规定的，即各种安全规章制度和操作规程；有的则是非正式的、由成员自动形成的行为标准，这种默契标准就成为成员自律的一种潜在的标准。

在生产活动中，不论是正式群体还是非正式群体都有自己的行为规范，在共同的生产活动中，如果有谁偏离或破坏了行为标准，就会受到群体的压力，如讽刺、冷淡、轻视、批评、打击，甚至惩罚，以此来纠正其偏离行为，使之回到群体规范的行为准则上来。明文规定的安全行为规范，未必是工作群体真正的行为规范，因此，安全管理的重要和困难的任务之一就是如何使明文规定的安全行为规范与群体的实际安全行为规范相一致。

群体安全规范一旦形成，其产生的功能主要体现在以下几个方面：

（1）群体事故预防的功能

群体规范可使成员间彼此认同，行为趋向一致。一个群体在安全规范上越是标准化、特征化，则每个成员在生产作业中都越关注安全，行为越符合安全要求，整个群体就越能预防伤害事故的发生；反之，安全规范化、标准化程度越低，群体就越散漫，以致违章或不安全行为出现可能性越大，则事故越可能发生。

（2）安全评价标准的功能

群体安全规范一旦被其成员认同，就会成为群体成员行为的参照标准，并以此衡量安全与否、风险程度，从而引导生产作业过程中人们对安全事务的认知、判断、态度和行为。

（3）安全行为导向和矫正的功能

群体安全规范为其成员的活动划定了范围，规定了成员应该做什么和不应该做什么，对成员的安全行为有导向作用。如各项生产作业的安全操作规程，就是一种典型的集体行为规范。当成员的行为背离了规范，通过群体压力，促使成员纠正偏离的行为，回到规范的标准上来。

（4）安全动力的功能

群体安全规范一旦被成员所认同，就能成为一种巨大的力量，这种力量表现在群体舆论中。群体舆论是大多数成员对某一种行为的共同评论意见。当某些成员的行为、举动与群体安全规范相矛盾时，人们便对这些行为做出内容一致的判断或结论。这种带有情绪色彩的舆论对个人不安全行为具有制约作用。

研究表明，一个未形成良好的群体安全规范的群体，会有许多不安全的违章行为出现。因此，在企业安全管理过程中，创立和维持群体安全规范，对于促使职工的行为更好地符合安全生产的要求，具有很大的作用。

5. 群体压力和从众行为

许多研究表明，人的社会性很强，每个人都希望得到群体、社会的保护和帮助。同时，个体在群体中会感到群体的压力，并且发生从众行为。

（1）群体压力及其特点

在群体内部，当个人的意见与多数成员的意见不一致时，会感到心理紧张，产生一种无形的心理压力，这种压力就是群体压力。它有两个特点：一是这种压力来自并存在于群体内部，是群体所特有的，不同的群体会形成不同性质和不同强弱的群体压力；二是这种压力与群体规范有关。群体规范形成一种无形的压力，约束着人们的行为，群体压力不同于权威命令，它不是由上而下明文规定的，也不具有强制性，而是一种群体舆论、群体气氛，是多数人的一致意向，它对个体心理上的影响和压力有时比权威命令还大，个体在心理上往往难以违抗，感到必须采取相符行为才有安全感。

（2）从众行为及其影响因素

在群体压力下，个人放弃自己的意见而采取与大多数人相一致的意见或行为，这种现象称为从众行为，也叫相符行为，俗称随大溜行为。影响从众行为的因素很多，对一般人来说，当自己的行为与群体的行为完全一致时，心理上就感到安稳；当与多数人意见不一致时，就感到孤立，这是人们在日常生活中经常遇到的随大溜思想的一个渊源。但是，也有一些人坚持自己的独立性，不愿随便从众。一般来说，个体在群体压力下是否表现从众行为，主要受个体所处的情境、问题的性质和个体特性等因素的影响。

（3）从众行为的表现形式

从众行为又可分为几种不同的表现形式。一个人的从众行为往往会发生表里不一的情况，从表面和内心两种层面来分析，表面的行为可分为从众或不从众，而内心的反应可分为接纳与拒绝。这样，对同一个人来说，可以有下列四种现象：一是表面从众，内心也接纳，即所谓口服心服。二是表面从众，内心却拒绝，即口服心不服。这是假从众，心理学上称为"权宜从众"。这是当个体不赞成群体，但由于某些原因又无法脱离该群体，担心不从众会对自己造成不利后果时出现的情况。三是表面不从众，内心也拒绝。四是表面不从众，内心却接纳。

（4）群体压力和从众行为对安全管理的作用

群体压力和从众行为的作用对安全管理具有双重性质：利用得当，可产生积极作用；放任不管，可产生消极作用。

其积极作用在于：它有助于群体成员产生一致的安全行为，有助于实现群体的安全目标；它能促进群体内部安全价值观、安全态度和安全行为准则的形成，增强事故预防能力，维持群体良好的安全绩效；它有利于改变企业的安全与己无关观点与不安全行为；它还有益于群体成员的互相学习和帮助，增强成员的安全成就感。

其消极作用在于：它容易引发违章风气，不易形成职工勇于提出安全整改意见的习惯；容易压制正确意见，在行为一致的情况下，产生忽视安全、单纯追求表面生产效益的小团体意识，做出错误的安全决策。

在企业安全管理工作中，应充分利用和发挥群体压力和从众行为的积极作用，克服其消极作用，使个体行为朝着符合安全要求的方向发展。

三、安全生产的群体凝聚力和士气

1. 群体凝聚力的概念及其特征

群体凝聚力又称群体内聚力，是指将群体成员吸引在群体内而对他们施加影响的全部力量的总和。也可以说是群体所具有的一种使其成员在群体内积极活动和拒绝离开群体的吸引力。群体凝聚力既包括群体对其下属成员的吸引力，又包括群体成员之间的相互吸引力。当这种吸引力达到一定程度，而且群体成员资格具有一定的价值时，这样的群体就是具有高凝聚力的群体。

群体凝聚力这一概念与人们日常使用的群体内部团结的概念相类似。它可以通过群体成员对群体的向心力、忠诚度、责任感、荣誉感、自豪感等以及成员间齐心协力抵御外来攻击或同外部群体的竞争力来表现；也可以用群体成员之间的关系融洽、相互协作、友谊和志趣等态度来说明。

群体凝聚力是维持群体存在、发展的必要条件。一个群体如果失去了凝聚力，也就失去了群体的力量和功能，犹如一盘散沙，不仅不能完成好组织的任务，甚至连群体本身也难以维持下去，或是名存实亡。群体凝聚力是实现群体功能实现群体目标的重要条件。管理实践表明，有高凝聚力的群体，群体成员关系融洽、意见一致、团结合作，能较好地发挥自己的功能，顺利地完成组织的任务；而凝聚力低的群体成员之间意见分歧、关系紧张、相互摩擦、个人顾个人，不利于组织任务的完成。在企业生产组织中，有效的安全管理需要正式群体的凝聚力作为保证，在凝聚力低的群体（如车间或班组）中安全规章制度的执行必然受到较大影响。同时，良好的安全生产条件和环境，规范的安全作业标准，又可以增加群体的凝聚力。

高凝聚力群体的基本特征：一是成员间意见沟通快，信息交流较为频繁，民主气氛好，关系和谐，相互了解较为深刻；二是成员归属感强，心系群体，愿意参加群体活动；三是成员关心群体，愿意承担更多的群体任务，维护群体的利益和荣誉。

2. 影响群体凝聚力的因素

群体凝聚力的高低受许多因素的影响，其中主要有以下几个：

（1）领导方式

不同的领导方式，对群体的凝聚力有不同的影响。1939 年心理学家勒温等人的经典实验，比较了"民主""专制"和"放任"三种领导方式下的群体气氛和工作效率，发现"民主"型领导方式的组比其他组成员之间更友爱，群体成员思想更活跃、情绪更积极、凝聚力更高；在"专制"型领导方式的组中，群体成员同领导者的关系比较疏远，甚至紧张，对领导牢骚满腹，缺乏工作积极性，群体凝聚力低；在"放任"型领导方式的组中，群体成员对领导也并无好感，有组织的行动和以群体为中心的行动也少。此外，群体的领导班子自身是否团结，也会直接影响群体的凝聚力。实践表明，领导班子自身闹不团结，互相扯皮、拆台，群体便失去核心，因而凝聚力降低；反之，领导班子团结一致，而主要的领导者有较高的权威，那么成员会紧密地团结在他们的周围，产生较强的凝聚力。

（2）成员的同质性或互补性

所谓同质性，是指群体成员之间有着共同的相似性，如民族、文化、背景、兴趣、爱好、需要、动机、信念、价值观及人格等。一般来说，成员间的同质性越高，群体的凝聚力也就越大。其中，共同的目标和利益是最关键的因素。所谓互补性，是指具有异质性的成员在某些方面的互相补充、渗透、交融。如果具有异质性的群体成员之间感到彼此在某个或若干方面能够取长补短、互相补充时，也会增进成员间的感情和密切关系，增强凝聚力。

（3）奖励方式

群体内部的奖励方式可以分为个人奖励和群体奖励两种。许多管理心理学家研究比较了个人奖励与群体奖励两种方式的作用，发现不同的奖励方式确实会影响群体成员的情感和期望，进而影响群体的凝聚力。西方管理心理学的研究一般认为集体奖励方式可能增强群体的凝聚力；而个人奖励方式可能增强群体成员之间的竞争力。研究表明，采用个人奖励和群体奖励相结合的形式有利于增强群体的凝聚力。

（4）工作目标结构

群体工作任务的目标结构与群体凝聚力也有密切关系。群体成员的目标若与群体任务目标不关联就容易降低群体凝聚力；反之，把个人与群体的目标有机结合，就能够增强成员的群体观念和凝聚力。

（5）满足成员需要的程度

个人参加一个群体，是因为他觉得这个群体有助于满足他的物质和精神方面的各种需求。一般来说，群体对成员各种需要满足度越高，群体对他就越有吸引力，群体的凝聚力也就越大。

（6）群体的成就和荣誉

在组织中，每个群体都占有各自不同的实际地位，这往往是由许多不同的原因发展形成的，其中主要是由群体所做贡献的大小决定的。当一个群体取得显著成绩，获得组织的表彰，被授予"先进集体"荣誉称号时，其群体成员的心理认同会更强烈，每个成员都会有一种光荣感、自豪感，并希望尽其所能来维护这种声誉。一个群体的成就越大，社会对该群体的评价就越高，群体成员的归属感和自豪感就越强烈，群体凝聚力也就越高。

（7）外部的影响

有些研究表明，外来的威胁会增强群体成员相互间价值观念的认同和依赖性的增强，从而提高群体的凝聚力。不同群体间的竞争会使群体遭受损失，这或许会促使群体内成员更加团结，增强凝聚力，以对付这种竞争。另外，一个群体如果与外界比较隔离，这个群体的凝聚力就高。

此外，群体的地位高低、目标达成的程度、规模的大小、内部信息沟通的程度，以及是否具有良好的行为规范等因素也会影响群体的凝聚力。

3. 群体凝聚力与安全管理的关系

群体凝聚力有自然凝聚力、工作凝聚力、领导凝聚力、情感凝聚力等，安全心理学研究群体凝聚力，目的在于创造和运用这些因素，增强群体凝聚力，提高安全绩效，促进安全管理。

群体凝聚力与安全绩效之间存在着复杂的关系：高凝聚力可能提高安全工作绩效，也可能降低安全绩效。凝聚力与安全绩效的关系，密切相关于群体的行为规范、目标、态度与组织安全目标的符合程度。当群体的安全态度、规范、目标与组织安全目标相一致时，群体凝聚力高，其安全绩效也高；反之，当群体对安全的态度、规范、目标与组织安全目标不一致时，群体凝聚力高，其安全绩效反而降低。

企业安全管理者应该认识到并认真对待群体凝聚力对其安全绩效的影响。对于凝聚力高而其实际安全规范不满足或不符合企业安全要求的车间、班组等群体，必须加强对群体成员的安全监督和检查，提高群体的安全生产指标的规范标准，使群体的安全目标与组织安全目标保持一致性。而对于凝聚力低的群体，要仔细分析影响凝聚力的各种主客观消极因素，积极引导群体对这些因素加以克服，这样才能使群体凝聚力成为促进安全生产绩效的动力。

第五节　加强安全管理常用对策与方法

如前文所述，管理是人类有目的的活动，它广泛应用于社会的各个领域、各个组织之中，实际上，不论是什么组织，都需要合适的管理。管理是通过计划、组织、领导和控制，协调以人为中心的组织资源与职能活动，以有效实现目标的社会活动。管理的核心是处理好人际关系。管理是让别人与自己一道去实现既定的目标。管理者的工作或责任的很大一部分是与人打交道，所以处理好人际关系对管理工作的意义十分重要。在企业的安全管理中，许多企业从人本主义出发，开始重视人员的心理变化、行为方式，注意发挥人的主观能动性，充分调动人的积极性，从而做好安全管理工作。下面，介绍六家企业安全管理的好经验。

一、翟镇煤矿大力塑造差异管理文化的做法

翟镇煤矿隶属新汶矿业集团，于1993年12月正式建成投产，已经连续多年实现安全生产，安全产煤520多万吨，创出了建矿以来最长的安全生产周期。

翟镇煤矿领导高度重视安全生产管理工作，将安全工作作为一项系统的工程认真抓好。自2003年以来，突破传统思想束缚，形成站在职工的角度管企业的思路，大力塑造差异管理文化，使矿井企业安全管理走上了特色突出、健康发展的轨道，安全、效益、人均收入等各项工作均处新汶矿业集团公司前列，迅速成长为最具活力、最具竞争优势的现代化矿井，先后获得"全国煤炭行业企业文化示范矿""全国文明煤矿""山东省创建学习型组织示范单位"等60多项荣誉称号。

翟镇煤矿大力塑造差异管理文化的主要做法是：

1. 实施管理创新，把薄弱环节变成放心部位

著名的"木桶理论"揭示了这样一个道理：决定木桶容水多少的不是最长的木板，而

是最短的一块木板。翟镇煤矿正是通过有效的安全管理机制，使短木板变长，使安全生产的薄弱环节变成了放心环节，促进了安全生产形势的持续好转。维护制度的权威性，严格考核奖罚机制。该矿把煤矿安全规程和其他各种安全规章制度视作不可逾越的界限，不允许任何人违反，否则将严加惩处。为此，翟镇煤矿提出了"三个没有"的考核奖惩理念：没有安全就没有职工的生命，没有安全就没有领导的位置，没有安全就没有企业的效益。在这里，凡事只要有安排，就有监督、有考核、有奖惩。当天发现的安全隐患，当天落实整改措施、整改责任人、整改时间和复查人员。矿上安排任务实行 24 小时复命制，否则将按照有关规定进行处罚，给予曝光。

为了监督管理人员是否按章指挥、是否管理到位，同时增强职工的自我管理、自我约束能力，该矿赋予一线职工五项权利，即管理人员班前不交代生产现场安全注意事项，职工有权拒绝下井；管理人员违章指挥，职工有权拒绝生产；安全设施不完善，职工有权拒绝进入生产现场；现场安全无保障，职工有权撤离；现场没有安全管理人员，职工有权停止作业。职工行使五项权利视为有效出勤。这五项权利赋予了职工理直气壮抓安全的"尚方宝剑"，提高了职工安全监督的积极性，有效制止了管理人员在安全管理中不按规章指挥的现象。

2. 推进安全文化建设，让安全文化规范职工的行为

安全文化是矿井安全管理的核心。安全理念的深入人心，安全生产的周期不断延长，逐步实现了该矿安全生产由制度管理向文化管理的升华。差异是社会中普遍存在的现象。该矿从差异现象中悟出哲理，汲取精华，形成了独具特色的差异管理文化，响亮地提出了"就是不一样""求同先求异""有差异才有和谐"等理念，使承认差异、认识差异、掌握差异、利用差异渗透到矿井各个层面。该矿针对职工群体的差异，细分层次，实行差异化的宣传教育，规范了职工的安全行为。该矿将区队人员细分为管理人员、工程技术人员、班组长、职工和劳务协议工五个层次，通过安全业务学习、班前班后会、职工话安全等不同方式进行教育，针对文化素质差异，实施教、考分离。人力资源部分管教培人员负责编制切实可行的月度教培规划，各有关单位根据下发的月度培训计划认真组织职工进行学习，由安监处根据月度学习负责拟题，对考卷实施 A、B 试卷，考试期间凡出现抄袭、替考、作弊的一律按零分计算，由安监处、人力资源部共同负责监考阅卷。这一办法提高了教育培训效果，达到了以考促学、以学保安的目的。

3. 治理"三违"行为，将重罚变轻罚

翟镇煤矿在安全管理上，从 2001 年开始，每月的"三违"罚款平均数额达到了 20 万元，现在却降低到 6 万元左右。这是该矿实行新的制止"三违"办法取得的效果。

罚款是煤矿制止"三违"的一项重要手段，轻微违章罚 20 元，重大违章罚 50 元。但是，到 2003 年，罚了 2 年的翟镇煤矿发现，钱是越罚越多了，可是违章现象并没有减少多少。并且，罚得多，多数职工较难接受，心理压力也很大，有对抗心理，甚至有殴打安监员的现象出现。另外，一些职工还处于两难境地，家庭容易出现问题。家庭发生矛盾，职工就很容易将不良情绪带到工作上，以此造成了恶性循环。于是，该矿决定改变做法，把罚款数额降下来，轻微违章罚 2 元，重大违章罚 5 元，相应采取其他的办法来辅助制止"三违"。

新的办法实施后，很多人提出了这样的疑问：罚款不痛不痒的有用吗？该矿领导坚持站在职工的立场上想对策，相继采取了降低罚款、模拟法庭（行政复议）、数字化系统三项措施。首先，罚款额降低了，就用积分的方式来弥补力度不够的劣势，即将违章的次数、程度转换成相应的积分，等积分积累到了一定程度，相应采取上安全课、扣罚安全奖金、停职教育等处罚方式。据了解，上安全课的效果不错，职工的被动违章率已由 2003 年的 60％降低到目前的 20％。其次，举办模拟法庭，即进行行政复议。由于违章行为的发现者是安监员，难免会受主观因素的影响。为此，该矿要求职工对安监员的处罚行为进行监督，不服者可以向矿工会提出行政复议的请求，通过模拟法庭的形式解决。最后，采用数字化信息系统。该系统是针对安全积分专门开发的，以弥补人工记录的不足。这些方法彻底改变了过去职工"管安全就是治我、罚我"的想法，用双向约束规范职工行为，安全管理水平也有所提高。

翟镇煤矿还积极营造良好的环境，现在走进翟镇煤矿，人们的第一感觉是地面非常干净，广场、喷泉、鲜花、草地，绿树掩映的林荫道，鹅卵石铺就的小路……在蓝天的映衬下，仿佛是一幅美丽的画卷。

二、鲁南化肥厂创新实施阳光安全预控管理模式的做法

鲁南化肥厂隶属兖矿集团，是兖矿集团煤化工产业发展、科技研发、人才培养"三大基地"。资产总额 39.3 亿元，现有职工 3 700 多人。年产尿素 80 万吨、甲醇 20 万吨、醋酐 10 万吨。先后荣获全国科技进步一等奖、"全国安全文化建设示范企业"荣誉称号。

近年来，鲁南化肥厂坚持"安全第一、预防为主、综合治理"的安全生产方针，不断强化安全管理机构，建立健全安全生产管理制度，完善安全生产管理体系，注重安全生产投入，以建设本质安全型企业为目标，创新实施阳光安全预控管理法，构建立体交叉式安全监管模式，安全生产呈现出良好发展态势。

鲁南化肥厂创新实施阳光安全预控管理模式的主要做法是：

1. 提高认识，完善制度，增强安全管理的主动性

认识提升境界，制度规范行为。鲁南化肥厂党政领导班子把安全视为员工最大的福利，统一认识、创新理念、完善制度，营造浓厚的安全生产氛围，实现思想和制度的超前预控。

（1）从维护员工根本利益的高度认识安全管理的重要性

鲁南化肥厂作为一个具有 40 余年历史的煤化工企业，生产过程具有高温高压、易燃易爆、连续生产、流程复杂、化学介质多、岗位分散、作业人员技能要求高等特点，安全管理难度大。在多年的生产实践中，工厂形成了一些科学有效的安全管理制度和措施。然而，随着安全管理理论的不断发展和国家对企业安全管理的要求日益严格，加之近年来工厂生产经营、项目建设、改革改制任务繁重，给安全管理带来新的挑战，迫切需要安全发展的良好局面。厂党政领导充分认识到企业安全管理的严峻性和长期性，结合煤化工特点，创新实施阳光安全预控管理。阳光安全预控管理的内涵就是把维护员工生命健康权作为安全管理的核心，紧紧围绕理念、制度、行为三要素，以安全信息网络为平台，对人、机、环境等因素进行超前分析和预防，最大限度消除和减少隐患，促进企业本质安全水平的提高。

（2）创新安全理念，营造人人关注安全的浓厚氛围

一是适时提出安全理念。结合国家"安全第一、预防为主、综合治理"的安全生产方针，该厂提出了"以人为本、责任在我"的安全理念。"以人为本"是安全管理的出发点，首先要以人的生命为本，把维护员工健康和安全放在第一位，树立"事故可防、风险可控、灾害可治"的安全管理思想，注重发挥员工安全管理自觉性和主动性；"责任在我"是实现安全目标的有效途径，强调每个人对本岗位应负安全主体责任，自觉遵章守纪、制止违章作业、消除安全隐患，实现自主保安。二是广泛营造安全氛围。对照安全目标，围绕安全理念，开展"员工安全承诺"活动，确立"以人保班、以班保天、以天保月、以月保年"的层层安全包保责任，做到人人签字、人人承诺。制作 86 块连续安全生产计时警示牌，悬挂在厂区门口和生产现场岗位，广泛宣传上级安全生产指示精神和安全理念，强化了员工安全意识。利用手机短信、网络通报等预控形式每天向全厂发送安全生产信息，提醒员工时刻关注安全。开展"党员示范岗""党员身边无'三违'""我为安全发展建言献策"等活动；连续 7 年组织夫妻共签"心相印"安全公约活动，累计 8 000 余对夫妇签约。编印 2 000 册《责任在我》安全教育漫画集发放到每个班组岗位，书中 226 幅表现安全内容的漫画和 100 条安全寄语全部从员工中征集，用员工自己的语言诠释对安全的理解，营造了浓厚的安全氛围。

（3）完善安全管理制度，实现预控体系无缝覆盖

一是完善制度。按照新下发的化工安全作业规范和《山东省化工安全生产禁令》等安全生产法律法规，修订和完善安全生产管理制度 87 项、生产工艺管理制度 38 项、机电管

理制度 82 项，形成了《安全生产管理制度汇编》《生产工艺管理制度汇编》《机电管理制度汇编》。二是重新修订岗位操作规程。共修订安全操作规程 185 项。三是细化安全生产责任制。结合国家落实主体责任相关文件要求，细化《领导分工负责制、部门业务保安责任制和员工岗位安全责任制》《领导干部下现场制度》《领导干部包保制度》《管理人员 24 小时带班制度》和《"三违"考核实施办法》等，特别是对严重"三违"和一般"三违"进行界定，细分了 65 种"三违"行为，考核细则 241 条。形成安全责任、教育培训、隐患排查、监督检查、应急救援、信息管理、考评激励、行为控制八个体系，实现了安全制度的规范化、科学化和系统化。

2. 建立平台，信息公开，实现超前预控

信息化技术是现代安全管理的有效手段。鲁南化肥厂利用企业内部网络建立安全信息网络平台，自主开发安全在线管理、生产运行监控、设备运行状态监控、网上培训、安全信息发布五个系统，实现了安全管理过程透明公开、超前预控。

（1）建立安全在线管理系统，实现管理过程透明公开

自主开发安全管理软件，在内部网络设立"安监在线"栏目，干部员工均可了解当日各单位在岗人数、检修、施工项目等具体情况。各分厂对查出的问题和整改落实情况必须通过栏目进行反馈，实现了对重点环节和重点部位安全管理过程的实时跟踪监控和闭环管理。各部门每月对安全生产情况进行分析讲评并在厂内部网公布。同时，领导干部包括厂级领导深入现场情况、重点工作目标制定和完成情况、绩效考核情况均在网上公布，接受群众监督。员工可以对领导干部目标完成情况进行不记名在线评价打分，督促领导干部认真完成安全工作目标，同时提高了员工的民主参与意识。

（2）建立网上安全培训考试积分系统，实现员工自主安全学习

网上安全培训考试积分系统设有安全培训计划发布、在线学习、笔记、自动积分、在线考试、成绩查询、效果评价等模块。培训中心定期公布培训计划、学习内容和学时规定，发布培训信息公告，员工可以自主选择学习时间，也可通过授权异地远程登录内部网进行在线学习。如需考试，系统则能从预先输入的题库中随机抽取试题，到规定时间后自动关闭。员工考试结束后即可查询成绩。系统根据学习时间和考试成绩对个人进行积分，自动记入安全培训档案，并对总体学习培训效果进行分析评价。这套系统保证了员工学习的灵活性和主动性，学习考试过程更加透明公开。和传统培训方法相比，大幅节约了安全培训时间和培训成本。

（3）建立安全信息发布系统，实现超前预防、全厂联动

安全信息发布系统包括网上信息发布系统和手机短信群发系统。坚持安全生产每天通报，及时表扬先进，曝光存在问题。实行网上定期安全管理分析，针对现场存在的各类隐

患和不安全行为进行案例式剖析，提出整改措施并进行跟踪检查。建立手机短信群发系统，每天给厂领导、中层管理人员、安监人员、班组长分层次发布当日安全生产动态信息。针对下雪、降温、暴风、雷雨等特殊天气，及时启动应急预案，利用手机群发短信功能在1分钟内即可将信息传递到有关干部员工。实现"三警"联动，在紧急情况下，员工只要拨打厂内任意一个紧急号码，消防、救护、应急救援队伍均能在5分钟内到达现场。

3. 创新措施，扎实工作，确保安全管理落实到位

为实现阳光安全预控管理，鲁南化肥厂创新安全管理措施，通过六个强化，实现员工安全素质、现场管理、隐患排查治理、员工安全行为、作业程序有效预控。

（1）强化安全教育培训，实现员工安全素质预控

根据岗位特点和技能需求，编印安全培训教材11套31本，区分中层以上管理人员、新进厂员工、特种作业人员和外来施工人员四种情况，分层次进行培训。举办准军事化安全竞技运动会，进行防护器材使用、消防器材使用、现场安全救护、军训会操四大类十项内容的比赛。聘请律师对全厂人员进行《生产安全事故报告和调查处理条例》《危险化学品安全管理条例》专题法律知识讲座，提高全员安全法律意识。举办危机管理案例学习班，参考事故案例组织员工进行学习讨论，从中吸取事故教训，进一步强化员工危机意识，增强风险防控能力。坚持亲情感化、教育警示和安全帮教相结合，对"三违"人员严格实施帮助教育。开展导师带徒、岗位练兵和反事故演习，推行岗位练兵卡，建立每日一题、每周一卡、每月一考培训制度。通过丰富多彩的安全教育活动，提高了全员安全素质。

（2）强化作业细节标准，实现安全行为预控

正确做事，细节攸关。结合企业精细管理工作，企业对标准、制度进一步细化、补充和完善，对没有标准和制度规定的，发掘形成可操作、可量化的具体要求，编印《员工行为规范》《精细管理通用细节》《安全通用规范》等下发到班组岗位，组织员工系统学习。比如《精细管理通用细节》中关于安全带使用就细分为19条，从佩戴前外观检查到正确的佩戴方法、注意事项等，逐条解释，员工通过学习就能全面正确掌握使用方法。同时，实施动火管制，规定每周一、三、五为动火作业日，其余时间不准动火。

（3）强化考核激励，实现员工自主预控

一是奖罚分明，不讲情面。强调"安全管理不到位，首先是干部的失职"。每月对全厂中层以上干部绩效考核情况进行通报，严格安全考核奖惩兑现。实施全员安全风险抵押，把工资中40%的比例按安全绩效进行考核。设立安全基金，实施月度评比、季度兑现的动态考评机制。同时还设立"安全黄椅子"。每月根据安全考核情况评选出三个安全最好单位和一个安全最差单位，对好的单位进行表扬奖励，差的单位主要负责人坐"安全黄椅子"，把整改措施放在企业内部网上，接受全厂干部职工的监督。二是实行诫勉谈话制度。对安

全管理较差单位主要负责人由组织进行诫勉谈话，谈话情况记入干部个人安全档案。三是开展安全星级班组和星级员工评选活动。分为三个星级，每季度评选一次，根据积分确定不同星级，分别给予 200～1 000 元的奖励。明确界定一般"三违"和严重"三违"标准，对出现严重"三违"的班组，挂"安全不放心班组"警示牌，由所在单位重点监控，并给所在单位挂红牌，实施联挂考核。

通过实施阳光安全预控管理，促进了该企业本质安全水平的提高，收到了较明显的效果。该企业实现连续安全生产 11 个年头，累计实现安全运行 3 974 天，杜绝了轻伤以上人身事故和一般以上非伤亡事故，有力促进了企业生产、经营、发展等各项工作。

三、大连西太平洋石油化工有限公司实施"四有工作法"的做法

大连西太平洋石油化工有限公司（以下简称西太平洋石化公司）是由中法两国股东共同投资兴建的我国第一家大型中外合资石化企业，成立于 1990 年 11 月，1992 年动工建设，1996 年投料试车，1997 年年底全面投产，年原油加工能力 1 000 万吨。公司建有 16 套先进的生产装置和完善的公用工程系统、辅助生产设施，以加工高硫原油为主，产品全部加氢精制，目前已经形成了系列无铅汽油、轻质柴油、石脑油、燃料油等十余大类、30 余个牌号的产品生产能力。

西太平洋石化公司作为中国第一家全加氢型炼油企业，拥有国内最大的重油加氢装置，但是加工的原油硫含量高、腐蚀严重，而且人员新，安全管理缺乏经验，在安全生产上面临严峻的挑战。面对困难，公司从 1998 年开始，先后三次派人到法国道达尔炼厂学习先进的管理经验，转变观念，中外结合，扎实苦干，采取切实可行的措施，实施"四有工作法"，使企业安全管理逐步走上了正轨，并取得长足发展，连续 8 年安全生产无上报事故，取得良好的经济效益，并为企业的发展奠定了坚实的基础。

西太平洋石化公司实施"四有工作法"的主要做法是：

1. 转变观念，贯彻实施"四有工作法"

该公司通过对国内外炼油厂一系列管理理念、管理办法的认真体会和归纳，结合企业自身实际，逐步总结形成了一套"工作有计划、行动有方案、步步有确认、事后有总结"的"四有工作法"，实现了工作观念和工作方法的根本性转变。

（1）工作有计划

计划是做好各项工作的前提。国外公司各项工作的计划性特别强，管理人员时常拿出有关工作日程安排的手册，查阅每天要干什么工作并提前做好准备。这与国内企业经常做临时性的决定，处理临时性的问题大不相同。国内企业做事常常因事先准备不充分，工作

起来显得很忙乱。如装置开停工过程总是显得忙碌、紧张。而国外炼厂的开停工过程由于计划、方案制订得非常翔实、准确，实施起来井井有条、忙而不乱。西太平洋石化公司通过借鉴国外先进公司的做法，科学制订计划，有效执行计划，大大改善了工作效果。

（2）行动有方案

方案是确保计划落实到位的关键。以前公司做一项工作，经常没有一个经过认真研究后确认的方案，或者方案很粗糙，有时一篇纸上写几句指导性原则就拿来作为方案执行，有经验的能够做好，没经验的就容易出问题。通过向道达尔炼厂学习，该公司改变了这种做法，凡是行动都要有科学、严谨的方案。例如，过去大机组检修，只有技术方案，操作性不强，细节规定不明确，实施过程中操作弹性大，个人经验的成分多，检修质量难以保证。为了改变这种做法，该公司借鉴道达尔操作规程原理，编制实施了《设备检修作业规程》，把检修分解成若干状态、步骤，设立风险确认点，量化检修标准，实时记录检修数据，使整个检修过程完全受控。

（3）步步有确认

步步有确认是确保方案达到预期目的、取得预期效果的必要保证。现场进行的任何一项工作，都设计确认步骤，大的如开停工操作，小的如动火作业。该公司的操作规程将开停工操作分解成详细的步骤，每执行一步操作都要进行确认。一般步骤由操作员自己确认，关键步骤由班长或工程技术人员进行确认并做好标记，使操作始终处于受控状态，确保开停工的顺利完成。该公司还对原有的"用火作业票"进行了修改和完善，增加了在动火前必须确认的具体内容，而不是传统的逐级签字，从而保证了作业安全。

（4）事后有总结

总结是进一步提高的重要手段。为此，针对任何开停工过程、生产调整或者生产方案的实施，该公司都认真进行总结，大的形成独立的总结材料，小的在周分析、月分析中进行技术分析，归纳出好的做法，总结出经验教训。尤其是各装置场运行工程师的班运行分析，特点显著，针对性和时效性强，能够及时反映加工计划的完成情况、产品质量情况、主要操作调整情况以及存在的问题。周运行总结也非常及时，给公司各职能部门和公司领导提供了适时的信息资源和决策依据。

2. 把定期工作"台历化"，实现生产装置日常工作管理受控

生产装置的日常工作比较繁杂，重复性强，容易出现漏项和错误，西太平洋石化公司进行认真的探索和研究，总结制定了"定期工作法"，并把定期工作"台历化"。

定期工作"台历化"主要包括四个方面的内容：一是《定期工作规定》，解决了装置操作人员应该定期干什么的问题；二是《定期工作台历》，实现了定期工作"台历化"，这是"定期工作法"的最大特点，解决了定期工作的记录和确认问题，将责任落实到具体人员；

三是支持性文件，解决了如何做的问题；四是《定期检查表》，解决了检查过程中由于检查点多而出现的漏检问题。

定期工作"台历化"得到了广大操作员工的肯定。与 HSE 中的"两书一表"异曲同工，将其运用到安全环保、生产、设备等各项管理中，使日常繁杂的工作不易遗漏，并且使用起来非常方便，有利于岗位人员执行，使岗位人员对当天、本周、本月甚至本季度的工作一目了然，并能把每项工作落实到人，做到步步有确认，各项工作都井井有条，处于受控状态。

3. 实行"五班三倒一培训"，提高员工操作技能

以往操作人员的培训通常是在"四班三倒"的模式下进行的，每个副班进行培训。由于班组人员半夜下班，上午来进行培训非常疲惫，学习精力和学习质量无法保障。并且倒班一个循环培训一次，不连续、不系统，效果很差。于是该公司采取五班倒班编制，倒班操作为四班三倒，有一个班抽出专门接受集中培训，培训时间有了充足的保障。

在师资方面，该公司采取外聘讲课和内部培训相结合的模式，并以内部培训为主。公司领导都是高级培训班的讲师，主要负责对中层领导干部的定期培训，培训不但紧密切合实际，而且增加了上下沟通渠道，效果很好。同时，把培训需求进行整理分类，制订出培训计划，年初召开专门培训会议，总经理参加计划的讨论审核，确定之后，纳入公司的计划管理体系，逐级分解，并制定保障措施，年终考核。同时，根据培训需求，组织编写培训教材。公司的教材有炼油厂安全规程、典型事故汇编以及近年来引进的新的管理手段方法，如操作规程、操作图等。

通过不断培训，现在该公司 70% 的操作人员达到了系统操作水平，做到了操作人员百分之百参加培训，百分之百持证上岗，百分之百掌握岗位操作知识和技能。

四、陕西金泰氯碱化工有限公司努力提高员工素质的做法

陕西金泰氯碱化工有限公司（以下简称金泰公司）创建于 2003 年 12 月，主要利用陕北能源化工基地丰富的岩盐、煤炭等优势资源，生产聚氯乙烯等化工产品，2006 年一期 10 万吨/年聚氯乙烯项目全面达产达标，公司的两大主营产品聚氯乙烯、离子膜烧碱已销售全国，受到客户青睐。

金泰公司在安全生产管理上，认真贯彻"安全第一、预防为主、综合治理"的方针，积极落实安全环保目标责任，严格执行各项安全生产法律法规，采取了加强全员培训，提高员工素质，强化现场管理等措施，使公司的安全生产水平不断得到巩固和提高。截至 2009 年上半年，公司已实现了连续安全生产 980 天，并全面完成了各项安全生产工作目标：

无人身死亡事故，无重伤事故；无重特大事故；无重大责任性生产事故；"安全作业票证"及"两票"合格率100％。

金泰公司努力提高员工素质的主要做法是：

1. 扎实的安全生产教育工作，是安全生产的重要保障

金泰公司牢牢把握"安全教育"这一提高员工安全素质的重要途径，以安全法规、安全管理、作业规程等知识的学习为重点，严格三级安全教育工作，狠抓周一"安全活动日"活动，加强安全生产教育工作，切实提高员工的安全生产素质。几年来，公司组织了多次安全培训活动，参加培训考试员工累计5 000多人次，其中中层领导安全教育120人，整体考试合格率达到100％。公司还通过宣传、书画展、演讲比赛、黑板报比赛等方式，结合安全生产形势开展一系列活动，进一步树立了"安全第一、预防为主、综合治理"的方针思想，提高了公司员工的安全生产意识，激发了广大员工的安全生产积极性。

2. 认真开展安全大检查活动和反"三违"活动

几年来，金泰公司认真开展安全大检查活动和反"三违"活动，及时排查安全隐患，并狠抓整改工作。认真落实"春安""秋安"大检查，成立了"春安""秋安"大检查工作领导小组，严格要求各单位"查领导、查思想、查管理、查隐患、查规程制度"，扎实开展自查和整改工作，积极消除影响安全生产的各类安全隐患165项。公司还先后通过春节前安全综合大检查、劳动节前安全大检查、"安全生产月"、国庆节前安全大检查等活动，进一步强化措施、落实责任。对"三违"现象的治理，公司坚决以"铁的制度、铁的手腕、铁的纪律"开展违章治理，加强对反"三违"行为的宣传培训教育，树立员工正确的思想观念，提高安全生产基本素质，增强责任感，自觉规范行为，远离违章。几年间，共查处"三违"191起，对相关责任人进行了严肃处理，有效遏制了"三违"现象的发生。同时，公司认真吸取同类企业危险化学品事故的教训，进一步加大了危险化学品的安全监管力度，开展了专项安全隐患排查整改活动，共检查发现安全隐患18处，责令限期整改。公司购置灭火器380多具，灌装各类灭火器1 000多具，为污水处理站、固碱工段增配灭火器199具，切实做到了"有备无患，防患于未然"。针对陕北雨季气候反常、雷暴天气多的情况，公司库存了足够的各类防汛物资，在主要防汛地段建立了防汛专用沙池，对1 000多个防雷电设施进行了检查和检测。

3. 大力开展安全文化建设，是安全生产的重要法宝

为全面贯彻国家关于安全生产的一系列方针政策和重要部署，唱响"安全发展"主旋律，强化公司员工安全意识，推进公司安全文化建设，公司安全委员会决定在全公司范围

内广泛深入开展以"关爱生命、安全发展"为主题的安全文化建设活动，活动取得显著效果。成立了以总经理为组长的"安全文化"建设活动领导小组，领导小组就深入开展安全生产活动、加强安全文化建设等工作进行了部署和安排。安全文化建设活动紧紧围绕安全生产主题要求，广泛宣传科学发展观和安全发展理念。公司利用晚上员工业余时间，开展安全生产宣教片观影活动，组织全公司员工观看了《关爱生命 安全发展》《血与泪的诉说——事故案例警示录》《常见违章作业事故案例再现》等安全生产宣教片，通过耳目共睹的形式，广大员工的安全意识得到了不断提升。组织了"关爱生命、安全发展"征文比赛活动，各单位踊跃参加，将优秀文章陆续在公司媒体上发表，供大家交流学习。公司还组织安排了分厂自行编演的《师傅的"多功能"安全帽》《触电急救品》等小品，这些节目取材于生产生活，贴近生产、贴近生活，演绎生动活泼，让员工在欢笑之余、担心之余，有所思、有所想，这对加强公司安全文化建设起到了良好作用。

4. 抓好安全技能演练，提高全员安全生产素质

几年来，金泰公司抓好事故演练、反事故演习工作，组织了各类演练活动 300 余次，锻炼了基层的安全生产素质和事故应急处置能力。如 2009 年的安全生产月期间，公司组织了 6 次灭火实战培训与演练，共计 600 多人参与了灭火实战演练。组织了烧碱分厂紧急停电反事故演习、聚合工段聚合过程中双电源突然全部断电岗位反事故演习、热电分厂系统冲击反事故演习、动力分厂变压器着火事故演练、检修分厂触电急救及物资着火演练、物资部碱车泄漏事故应急演练等一系列演练活动。在这些反事故演习与事故演练中，各单位参演人员操作熟练，处置得当，圆满地完成了反事故演习与事故演练任务。通过组织演习和演练，对公司各单位应急能力进行了一次检验，提升了各单位的应急处置水平和员工的应急能力。公司还组织了"气防之星""消防之星"知识技能竞赛，竞赛得到了公司领导和驻地安监部门的大力支持。竞赛围绕空气呼吸器佩戴、氧气呼吸器佩戴、空气呼吸器组装、防毒面具使用、灭火器使用、人工呼吸、用水稀释喷淋泄漏物等内容进行，组织者还专门设计了几处"陷阱"以增加竞赛难度，大大提高了员工的安全生产素质。

五、湖北卫东控股集团有限公司实施"顾氏管理法"保安全的做法

湖北卫东控股集团有限公司（以下简称卫东集团公司）的前身是一家建于 1964 年的地方军工企业，2003 年进行股份制改革后，企业不断发展壮大，目前公司产品涵盖民用爆炸物品、机加产品和军用产品三大类，共 40 多个品种。在公司快速发展的同时，安全生产状况持续改进，已经连续多年未发生重伤以上安全事故，先后被襄樊市安监局和湖北省安监局命名为安全管理示范企业。

卫东集团公司"顾氏管理法"主要包括六项法则，其管理逻辑是：将公司一切工作以安全为核心来开展，创建以尊重人、保护人和塑造人为目标的企业安全文化，以科技进步、企业管理为手段，持续改造物的不安全状态和人的不安全行为，实现本质安全。

卫东集团公司实施"顾氏管理法"保安全的主要做法是：

1. 本质安全战略持续推进法

作为一家高危行业企业，卫东集团公司深知安全是企业的生命线。公司董事长顾勇认真落实安全生产第一责任人的责任，把实现"本质安全"纳入企业管理核心战略，明确提出"五零"安全目标（即零死亡事故、零重伤事故、零重大火灾事故、零爆炸事故、零职业中毒事故），并从安全技改、安全投入等方面持续推进，狠抓落实。自2005年开始，公司股东已经连续5年没有分红，把企业赚来的钱全部用于塑造企业本质安全上，截至目前，用于企业科技创新和技改项目的总投入已经达到1.3亿元。先后建成了电引火生产线、导爆索制造生产线、雷管全自动激光编码生产线、导爆管雷管生产线、电雷管装配生产线等具有国内先进水平的生产线，建成了11座完全符合国家规范标准的爆炸物品库房，完成了成品总库区的全面改造升级，装备了先进可靠的安保系统。包括厂区安全全方位网络化视频监控系统、库房钥匙指纹识别自动控制系统、人员进出脸谱识别自动控制系统等。在整个安全系统的建设过程中，坚持标准从高、技术从新。危险工序操作工安全防护间，国家标准规定钢板厚度为8毫米，公司实际采用厚度为20毫米，而且整个防护小间也加高和加大间距，为此企业多投入50多万元；雷管编码生产线同行企业都是采取一重防护，公司经过自主创新，建成三重防护设施，完全实现无人传送产品，为此多投入157万元；企业投入80万元建成的一座危险品库房，因实际测量安全距离比国家规范少3米，立即推倒重建。原来雷管装配全部采用手工操作，危险工位防护较差，而且人员密集（多达53人），发生群死群伤事故的风险很大。公司在考察国内外先进设备和技术的基础上，经过自主创新，率先在全国实施全自动化生产，实现了人机分离。危险工序生产人员减少到12人，而且只是通过视频进行隔离操作（不接触危险品，危险岗位用机械手替代）。

2. 安全违章整改跟进法

安全违章是事故之源。为强化职工违章行为的监控、整改，顾勇创造性地提出安全违章整改跟进法，着力构建安全违章整改长效机制。一是每月组织一次集中隐患排查，每日有安全管理人员进行日常巡查。二是凡排查出来的职工违章行为和各类事故隐患，统一填制"安全违章整改跟进表"。该跟进表有五项内容：①违章行为。包括违章依据、风险评估、可能给职工自身和他人造成的危害。②整改要求。③整改期限。④整改责任及投入保障。⑤整改跟踪时间：6个月。三是将违章行为在公司网络、公示栏、大型视屏上公开展示。为保护员工积极性，采取不记名方式。四是公示时间与整改跟踪时间一致，为 6 个月。只有该违章在 6 个月内不再重复出现，才可以确定为整改到位，撤销公示；若在公示期间再次出现同样违章，则从重复出现之日起，延续追踪 6 个月，直至整改到位。

安全违章整改跟进法的提出与实施，一是实现了一个职工违章，全体职工共同受教育。连续 6 个月的视觉冲击，会使每个职工形成深刻记忆，提高自律意识和能力。二是保护了职工的积极性。有的员工动情地说："以前违章就会被点名，虽然也能起到纠正违章的作用，但感觉还是没有面子，往往会产生抵触心理。自从实行了违章跟进管理法，违章后只是把违章现象写在公示板上，不被点名，安全员把违章的弊端及改进方法单独和我们交流，既保住了个人的面子，又起到了纠正违章的作用，真正激发了'我要安全'的主观能动性。"2006 年实施当年，共计发生各种违章现象 27 起，主要有超量、违反劳动纪律、违反工艺操作规程、违反公司安全十大禁令、无证上岗等，职工违章率为 1.7%；到 2009 年，违章现象降低为 7 起，职工违章率降到 0.4%。

3. 安全生产累进奖励法

为全面调动职工安全生产积极性，公司在对高中层领导、二级单位管理人员实行安全风险抵押金管理的同时，对一线职工实行安全生产累进奖励办法。以一个月为考核周期，如职工当年第一个月安全考核合格，则计发当月安全奖，并作为全年累进奖励基数，逐月累进。假如第一个月的累进奖励额度是 10 元的话，则第二个月的累进奖励额度增加到 20 元，第三个月 40 元，逐月呈几何级数增加。若职工在中间某个月安全考核不合格，则取消当月累进奖励，从下个月起重新累进。

为体现安全奖励的公平性，公司根据安全生产风险的大小，把累进奖励级别分为 A、B、C 三个等级，确定不同的奖励系数。A 类主要针对直接从事危险作业的员工，B 类主要针对各类生产员工，C 类主要针对为生产服务的各类人员。

为充分发挥安全累进奖的激励效应，对职工的安全奖励采取按月考核、计发，按年度兑现发放的办法，若职工在年底出现违章行为，全年安全考核不合格，则扣发全年累进奖；所在分厂发生一次重伤以上事故，则扣发全分厂全年安全累进奖；若公司发生伤亡事故，则全公司免去全年安全累进奖。

由于这个办法"做加法，不做减法"，职工全年不违章、分厂全年不发生重伤事故、公司全年不发生伤亡事故，职工可以得到累进的高额奖励；出现安全问题，最严厉的处罚措施是扣罚全年奖励，不影响职工正常收入、日常生活，既体现了奖罚分明，又很人性化，为职工所乐意接受。2006 年实行当年，全公司共兑现累进奖励 80 多万元。2009 年，安全累进奖总额已经超过 500 万元。对于公司职工而言，安全已不仅仅是生命健康保障，而且成为富裕生活之源。

4. 安全文化共创共建法

安全管理的最高境界是形成可持续的企业安全文化。因此，卫东集团公司高度重视安全文化建设，并发动干部职工全员参与。

（1）构建理念文化

在实践中通过不断摸索，形成了"安全第一、预防为主、以人为本、确保安全"的企业安全方针，灌输了"以文化促安全、以安全促发展"为核心的安全文化理念，"无违章、无隐患、无事故"的安全责任理念，"安全第一贵在坚持、安全管理贵在到位、安全责任贵在落实"的安全管理理念，"安全是政治、安全是效益、安全是幸福、安全是形象"的安全价值理念，打造了"做安全事、当安全人"的安全行为观，"安全就是最大效益"的安全效益观。

（2）健全制度文化

建立了《安全生产责任制》《三级危险点巡回检查制度》《危险品总库及各转手库安全管理规定》《民爆区域道路安全管理规定》《民爆区域机械加工和基础施工安全管理规定》《外来执法检查（参观）人员安全管理制度》等 36 项职业安全健康管理制度。制定了 112 个岗位的安全行为规范和 78 个工种的安全操作规程。

（3）丰富形式文化

每年组织一次"平安是福"安全演讲比赛。积极参与社会性的安全活动，代表湖北省参加全国"平安中国——《安全生产法》知识竞赛"，获得总成绩第七名。不定期在全公司班组中开展安全专题的深度会谈，以高度浓缩而又辐射性强的议题在全体职工中展开全开放式的讨论，促使员工由"要我安全"变成"我要安全"。大力开展"百日安全无事故"和"安全生产月"活动。将 16 年前发生事故的 12 月 26 日定为安全教育日，使大家在回顾历史教训中更加重视安全。每年的这一天，全公司停产，总结安全成绩，确定工作重点，查找安全隐患，派出督导检查组对各单位的安全活动开展情况进行督查，并在各危险场所进行应急预案演练。实行军事化的管理方式。对新进厂员工除进行入厂三级安全教育外，必须进行为期 7 天的军训，军训成绩合格方可入厂。每年夏秋之交，公司均要聘请武警教官对全体在岗员工分期分批进行为期一周的军训。公司各单位（包括机关全体人员）均要进行列队、踏步、行进、喊口号等集训活动。严格的军训生活，磨炼了员工的意志，规范了员工行为，增强了团队意识。

开放民主的安全文化建设氛围，使广大员工既成为安全文化的建设受体，也成为安全文化的建设主体。2006 年，公司在全厂 1 000 多名职工中开展了安全警句征集活动，职工踊跃参加，共提供安全警句 1 100 多条。经过评比筛选，公司选出 555 条汇编成册，形成《湖北卫东机械化工有限公司安全警言警句 555》，人手一份，成为全体员工自我教育的好教材。由于这些警句来自员工，既生动活泼，又切合实际，好记管用。可以说，多年的安全文化建设成果，已经转化为职工的安全智慧和理念升华，一个"人人想安全、人人抓安全、人人保安全"的安全生产良好局面已经形成。

5. 安全培训多策并举法

卫东集团公司长期重视开展安全培训工作，把安全培训作为安全生产的基础，几年来已经形成多重安全培训体系。

（1）制度化的全员培训体系

公司每年都要对所有岗位人员（包括中高层管理人员）进行一次应知应会安全综合素质考试测评，100分为及格，不及格的再学习后补考合格方能上岗，连续三次不合格的则安排其转岗。对于新进职工和农民工，坚持全员培训上岗，确保公司培训合格率保持100％。

（2）以学习型组织创建活动为载体的职工自我培训、修炼体系

2007年，公司引进学习型组织机制，把彼得·圣吉的五项修炼学习理念带到企业，以安全为切入点，以班组为平台，深入开展学习型组织创建活动，成立学习试点小组4个、网络小组25个、志愿者小组180个，形成了公司学习动力圈。学习型组织从实际出发，在公司内部组织开展了"班组安全愿景大讨论""班组长经验讲堂""班组管理学习与实践演练""当好一日班组长""班组安全隐患自查自改"等一系列学习实践活动，使职工自我学习、修炼蔚然成风。

（3）以"安全生产学习俱乐部"为平台的职工互教互学体系

"安全生产学习俱乐部"以开放和民主的方式，每月第二个星期五晚上定期开展学习活动，公司各层管理者和员工可自由参加，大家聚集在一起，或指出目前公司及所在单位存在的和被忽视的不安全因素、安全隐患；或提出新的安全建议和措施，相互交流经验；或对现有的安全机制、管理办法架构发表自己的见解；或向与会者介绍其他公司的先进做法和先进模式。活动开展记录经整理后发放给总经理和安全保障部及公司各单位，并在下一次活动日将本次汇集反映的整改问题、实施情况向与会者进行通报。由于其影响面广、受关注程度高、作用大，且具有开放和民主的特色，备受公司各层管理人员和员工的欢迎，参与度高。许多问题在这里曝光，大家共同分析问题出现的原因所在，共同商讨解决的措施办法，不但在活动中获得了知识和经验，而且扩大了群众的关注、监督范围。本期提出的问题和措施是否得到解决和实施，在下一期活动中会有一个回顾、落实。"安全生产学习俱乐部"自创办至今，帮助公司解决大小安全问题数十起，对丰富企业安全文化，促进企业安全管理进步，起到了良好的推动作用，被称作"安全管理创新的一大亮点"。

为鼓励职工参加学习培训，公司还研究制定了一系列奖励办法。例如，为鼓励有条件的职工参加注册安全工程师的学习考试，公司提出，第一批获得注册安全工程师资格的，

公司一次性奖励 1 万元，第二批奖励 8 000 元，第三批以后奖励 5 000 元，调动了职工学习考试积极性。目前已经有 11 名员工通过注册安全工程师考试评定，成为企业安全评估、建言献策的重要力量。

卫东集团公司作为一个高危行业领域的生产企业，通过不断探索、创新、完善"顾氏管理法"，全方位提高了企业的管理水平，带动了企业的健康发展和全面进步。

六、营口港务集团有限公司积极营造安全氛围的做法

营口港务集团有限公司（以下简称营口港务集团公司）地处辽宁省沿海经济带和沈阳经济区，现辖营口、鲅鱼圈、仙人岛和盘锦 4 个港区，共有生产泊位 78 个，其中 20 万吨级泊位 1 个，30 万吨级泊位 2 个。2011 年吞吐量突破 2.6 亿吨，集装箱吞吐量超过 400 万标准箱，成为中国沿海发展速度最快的港口之一。

近年来，营口港务集团公司领导班子把安全作为事关企业生存发展的头等大事来抓，认真落实科学发展观，贯彻"以人为本"的管理理念，在多年的企业生产经营过程中，通过安全文化营造安全环境氛围，确保了安全工作扎实有效开展，并推动了企业的安全生产。

营口港务集团公司积极营造安全氛围的主要做法是：

1. 以人为本，打造文化品牌

企业安全文化建设是提升企业安全管理水平、实现企业本质安全的一个重要途径，是一项惠及企业职工生命与健康安全的工程。营口港务集团公司把安全文化建设的物质层面、制度层面、精神层面、文化层面结合起来，协调好四个层面的相互关系，创建具有营口港特色的企业安全文化。

（1）在物质层面上，营口港务集团公司多年来致力于安全生产的技术改进、工艺改进，不断加大投入整改隐患，完善安全防护设施，使港口的安全生产环境得到了进一步改善。同时，实行激励机制，以季度、年度奖励及各种单项奖等形式，用于激励在日常生产经营过程中安全管理工作突出的单位和部门。仅 2009 年一年，该集团公司用于专项安全奖励的资金就达 120 多万元。所属各单位也十分注意奖励那些在安全生产中做出成绩的人和事，从而极大地调动了员工主动参与安全管理的热情，充分发挥了员工的安全生产积极性，确保了安全管理工作做到"横向到边、纵向到底"。

（2）在制度层面上，营口港务集团公司于 2005 年便以文件形式下发了《营口港领导干部安全事故经济追究规定》和《营口港领导干部安全事故行政责任追究规定》，对在各类安全责任事故中负有责任的副科级以上领导干部实施经济及行政处罚分别做出了明确的规定，增强了各级领导干部安全管理的责任意识。同时，该集团公司还规定在港口从事生产作业

的各类临时用工和劳务用工发生安全责任事故，等同于长期合同员工发生事故，对用工单位责任领导进行处理，真正体现了人本管理的理念和港口企业的社会责任意识。自 2000 年以来，营口港务集团公司共修改完善、制定下发各类现行安全管理制度 51 项，基本满足了制度管理方面的需要。

（3）在精神层面上，具体体现了营口港以人为本的理念。早在 2003 年 3 月，营口港务集团公司领导就提出了"四个到位"的安全管理理念，即安全管理工作要"想到位、讲到位、管到位、做到位"。通过多年来的实践检验，形成了具有营口港自身特色的安全文化核心理念，围绕着这一核心理念不断探索，取得了一定的成效。从想到位的角度来看，要求各级管理部门及人员要从生产作业的各个环节、各个方面充分考虑到安全方面存在的具体问题，只有想到位，才能不留死角，才不会有漏洞，想到位是前提。从讲到位的角度来看，要求各级管理人员在每一次生产例会上、每一个工班前，要将安全生产要求及安全对策措施细致布置、安排周全；要开展经常性的安全教育培训，使安全理念、意识深入人心，实现人人具备安全技能，掌握应急办法，讲到位是基础。从管到位的角度来看，则是要求各级管理人员要将工作前所交代布置的安全措施落实到位，要在工作中将自身的管理责任履行到位，管到位是手段。从做到位的角度来看，则是要求整个集团公司安全管理工作踏实、有效、可持续，致力实现全员零违章、零责任事故，做到位是目的。

（4）在文化层面上，营口港务集团公司认识到搞好安全文化宣传教育是强力营造浓厚的安全氛围，建立员工安全知识学习阵地，牢固树立思想防线的重要途径。集团公司在原有的宣传教育基础上，不断创新工作思路和工作方法，力求做到丰富多彩，使安全文化深入人心。在作业现场，设立有大量醒目的安全文化标语、口号、警示语和各类安全标志，在员工的休息和作业场所张贴悬挂大量的安全宣传图片及安全漫画，力求通过潜移默化，将安全文化融于员工心中。在日常学习中，则将安全工作要求编辑成朗朗上口的顺口溜、诗歌及歌词，通过反复诵读，将安全文化深入员工脑中。在教育培训上，将事故案例、操作规程、安全理念、安全格言、安全常识等汇编成《安全文化手册》，做到班班有、人人看、人人会。同时，还将休息室、食堂、培训室作为宣传教育的重要阵地，安装配备了电视、DVD 等设备，购置了大量的安全题材光盘、书籍、报刊，供员工学习。为了打造自身的特色文化，集团公司提出了安全管理进家庭的工作理念，打出了安全管理"班上很重要，班下同样重要"的口号。于是，便有了很多特色的工作及活动，如每逢寒暑假，由装卸工人家属、子女组成的文艺小组，以港口安全生产为题材，自编自演，在工班前为工人演出的联欢活动；公司管理人员到员工家中定期走访调研；员工班下信息反馈；致家属一封信及安全经验交流演讲等多种形式，打破了企业管理员工的旧模式，创新了企业、家庭联动的新模式，使安全文化走进家庭、深入人心，营口港务集团公司整体的安全管理工作更加主动化。

2. 精益求精，打造标准品牌

标准化建设是企业安全管理的重要支撑，规范、科学、有针对性的标准是做好安全生产工作的基础。营口港务集团公司在多年的港口生产经营过程中不断总结提炼和借鉴，逐渐形成了以安全规程、安全考核、安全教育培训、安全检查为重点的安全管理标准化体系。

（1）安全规程标准化

集团公司本着"全面、科学、适用、可操作"的原则，在学习有关安全法律法规、规范和标准的基础上，集合生产作业实践，吸取事故、险情教训，于 2007 年对原有的作业标准进行了全面修订、补充和完善。各分公司均将各工种的安全操作规程汇编成册，从作业前、作业中、作业后和安全注意事项四个方面，明确操作方法、操作步骤、操作注意事项以及应急措施等，规范和指导员工操作。同时，根据作业工艺、技术、货种的不断变化及时增补新设备、新岗位、新货种和新作业工艺等方面的操作规程。

（2）安全考核标准化

为完善安全考核体系，集团出台了《营口港安全管理考核评价标准》，使安全管理工作进一步量化，并且全面推行安全生产目标管理，每年根据上一年安全生产情况，制定各类事故控制指标。集团与各分管领导、集团与各分公司（部门）、各分公司与所属各部门及全体员工层层签订安全生产责任状。指标逐级分解，严格落实安全生产一票否决，若发生重大安全生产责任事故或突破集团公司下达的年度事故控制指标，责任者、责任单位领导和责任单位不得参与年度各种评优评先活动。将安全工作列为领导干部政绩和员工工资分配的考核指标。坚持过程和结果考核相结合（过程考核是指对日常安全基础工作情况的考核，结果考核是指对事故指标情况的考核）。对于虽然未突破集团公司下达的事故控制指标，但日常安全管理有漏洞，基础工作不到位的单位，也将给予相应的处罚。

（3）安全教育培训标准化

营口港务集团公司设有员工教育培训中心，专门负责员工日常业务、安全等方面的培训。现有取得辽宁省安全生产监督管理局颁发的安全培训资格证的教师 25 名，另有集团公司聘用的兼职安全教师 40 名。在教育培训工作中坚持不同时期有不同重点，不同工种有不同内容，不同对象有不同方法，不同层次有不同要求。同时，注重资质培训与技能培训相结合、集中培训与分散培训相结合、专业培训与自主培训相结合、学习与考试相结合、传统书本教育与多媒体技术相结合、理论学习与案例教育相结合，做到"上岗前先培训，工作中常培训"。

（4）安全检查标准化

营口港务集团公司推行集团公司、公司、站队、班组四级安全检查及各职能部门联动的全方位检查模式。坚持领导带队检查与职工自查互查相结合，全面检查与专项（专业）

检查相结合，检查与整改相结合，做到安全检查经常化、制度化。集团公司于 2007 年制定下发了《营口港安全隐患排查治理管理办法》，由相关责任部门牵头组成了六个专项小组（分别是生产、建筑施工、消防、道路交通、水上交通及机电设备），从查思想、查管理、查隐患、查整改等方面定期开展排查治理工作。各分公司依据集团公司管理办法也分别制定了相关制度，定期进行隐患排查。集团公司的安全检查工作实现了一体化、制度化和规范化。

3. 落实责任，打造管理品牌

营口港安全管理工作具有作业点多、线长、面广，作业环节复杂，人机配合作业量大，作业人员流动性大等特点。同时，港口由于钢材、粮食类货物作业量大，临时性劳务用工量也很大，由此而导致作业中的风险大。

针对港口的特点情况，营口港务集团公司从 2005 年开始推行安全生产确认制活动，制定下发了《营口港安全生产确认制实施办法》，并组织各单位全面开展危险要害部位的辨识工作，对辨识出的危险要害部位实行分级（集团公司级、单位级、站队级）监控和管理。"基层一线员工—班组—站队—分公司—集团公司"这一自下而上辨识评价过程，历时近一年的时间，共对 20 余类货种（工种）的每个作业环节进行认真细致的辨识分析评价，形成安全确认单 21 种，由组织作业的现场管理人员在作业前召集全体参与作业人员参加工前会予以提示和强调，参与作业人员签字承诺确认。为配合确认制工作开展得扎实有效，还推行了安全互保联责制，通过这一举措，增强员工互相关心、关爱和集体观念，使每个班组形成浓厚的安全文化氛围，从而在整个集团内形成良好的安全文化氛围。

在日常管理工作中，集团公司及各分公司均实行安全信息通报制度，从安全基础工作、"三违"情况分析、事故预控、安全预警、安全文化建设、安全常识及下一步工作重点等方面进行信息通报，实现安全信息共享。为实现信息共享的便捷化，集团公司还专门在公司内网上开发了安全管理平台，建立了包括安全法律法规、安全规章制度、每日的安全动态、安全知识窗、安全题库、安全档案等方面内容的专业网页，大大提高了安全管理的科技含量。

为使管理水平不断提高，集团公司采取"请进来、走出去"的办法，每年定期聘请专家、教授到港进行授课培训及业务指导。同时，还定期组织各级安全管理人员参加各类安全培训。在内部，集团每个月都要组织一次由不同岗位管理及作业人员（包括安全、技术、生产运作、班组长）参加的安全管理知识技能比武，并将成绩在通报中予以公布，促进员工深入学习安全知识及技能的热情，从而实现管理人员和一线操作人员的安全技能与素质的提高。

第七章 企业安全文化功能与建设

安全文化在企业中的应用即是企业安全文化，企业安全文化是企业文化的重要组成部分。企业安全文化虽然看不见、摸不着，但是却一定会通过一定形态表现出来，这种表现出来的形态有人称其为"安全氛围"或"安全气候"。企业安全文化的表现形态多种多样，一般可以分为物质、制度、行为、精神四个方面。物质形态如安全宣教标语、警示牌等；制度形态如各种安全规章制度；行为形态即企业员工所表现出来的行为；精神形态即企业所确定的管理理念、安全方针、安全目标等。企业通过安全文化建设，能够以一种春风化雨般的姿态使员工的安全意识逐渐提高，逐步实现由"要我安全"向"我要安全"的转变，为安全生产创造和谐稳定的局面。

第一节 企业安全文化的功能与作用

企业安全文化建设是一项长期的艰巨而又细致的工作，是一个系统工程，涉及企业的人、物、环境等各个方面，与企业的理念、价值观、安全氛围、行为模式等深层次的人文内容密切相关。因此，企业安全文化建设，不像制定一项具体的制度、提出一个宣传口号那样简单，它需要企业有意识、有目的、有组织地进行长期的总结、提炼、倡导和强化。为此，在企业安全文化建设过程中，应将正确的安全价值观全面体现在一切安全管理活动和员工行为之中，同时采取必要的手段强化安全价值观，使之在实践中得到员工的进一步认同，从而使安全内化于心，使"关注安全、关爱生命"成为员工的内在需求，成为员工家庭幸福的原动力。

一、安全文化的由来、功能、原则与建设目标

1. 安全文化的由来

安全文化是伴随人类的产生而产生、伴随人类社会的进步而发展的。但是，人类有意识地发展和建设安全文化，却是近 20 年的事。这是由现代科学技术的发展和现代生产、生活方式的需要所决定的。

安全文化起源于属于高危行业和高技术领域的核安全行业。1986 年 4 月 25 日发生的切尔诺贝利核事故，在核能界引起了强烈的震撼，人们分析了事故的根本原因，重新探讨安

全管理思想和原则。与此同时，20世纪80年代末兴起的"企业文化"这一管理思想在世界范围内得到广泛的认同。结合"企业文化"的管理思想，自切尔诺贝利核事故发生后，INSAG（国际核安全咨询组）在评审会的总结报告中第一次采用了"安全文化"这个术语。随后，INSAG在1991年出版的安全丛书75-INSAG-4中提出了"安全文化"这一全新的安全管理思想和原则，并强调只有全体员工致力于一个共同的目标才能获得最高水平的安全。由此，90年代核安全管理思想就主要体现在安全文化建设上，它既强调组织建设（安全水平取决于决策、管理、执行等多个层次），又注重个人对安全的贡献。

"安全文化"作为安全管理的基本思想和原则，它的产生与核能界安全管理思想的演变和发展息息相关，一脉相承，是安全管理思想发展的必然结果，同时也是现代企业管理思想和方法在核能界的具体应用和实践。

我国核工业总公司1992年将国际原子能机构《核安全文化》一书介绍到我国。1993年时任劳动部部长李伯勇指出，"要把安全工作提升到安全文化的高度来认识"。在这一认识的基础上，我国的安全科学界把这一高技术领域的思想引入了传统产业，把核安全文化推广到一般安全生产与安全生活领域，从而形成一般意义上的安全文化。安全文化从核安全文化、航空航天安全文化等企业安全文化，拓宽到石油、化工、建筑、冶金等各行业。

2. 安全文化的功能

安全文化就是在人的生活过程中，在企业的生产及经营活动过程中，保护人的健康、尊重人的生命、实现人的价值的文化。它的功能可以概括为一句话：将全体国民塑造成具有现代安全观的文化人，将企业的决策层、管理层及全体员工塑造成具有现代安全观的安全生产力。

安全文化的具体功能可归纳为以下三个方面：

（1）规范人的安全行为。使每一个社会成员都能意识到安全的含义、对安全的责任以及应具有的道德，从而能自觉地规范自己的安全行为，也能自觉地帮助他人规范安全行为。

（2）组织及协调安全管理机制。安全管理与其他的专业性管理不同，它不像生产管理、材料管理、设备管理等那样局限于对企业的某一个方面或某一部分人的管理，而是对企业所有方面、所有人员的管理，还承担着对社会人的安全法规、安全知识的宣传。这就要求企业的所有部门、所有人员都为实现安全生产协调一致、规范运作，不能出现梗阻，要做到这一点，只有通过依靠安全文化使之具有共同的安全行为准则。

（3）使生产进入安全高效的良性状态。实践证明，单纯依靠改善生产设备设施并不能保证企业安全高效有序地运行，还必须要有高水平的管理和高素质的员工。不论是提高安全管理水平，还是提高员工的安全素质，安全文化都是最根本的基础。建设安全文化的目的，就是要提高安全管理人员的管理水平，并通过安全管理人员再提高企业员工的安全素质。

3. 安全文化的原则

安全文化是安全管理的重要组成部分，社会的发展和工业生产技术的进步，对安全管理工作提出了新要求，要求进一步明确安全文化的原则，即从技术、组织、管理上采取有效措施，解决和消除安全隐患，防止事故的发生。

安全文化的原则主要包括以下几个方面：

（1）坚持"预防为主"，重视提高系统可靠性的原则

要从事物发展的角度看问题，消除对安全认识的滞后过程，有预见性地发现和认识一些异常现象。

（2）树立系统化安全的思想原则

目前社会运行与生产运行的复杂性，将安全从单纯的人身安全逐步扩展到工艺安全、设备安全、设计安全等方面，所以，安全不仅包括了整个系统安全，还将安全同生产、技术、设备、经济效益以及社会效益统一了起来。

（3）重视人的心理因素，正确运用激励的发展原则

有效地控制人的行为活动，做好人的工作，调动人的主观能动性，是安全文化的重要环节。人除了有物质需求外，还有精神需求，即被尊重和自我实现的需求。

（4）过程管理的原则

安全文化体现在管理中，管理是动态的，是一个不断延续的过程，因此，需要在管理的过程中，不断运用安全文化的力量强化安全管理。

（5）系统优化的原则

我们可以把企业看作是一个系统，也可以把一个车间班组看作是一个系统，在不同的系统中，都存在着不断改善、不断进步的需求，所以，需要不断从过程、结果各方面进行连续不断的优化。

（6）安全文化的可行性原则

可行性原则主要包括两个方面的含义：其一是从经济角度考虑的可能性，其二是从开发方案角度考虑的可能性。

（7）协调性原则

安全文化资源开发的协调性是指文化资源的开发必须与所研究对象的社会、政治、经济、科技以及人们的文化素质水平相协调。

（8）社会效益与经济效益相统一的原则

安全文化资源开发过程中要处理好与经营、生产的矛盾，使每一项文化性资源的开发和利用都能够取得较理想的综合效益。

4. 安全文化建设目标

安全文化是一个社会在长期生产和生存活动中凝结起来的一种文化氛围，是人们的安全观念、安全意识、安全态度，是人们对生命安全与健康价值的理解，是人们所认同的安全原则和接受的安全生产或安全生活的行为方式。明确安全文化的这些主要内涵，需要大家取得共识。我们在建设安全文化的过程中，主要是向着这些方面进行深化和拓展的。

对于一个企业，安全文化的建设要将企业安全理念和安全价值观表现在决策者和管理者的态度及行动中，落实在企业的管理制度中，将安全管理融入企业整个管理的实践中，将安全法规、制度落实在决策者、管理者和员工的行为方式中，将安全标准落实在生产的工艺、技术和过程中，由此构成一个良好的安全生产氛围。通过安全文化建设，影响企业各级管理人员和员工的安全生产自觉性，以文化的力量保障企业安全生产和生产经济发展。只有这样，才能抓住安全文化建设的实质和根本内涵。

安全文化建设的高境界目标，是将社会和企业建设成"学习型组织"。一个具有活力的企业或组织必然是一个"学习团体"。学习是个人和组织生命的源泉，是对现代社会组织或企业的共同要求。要提升一个企业的安全生产保障水平，需要企业建立安全生产的"自律机制"与"自我约束机制"。而企业要达到这一要求，成为"学习型组织"是重要的前提。因此，一个现代企业安全文化建设的重要方向，就是要使企业成为对国际职业安全健康规则，国家安全生产法规、制度和相关要求的"学习型组织"，成为安全工程技术不断进步和安全管理水平不断提高的"学习型组织"。

学习不仅要掌握安全知识、安全技能，懂得安全法规、标准和要求，更重要的是强化安全意识、端正安全态度、开发安全生产智慧。意识、态度、智慧以知识、技能为基础，但有知识和技能并不等于有意识和智慧。有了知识和技能，还需强化意识和提高智慧。

安全意识包括责任意识、预防意识、风险意识、安全第一的意识、安全也是生产力的意识、安全就是生活质量的意识、安全就是最大福利的意识等方面。

安全智慧表现在自觉学习安全知识、对新技术和环境的适应能力、超前预防思维的能力、系统综合对策的思想、"隐患险于明火"的认识论、"防范胜于救灾"的方法论等方面。

二、安全文化的作用

1. 对安全文化的认识和理解

"文化"一词一般是指观念形态的文化，是人类创造的精神世界及与之相适应的管理方式。人类的一切生活及生产都是在一定的文化背景下进行的，都离不开文化的作用和影响。除了目前尚不能预知的自然灾难之外，生活及生产中发生的事故在某种程度上都是由于人的失误造成的。人的安全素质和意识在查找消除潜在危险方面起着决定性作用。

安全文化是指人们为了安全生活和安全生产所创造的文化。生产中常常出现操作者违章作业，甚至生产管理者违章指挥的现象。例如，电工不穿绝缘鞋进行带电作业而发生触电事故，或者车间领导要求没有资格证书的员工临时操作天车起吊工件而造成人身伤害，或者企业领导指派不具备驾驶客车技术的驾驶员驾驶客车而造成交通事故等。人们在分析违章的原因时，常常指出"违章者缺乏遵守安全规章的自觉性"。自觉性是人的意志品质，是人能意识到自己行为目的和意义程度的大小。由于对行为后果的认识不同，即使面临同一个环境，不同的人却会采取不同的行为方式。这种支配行为能力的形式，主要取决于人的文化素质。

安全文化是安全价值观和安全行为准则的总和，表现为每一个人、每一个单位、每一个群体对安全的态度、思维程度及采取的行动方式。

据统计，近几年所发生的事故85％～95％是由于违章操作、违章指挥和违反劳动纪律所造成的，这些"三违"现象的反复出现与不断延续，与人的文化素质有很大的关系。所以，倡导安全文化，提高企业安全管理人员和员工的安全素质，是搞好安全生产的重要措施。

2. 安全文化是一只看不见的手

安全渗透在人们的一切生活及生产活动中。例如，地球的引力场作用于地球上的每个人，地球上的人，谁也躲不开地球无形引力的控制，人类为了建立自己的生产及生活秩序，必须按地球引力的规律制定完善的行为规则。文化也是如此，文化作用于每一个人身上，属于一种无形的力场，控制着每一个人的行为。

安全文化在生活及生产中形成的安全文化力场，称为安全文化场，这个"场"以安全第一的观念作用于生活及生产中的每一个人，如果一个企业建立起浓厚的安全文化环境，不论决策者、管理者还是一般员工，都会在安全文化的约束下规范自己的行为，安全文化就像一只看不见的手，凡是脱离安全生产的行为，都会被这只手拉回到安全生产的轨道上来。

3. 安全文化与安全生产力

安全文化以有形或无形的渠道，正式或非正式的方式，传递到群体中每一个成员，用人类创造的安全观念、安全知识、安全技术、安全行为方式培育着每一个人，使之具有现代安全素质。

历史证明，文化是人类社会发展的每一个历史时期相对稳定的信息流，人类对各方面的思维模式及行为方式都是由相应的文化培育成的。正是高度的安全文化才使人们认识到安全是发展经济的前提条件之一，理解了安全在改革开放中的重要地位，体验到"伤亡是不能用经济效益弥补的"这一观念的深刻含义，感觉到自己对自己、自己对他人安全应承担责任，进而明确自己的安全行为规范。

总之，没有具备现代安全文化的人作为现代企业的安全生产力，就不可能顺利地进行现代化建设。

4. 安全文化的层次

安全文化的层次体现在以下几个方面：

（1）表层企业安全文化

这是指可见之于形、闻之于声的文化现象，如企业的厂容厂貌、厂规厂纪、安全文明生产环境与秩序等。

（2）中层企业安全文化

这是指企业的安全管理体制，它包括企业内部的组织机构、管理网络、部门分工及安全生产法规与制度建设。

（3）深层企业安全文化

这是指沉淀于企业及其职工心灵中的安全意识形态，如安全思维方式、安全行为准则、安全道德观、安全价值观等，它是企业员工对安全问题的个人响应与情感认同。

在这三个层次中，最重要的是深层文化，它支配着企业员工的行为趋向，而表层文化、中层文化的状况，也会反作用于企业的深层安全文化。

三、企业安全文化范畴

1. 企业安全文化的形态体系

企业安全文化的范畴包括安全观念文化、安全行为文化、安全管理文化、安全物态文化等。安全观念文化是安全文化的精神层，安全行为文化和安全管理文化是安全文化的制度层，安全物态文化是安全文化的物质层。

（1）安全观念文化

主要是指决策者和大众共同接受的安全意识、安全理念、安全价值标准。安全观念文化是安全文化的核心和灵魂，是形成和提高安全行为文化、制度文化和物态文化的基础和原因。目前企业需要建立的安全观念文化有预防为主的观念、安全也是生产力的观念、安全第一的观念、安全就是效益的观念、安全性是生活质量的观念、风险最小化的观念、最适安全性的观念、安全超前的观念、安全管理科学化的观念等，同时还有自我保护的意识、保险防范的意识、防患于未然的意识等。

（2）安全行为文化

是指在安全观念文化的指导下，人们在生活和生产过程中的安全行为准则、思维方式、行为模式的表现。行为文化既是观念文化的反映，同时又作用和改变着观念文化。现代工业化社会需要发展的安全行为文化是：具有科学的安全思维方式，建设"学习型组织"，强化高质量的安全学习，执行严格的安全规范，提高安全法规标准的执行力，进行科学的安全领导和指挥，掌握必需的应急自救技能，进行合理的安全决策和操作等。

（3）安全管理文化

安全管理文化是企业行为文化中的重要部分，管理文化指对社会组织（或企业）和组织人员的行为产生规范性、约束性影响和作用，它集中体现了观念文化和物质文化对领导和员工的要求。安全管理文化的建设包括从建立法制观念、强化法制意识、端正法制态度，到科学地制定法规、标准和规章，履行严格的执法程序和进行自觉的执法行为等。同时，安全管理文化建设还包括行政手段的改善和合理化、经济手段的建立与强化、科学管理方法的推行普及等。

（4）安全物态文化

安全物态文化是安全文化的表层部分，它是形成观念文化和行为文化的条件。从安全物态文化中往往能体现出企业领导者的安全认识和态度，反映出企业安全管理的理念和哲学，折射出安全行为文化的成效。所以说物态是文化的体现，又是文化发展的基础。企业生产过程中的安全物态文化体现在三个方面：一是人类技术和生活方式与生产工艺的本质安全性；二是生产、生活中所使用的技术、工具、装置、仪器等物态本身的安全条件和安全可靠性；三是有形的安全文化氛围（标识、警示、声光环境等）。

2. 企业安全文化的对象体系

在企业中，从企业安全文化对象的角度进行划分，可将企业安全文化分为以下几个方面：

（1）决策者的安全文化

企业决策者应建立的观念文化有：安全第一的哲学观，尊重人的生命与健康的情感观，企业科学、安全发展观，安全就是效益的经济观，预防为主的科学观等。决策者要树立强烈的安全文化事业心和高度的责任感，不断地改善员工的劳动条件，依据"安全第一、预防为主、综合治理"的原则，公布安全政策，建立和保持科学的安全管理模式，完善制度文化，充分提供安全生产所需的资源，采取先进的科学技术，努力提高企业的本质安全程度。不断进行自我完善，逐步养成正直、善良、公正、无私的道德情感和关心员工、体恤下属的职业道德，在员工中树立安全第一的公众形象。

（2）企业各级领导的安全文化

企业各级领导应牢固地树立"安全第一、预防为主、综合治理"的观念，逐步养成关爱员工安全健康的仁爱之心，在生产组织指挥、活动策划、产品设计、物料供销等方面首先做到对危险的预知、预测，并在实践过程中采取有效的预控、预防，还应正确执行安全生产法规、制度和工作程序，应有因自己工作失误而直接造成或间接造成他人伤害，是一种不道德行为的自责感。

（3）安全专职人员的安全文化

安全专职人员应树立事故是可以预防的观念，危险因素应该也是可以得到消除或控制的观念。应具有较高的对生产活动中的危险进行识别、评价、控制的技术，有适应安全工作所需要的能力，包括组织协调能力、调查研究能力、逻辑判断能力、综合分析能力、写作表达能力和说服教育能力。有推动安全文化前进的方法和理论基础，包括利益驱动法、需求拉动法、精神激励法、检查促进法、奖惩激励法及行为科学理论、需求理论、动机理论、期望值理论、强化理论和公平理论等。

（4）员工的安全文化

员工要树立危险是可以避免的观念，培养强烈的安全意识，养成自觉遵章守纪，抵制违章指挥并坚持正确做法的良好习惯，形成严谨工作、谨慎操作的工作作风。要有伤害他人是不道德的职业道德观念；有强烈的个人安全要求，珍惜生命、爱护健康，能主动远离或避开危险和尘毒严重场所。有足够的安全基础知识，能熟练掌握与自己工作有关的安全技术知识、工作程序、工艺规范和安全操作规程。若遇异常情况，能临危不惧果断地采取应急措施，把事故消灭在萌芽状态，杜绝事态的扩大。

（5）职工家属的安全文化

职工家属的安全文化既是社会安全文化的重要组成部分，又是企业安全文化的重要组成部分，起着影响和推动企业安全文化进步的作用。安全是家庭和谐幸福的基础，因此建设职工家属文化尤为必要。人们常说"松是害、严是爱，出了事故害三代"，员工良好安全意识的形成，与家庭教育、社会安全文化的熏陶密切相关。子女的期望、夫妻的祝福、父母的叮嘱，是员工在企业搞好安全生产的精神支柱。

3. 企业安全文化的领域体系

从安全文化建设的空间来讲，就涉及安全文化的领域体系问题，即行业、地区、企业由于生产方式、作业特点、人员素质、区域环境等因素造成的安全文化内涵和特点的差异性。因此，从企业安全文化建设的需要出发，安全文化涉及的领域体系分为企业外部社会领域的安全文化，如家庭、社区、生活娱乐场所等方面的安全文化；企业内部领域的安全文化，即厂区、车间、岗位等领域的安全文化。例如，交通安全文化的建设就有针对行业内部（民航、铁路内部等）的安全文化建设问题，也有公共领域（候机楼、道路等）的安全文化建设问题。

从整体上认清安全文化的范畴，对企业安全文化建设能起到重要的指导作用。

第二节　企业安全文化建设的作用

企业安全文化是企业全体员工对安全工作的一种集体共识，是实现企业长治久安的有力保证。实施安全文化建设，必须坚持"安全第一，生产第二；以安全塑文化，用文化保安全"的原则，突出加强观念文化、行为文化、制度文化和物态文化建设，充分发挥安全文化的导向、约束、激励、凝聚和辐射功能，为企业的安全生产提供强有力的文化支撑，潜移默化地增强员工的防范意识，真正用文化铸造起安全盾牌，从而保证和推动企业安全生产的健康和谐发展。

一、企业安全文化建设的意义与影响因素

1. 企业安全文化建设的意义

企业安全文化是指企业在长期安全生产和经营活动中，逐步形成的，或有意识塑造的且为全体员工接受、遵循的，具有企业特色的安全思想和意识、安全作风和态度、安全管理机制及行为规范、安全的价值观、安全的心理素质和企业的安全风貌等种种企业安全物质因素和精神因素的总和。

2006年5月11日，国家安全生产监督管理总局印发了《"十一五"安全文化建设纲要》，在"十一五"期间安全文化建设重点任务中明确指出："强化企业和社区的安全文化建设，与精神文明建设、思想道德建设、思想政治工作相结合，建设各具特色的企业文化。"企业安全文化是企业和谐的支柱，要构建和谐企业，必须加强安全文化建设。

企业安全文化建设是企业预防事故的基础工程，是突破传统的安全模式，传统的管理观念，建立以人为本、以人为核心、以价值为标准，从精神文化和职工安全文化素质上下功夫的安全文化。

企业安全文化建设具有安全生产和安全生活的战略性意义。文化建设从广义来说，是人类社会历史实践中，所创造的物质财富和精神财富的总和，包括物质、知识、修养、道德、礼仪、信仰、文明、教育、艺术、习俗等。企业安全文化除了关注人的知识、技能、意识、思想、观念、态度、道德、伦理、情感等内在素质外，还重视人的行为、安全装置、技术工艺、生产设备、工具材料、作业环境等外在因素和物态条件。企业安全文化建设既

包括安全科学技术、安全工程、安全设施设备、安全工具材料等硬件技术的建设，还包括安全管理、法制、教育、宣传、文艺、经济等软手段建设，这样更具综合性、全面性和可操作性。

2. 企业安全文化的影响因素

在我们生活和生产过程中，影响安全的因素有很多，如环境的安全条件，生产设施、设备和机械等生产工具的安全可靠性，安全管理制度等，但归根结底是人的安全素质，包括人的安全意识、态度、知识、技能等。安全文化的建设对提高人的安全素质发挥着重要的作用。我们常说文化是一种力，那么这个"力"有多大？这个"力"表现在哪些方面？从国内外安全生产方面搞得好的企业来看，安全文化对员工的作用，首先是影响力，其次是激励力，再次是约束力，最后是导向力。这四种影响作用，可以称为安全文化的四种影响因素。

（1）影响力

影响力指通过观念文化的建设，影响决策者、管理者和员工对安全的态度和意识，强化社会每一个人的安全意识。

（2）激励力

激励力指通过观念文化和行为文化的建设，激励每一个人安全行为的自觉性，具体对于企业决策者就是要重视对安全生产的投入、保持积极的管理态度；对员工则是安全生产操作、自觉遵章守纪。

（3）约束力

约束力指通过强化企业管理人员和普通员工的安全责任意识，约束其不良行为、不负责任的态度；通过管理文化的建设，提高企业的安全管理能力和水平，规范其管理行为；通过制度文化的建设，约束员工的安全生产行为，消除违章现象。

（4）导向力

导向力指对企业员工的安全意识、观念、态度、行为的引导。对于不同层次、不同生产岗位的员工，安全文化的导向作用既有相同之处，也有不同方面。如对于安全意识和态度，无论什么人都应是一致的；而对于安全的观念和具体的行为方式，则会随具体的层次、角色、环境和责任的不同而有所区别。

安全文化的这四种影响因素对安全生产的保障作用将越来越明显、越来越强烈地表现出来。这一点在人类安全科学技术的进步史中得到充分证明，如早期的工业安全主要靠安全技术的手段（物化的条件），而在安全技术达标的前提下，进一步地提高系统安全性，则需要安全管理的力量。对于现代企业来讲，安全文化建设水平的高低成为企业的核心竞争力之一，安全文化成为企业的商誉。在经营、发展、寻求合作、占有市场等方面，企业安全文化的声誉，企业的良好安全形象起着重要的作用。

3. 企业安全文化建设的目的

企业建设和推进安全文化进步的目的，是提升企业全体员工的安全素质。在人的安全素质中，安全观念文化是最根本和基础的，而经营者和管理者的安全素质又是重中之重。因为安全观念文化是管理文化、行为文化和物态文化的根本和前提。现今，很多传统的安全观念已经不适应现代企业管理的要求，这就需要我们建立新的适应社会主义市场经济体制的安全观念。企业领导者在现代企业制度建设过程中，应建立优秀的安全观念文化，如科学发展、安全发展的科学观；员工生命为本的人本观；安全第一的哲学观；安全也是生产力的认识观；安全是最大福利的效益观；安全具有综合效益的价值观；设置合理安全性的风险观；人机环境协调的系统观；物本安全与人本安全的本质观；遵章（法）守纪的法制观；珍视他人生命与健康的情感观等。

企业安全文化建设的目的是：

（1）让安全核心价值在企业生产经营理念中得到确立。

（2）让现代先进、优秀的安全观念文化获得全员普遍、高度的认同。

（3）让现代科学、合理的安全行为文化得到全员广泛、自觉的践行。

（4）让安全生产目标纳入企业生产经营的目标体系之中。

（5）让生命安全与健康的终极意义获得员工接纳和共识。

（6）让安全健康成为企业每一位成员的精神动力。

（7）让安全文化为决策层和管理层发挥智力支持作用。

（8）让安全文化像水和空气一样，成为企业生产经营运行中必需的和无处不在的文化。

4. 对企业开展安全文化建设过程的认识

企业开展安全文化建设是一个过程，其关键在践行。这是一个毋庸置疑的问题，因为得不到实践的企业安全文化，其结果就是安全文化成为空洞的口号，只能用来装饰门面，而没有实际用处。随着企业安全文化建设的不断深入，安全文化建设的必要性已经得到企业管理者以及广大员工的普遍认同，并且已经在实践中逐步进行了不同的尝试。

一般来说，企业安全文化建设大致分为三个时期，即导入期、深化期、提升期。不同的时期有不同的工作重点。导入期的主要工作是进行企业安全文化的宣传贯彻，使员工了解并认识企业安全文化；深化期主要工作是在继续加强宣传贯彻安全文化的同时，在各个方面发力，使员工认同企业安全文化，使企业的安全文化理念变成员工工作和生活的指导；提升期的主要工作是巩固前期成果，使企业安全文化理念深深植入员工的头脑中，并且落实到行动上。

从企业员工的角度来看，员工学习和接受企业安全文化也需要经历三个阶段的心理历程，即依从阶段、认同阶段、内化阶段。企业需要根据员工的心理特点，分阶段有针对性地进行安全文化建设工作。例如在依从阶段，员工表面上遵从企业安全文化的要求，但内心却并不一定完全接受，其行为反应只是一种权宜之策。因此，开展各种各样的安全活动，例如向员工发放安全文化手册、让员工了解企业安全文化核心理念、向员工灌输岗位规范、制定与企业安全文化相关的规章制度等，都是十分必要的。与此相关，进行大规模的企业安全文化培训和宣传，举行企业安全文化知识竞赛等活动，使员工理解并牢记企业安全文化的内涵，也是十分必要的。应该说明的是，这只是企业安全文化建设的一个阶段，并不是全部，还需要持久的努力，经过以后的"认同阶段"与"内化阶段"过程，使员工自愿地接纳企业安全文化，自觉地遵守企业的规章制度，从而成为遵章守纪、积极向上的好员工。所以说，将企业安全文化逐渐变成员工的信念是一项长期而复杂的工程，不是单纯依靠宣传就能解决的问题，企业不仅需要付出长期的努力，还需要参考借鉴其他企业的做法与经验，进而把安全文化建设工作做好，使员工在企业能获得归属感、成就感，主观上就更愿意在企业长期发展，自觉践行安全文化理念。

二、企业安全文化建设的重要性与方法途径

1. 企业安全文化建设的重要性

企业安全文化建设是指通过综合的组织管理手段，使组织的安全文化不断进步和发展的过程。企业在安全文化建设过程中，应充分考虑本企业的实际情况，引导全体员工的安全态度和安全行为，实现在法律和政府监管要求之上的安全自我约束，通过全员参与实现企业安全生产水平的持续进步。

2010年年初，国家安全生产监督管理总局决定在全国范围内开展安全文化建设示范企业的创建活动，其目的是深入贯彻党中央、国务院关于加强安全生产工作的一系列重要指示精神，落实国家安全生产监督管理总局《"十一五"安全文化建设纲要》部署，推动企业安全生产长效机制建设，预防和减少生产安全事故。

企业开展安全文化建设，是提升企业安全管理水平、实现企业本质安全的重要途径，也是一项惠及企业职工生命与健康安全的工程，这已经为越来越多的人所认识，也吸引越来越多的企业参加到安全文化建设中。

开展安全文化示范企业建设的意义在于，通过大力加强企业安全文化建设，促进企业落实安全生产主体责任，强化干部职工的安全意识，建立健全安全生产长效机制，提升企业安全管理水平，实现以文化促管理、以管理促安全、以安全促发展，打造本质安全型企业，遏制重特大事故发生，为全国安全生产形势明显好转提供支撑。

2. 企业安全文化的功能

企业安全文化作为现代化企业生产力的重要保障，是企业文明和素质的重要标志。抓好安全文化建设，有助于改变人的精神和道德风貌，有助于改进和加强企业的安全管理。企业安全文化主要有导向、约束、凝聚和激励等功能。

（1）导向功能

导向功能是通过共同的目标，明确企业安全管理的努力方向，使每个员工都以"安全第一"的价值观为自己的行为指南，努力使自己的一言一行、一举一动符合企业的安全价值观，调动广大员工实现企业安全目标的积极性，引导员工的安全行为。例如，山东黄岛发电厂担负着青岛市的电力供应任务。自1999年以来，黄岛发电厂对企业文化进行了系统的整合和提升，制定了企业文化建设规划，明确了具有企业特色的安全文化总体目标。自2005年开始，该厂开展安全指标和安全目标管理，通过细化分解，将企业的每个安全层面和环节有机地融为一体，实现了每个岗位有目标和责任，人人肩上有指标和压力，营造出了安全和谐的生产、经营和发展环境。激励职工向国际一流企业的安全管理标准看齐，使"我要安全"成为职工自觉的行动追求。

（2）约束功能

约束功能是指通过企业安全文化制度、伦理道德产生作用，约束全体员工的安全行为，使每一个员工都能深刻认识到安全规章制度的必要性，自觉地增强安全意识，履行安全责任，提高整体的安全水平。例如，定置管理在机械制造企业的安全工作中具有重要意义，而实施这种管理主要是科学合理摆放，形成习惯。天津减速机厂生产现场的定置管理堪称楷模，工件摆放按工序井井有条，形成流水线，给人以文明整洁、通道宽畅、省工省时且又安全的印象。定置管理由人实施，表现为人的安全素质的外化，而形成现场和操作环境则是物的本质安全的体现。

（3）凝聚功能

凝聚功能是指把企业全体员工紧密联系在一起，努力实现共同的安全目标和追求。形成同心协力、奋勇拼搏、开拓前进的一种观念、行为和文化氛围。使个人对企业产生信赖感、可靠感、依靠感和归宿感。企业安全文化的凝聚力和向心力的功能，就是通过文化的作用，改变员工对一些事情、一些问题的认识，由"要员工被动安全"转变为"员工主动要求安全"。

（4）激励功能

激励功能是文化本身所具有的，主要以灌输理念为着力点，形成浓厚的安全氛围。激励员工认识到"安全来自长期警惕，事故源于瞬间麻痹"，懂得"宁绕百丈远，不冒一步险"，真正懂得发生事故对个人、家庭、单位和国家的伤害，大力培育"珍惜生命、心系安全"的理念，从而使安全管理的层次得到提升。如国内许多企业开展以"珍惜生命、我要安全"为主题的"今日安全员"、安全宣誓、安全祝福、平安晚会、安全展览、安全合理化建议、安全论坛等形式多样的群众性安全文化活动，增强员工的安全责任和安全意识，使员工逐步从"要我安全"到"我要安全"，并进一步升华到"我会安全"的境界。

3. 企业安全文化建设的方法与途径

2008 年 11 月，国家安全生产监督管理总局公布的《企业安全文化建设导则》（AQ/T 9004—2008）和《企业安全文化建设评价准则》（AQ/T 9005—2008），对于企业安全文化的建设提供了指导标准。《企业安全文化建设导则》介绍了企业安全文化建设的重点内容，《企业安全文化建设评价准则》规定了企业如何对安全文化建设的效果进行评估。这两个标准说明安全文化建设无定式，评估有标准。

企业安全文化建设的方法与途径，主要有以下六点：

（1）构建安全文化理念体系，提高职工安全文化素质

安全文化理念是人们关于企业安全以及安全管理的思想、认识、观念、意识，是企业安全文化的核心和灵魂，是建设企业安全文化的基础，安全文化理念也是企业的安全承诺。企业要认真建立本企业的安全文化理念，一是要结合行业特点、企业实际、岗位状况以及文化传统，提炼出富有特色、内涵深刻、易于记忆、便于理解的，为员工所认同的安全文化理念并形成体系；二是要宣贯好安全文化理念，通过企业板报、电视、刊物、网络等多种传媒以及举办培训班、研讨会等多种方法，将企业安全文化理念根植于全体员工中；三是要固化好安全文化理念，使安全文化理念让职工处处能看见、时时有提醒、事事能贯彻，进而成为企业员工的自觉行动。

（2）加强安全制度体系建设，把安全文化融入企业管理全过程

安全制度是企业安全生产保障机制的重要组成部分，是企业安全理念文化的物化体现，是员工的行为规范，它包括各种安全规章制度、操作规程、厂规厂纪等。加强安全制度体系建设，要重点抓好五个方面的工作：一是建立健全安全生产责任制，做到全员、全过程、全方位安全责任化，形成"横向到边、纵向到底"的安全生产责任体系；二是抓好国家职业安全健康法律法规的贯彻、执行；三是根据法律法规的要求，结合企业实际，制定好各类安全生产的规章制度；四是抓好安全质量标准化体系的建设，做到安全管理标准化、安全技术标准化、安全装备标准化、环境安全标准化和安全作业标准化；五是抓好制度的执行，不断强化制度的执行力。

（3）建立健全安全管理模式，形成良性循环的安全运行机制

科学、合理、有效的安全管理模式属于安全文化建设的重要范畴，它是现代企业安全生产的根本保证。目前，在机械制造企业中开展安全质量标准化活动、建立职业健康安全

管理体系等都是一种很好的形式，使安全文化建设有了依托，可以通过规范企业的行为，达到提升企业安全生产条件的目的。规范化的建设，可以从以下几个方面展开：

1) 在规范员工行为方面，一是通过教育（演讲、演出、广播、电视、会议、板报等）规范人的安全理念，增强安全责任感，提升"我要安全"的意识；二是通过相应的规章制度（安全生产责任制、安全操作规程、安全生产奖惩制度等）规范人的行为，使之符合安全生产要求；三是通过各种安全培训考试，如上岗培训、应急演练等，规范各类人员在操作中技能要达到的安全要求，实现人的本质安全化。

2) 通过对设备设施的定期或不定期检查，认真进行评估和加以技术改造，力争达到设备设施零缺陷，使"硬件"达到安全技术标准，始终处于安全、良好的状态，实现物的本质安全化。

3) 通过对生产岗位工作环境的改造，达到规范、卫生、整洁的要求，提高人的心理状态，减少环境对操作人员的影响，从而使操作人员能够精力集中、心情舒畅地上岗操作，实现环境的本质安全化。

（4）建立现代企业有效、敏锐的安全信息管理系统

为营造良好的安全文化，企业需要建立一个有效、敏锐的安全信息管理系统，并创造条件使员工积极地使用。通过这个安全信息管理系统，企业可以有计划、有步骤、有目的地对员工进行安全生产方针、政策和法律法规的教育，定期分专业组织开展安全技术培训，开展技术练兵活动，利用安全例会传达上级部门的安全生产要求及会议精神，通报安全生产信息、分析安全生产形势等。

（5）建立和完善安全奖惩机制

奖惩是一种激励机制，是推动企业安全文化建设的重要手段。建立和完善安全奖惩机制，一是要适时组织安全专业考试；二是要经常组织安全知识竞赛、安全技能练兵，对优秀者实行重奖；三是对违反操作规程、不按规定程序办事的人按照奖惩标准进行处罚。当然，建立安全文化，重不在罚，鼓励为主，促进行为自觉安全化，才是有效防止事故发生的根本。构建现代企业安全文化，要教育培训员工接受并认同企业一系列安全生产规章制度，达到认识、意志、语言和行动上的统一，并养成习惯。使广大员工理解安全生产是生产力，它不但能够间接创造效益，而且也能够直接创造效益的理念。

（6）建立学习型组织，是推进安全文化建设的根本

企业安全文化建设是一个长期的过程，要使安全文化融入每个员工的意识中，并成为自觉行动，必须通过系统的培训学习。学习过程是理念认同的过程，是提高安全意识、安全操作技能的过程。学习使广大员工从"要我安全"到"我要安全"，进而达到"我会安全"。建立学习型组织要突出对国际国内先进管理方法、管理模式的学习，通过学习，不断改变企业旧的思想理念，不断创新管理模式，使企业能够适应新形势下安全管理的高标准、

严要求。

安全文化的载体是企业员工，因此，企业必须通过加强员工对安全文化的认识，促使"安全第一、预防为主"的理念融入意识形态中，使全体员工树立起正确的安全价值观，这是安全文化建设的一个重要任务。

第三节　企业安全文化建设做法参考

安全是企业的生命。企业的发展壮大，对安全生产工作提出了更高的要求，也迫切要求企业通过安全文化建设，促使员工的思想、行为符合企业的安全价值观，不断增强安全意识，明确安全责任，从而保障企业安全、高效、有序地开展工作。企业安全文化的表现形式包括企业安全理念、安全价值取向、安全愿景、安全承诺、安全社会责任、安全文明生产方式、安全规范标准执行力等，还表现为企业员工的安全意识、安全知识、安全技能、安全应急能力、安全制度认知、安全思维方式、安全行为准则、安全道德观、安全群体行为一致性和统一性等。因此，企业应将安全文化作为企业建设的重要组成部分，纳入工作日程，在人力、物力、财力等方面给予支持，从而不断提高安全保障能力，实现企业发展目标。

一、三门峡发电公司建设特色企业安全文化的做法

三门峡（大唐三门峡）发电有限责任公司是中国大唐集团公司的子公司，位于三门峡市产业集聚区内，地处豫、陕、晋三省交界，总装机容量 184 万千瓦，是豫西电网重要电源支撑点。近年来，公司先后荣获"全国精神文明建设工作先进单位""全国安全文化示范企业"等荣誉称号。

三门峡发电公司在安全生产管理中，密切联系自身实际，不断深化以"三全四零"为核心的特色安全文化建设，将安全文化建设融入企业的全方位、全过程，形成了党政工团齐抓共管的"大安全""大文化"格局，为打造本质安全型企业，确保公司稳定的安全生产局面打下了坚实的基础。与此同时，公司不断进行观念创新和文化创新，建立完善了具有丰富内涵和鲜明特色的企业文化体系，营造了温馨和谐的企业氛围，实现了企业与员工的共同进步、和谐发展。

三门峡发电公司建设特色企业安全文化的主要做法是：

1. 内化于心，充分发挥安全文化的影响力

公司领导班子从提升人员综合素质、夯实安全生产基础的高度进行深入思考和多次研讨，把安全文化作为公司企业文化体系的"品牌"，全面深化安全文化建设，努力打造本质安全型企业。公司借助多种载体，通过多种途径，引导员工从"要我安全"到"我要安全"，进而再从"我要安全"到"我会安全"，从而把安全文化渗透到员工的思想观念上，落实到员工的具体行动中。

公司领导层通过多次研讨和征集员工意见达成共识，坚持从安全文化体系建设方面进行拓展和深化，在认真贯彻落实集团公司同心文化和先进安全管理理念的基础上，归纳、整理了在安全生产方面多年积淀形成的经验做法，经过系统总结、提炼、整合，确立了以"三全四零"为核心的安全文化理念，即全员、全方位、全过程和人员零违章、设备零缺陷、管理零漏洞、每天零起点；形成了"六三三二"的安全文化管理模式，即以"平安、责任、超越、奉献、感恩、信仰"六个主题词为核心的安全文化价值理念体系，打造人员、设备、环境三个方面的可靠性，培育安全制度、责任、执行三种文化，实现打造"本质安全人"和创建"本质安全型企业"两个目标。通过宣传造势、情感沟通和特色活动，以相同的价值观念、思维模式、行为标准把广大干部员工凝聚起来。

（1）运用宣传造势

在生产现场设置的"安全为了您"等安全警示语和安全漫画随处可见；以"平安、责任、超越、奉献、感恩、信仰"六个主题词为核心，精心制作了图文并茂、赏心悦目的安全文化长廊；在局域网的企业文化专栏里开辟"安全大家谈""班组天地""文学园地"等栏目；在部门和班组的干部员工工位上，设计制作了安全文化小天地，将员工全家福和亲人的安全嘱托精心布置，父母的安全忠告、妻子的安全企盼、孩子们的安全祝福，表达了家人对亲人的关爱和大家对安全的美好祝愿。走廊、楼道内的宣传挂图上阐释的安全木桶原理、安全堤坝原理、安全链条原理和斜坡滚球原理等，起到了随时提醒的警示作用，使员工在潜移默化中增强了对安全理念的认知，感受到了安全文化的熏陶和启迪。

（2）加强情感沟通

公司利用网页、大屏幕、广播、宣传栏等载体进行"全天候"的温馨提示，使员工感受到了企业的浓情关爱。上下班路上的温馨提示、广播里亲切的问候系紧了企业与员工的感情纽带。与此同时，公司在安全文化建设中打出"亲情牌"，离退休老工人以个人经验教训"现身说教讲安全"、受伤人员"亲身经历话安全"、父母为儿女"遵章守纪嘱咐安全"、妻子对丈夫"为温馨家庭保安全"等各种亲情教育活动全年不断线，以殷殷父母心、依依夫妻爱、拳拳儿女情筑牢了安全文化的情感防线。

（3）丰富活动载体

公司每年确立一个安全文化建设主题，明确活动的重点和措施途径，有节奏、有步骤、有规律、有创新地一步步抓好落实，使安全文化活动整体有规划、年年有主题，步步深入、强势推进。通过安全漫画征集、安全演讲、"青春杯"安全生产知识竞赛、安全家书征文、安全辩论赛、安全谜语竞猜、安全对联征集等多种形式的特色活动，使员工积极参与，在寓教于乐中受到了教育和启发，成为安全文化的有益补充；以"典型案例"为重点，发现、挖掘实践安全文化理念的优秀员工行为，加以总结、提炼并广泛传播，以"故事"的形式表达企业文化的导向。公司编印了安全文化故事集、安全文化价值体系图册、安全警语手册等，得到了员工的广泛认可和好评。

2. 外化于行，充分发挥安全文化的导向力

安全管理制度体系是企业安全文化的重要组成部分，是企业安全管理思想和管理理念的结晶。着力加强安全生产管理的制度建设，通过科学明确的规章制度、监督机制、绩效评价体系和员工激励机制调动广大员工积极性，将安全文化的要求渗透到制度中，落实到员工的行为上，充分发挥了安全文化的导向力。

（1）健全规章制度，形成了科学有效的安全制度文化

公司始终坚持从实践中总结提炼安全管理经验，每年年底组织生产技术骨干讨论修订，使安全机制始终保持旺盛的生命力和认同度。一是确保制度融入的"柔"性。在制定安全管理制度过程中，积极与一线员工进行讨论和沟通，广泛吸纳意见和建议，从而使员工自身的安全要求与企业的安全生产目标结合起来。二是确保制度执行的"刚"性。以规章制度确保管理过程的可监督、可控制，在制度执行过程中对违章行为毫不姑息、从严查处，确保制度"言必信，行必果"。

（2）管理关口前移，形成了监管有力的安全责任文化

公司从人员管理、设备管理和作业环境治理三个方面入手，建立了全员安全责任体系和责任追究体系。在人员管理方面，以班组为单位实施"四个一"安全文化"提素工程"，即每天学一道安全业务题，每周上一次安全业务讲座课，每月组织一次业务理论知识和操作技能考试，每季开展一次练功比武活动。通过安全理念宣贯晓之以理、动之以情，引导员工由"要我安全"向"我要安全"转变；通过技术培训和安全培训提升员工技术素质和安全素养，由"我要安全"向"我会安全"转变。在设备治理方面，公司采用MIS系统中的任务管理流程和缺陷管理流程，对设备缺陷实现闭环管理；对影响机组安全稳定运行的疑难问题和隐患建档立案，组织技术人员开展课题攻关，并按照"五确认一兑现"的原则实施闭环管理和考核，确保了设备健康水平的进一步提升；目前，供电煤耗和厂用电率等技术经济指标均处于历史最好水平。在作业环境治理方面，结合安全设施标准化和"6S"管理有关要求，对生产现场区域的楼梯、孔洞盖板、吊装孔、地面管道等区域绘制了防止

踏空线、防止阻塞线、防止绊倒线、防止碰头线等各种警示线，对现场仪表的上下限和正常运行区间用不同色带进行标识，确保安全警示牌、管道介质流向和色环标志清晰、明确，通道界线醒目、规范，创造出有利于人员安全作业的良好环境。

（3）实现管理闭环，形成了可控在控的安全执行文化

在认真执行上级关于安全管理要求的基础上，一是逐步建立内部管理环。运用计算机网络技术，将各级管理人员、安全监督人员、技术监控人员等进行闭环链接，实现标准化检修、全面"6S"管理、缺陷管理、重大危险源管理、经验反馈、"两票三制"等工作的闭环管理，确保各项工作善始善终，做到"设备状态和运行状况尽在掌握之中，人员作业行为尽在规范之列"。二是搭建内部责任环。在尊重、信任、发掘人才的基础上，强调责任、高效和及时响应，建立了各负其责的运行管理体系、设备管理体系、安全监督体系和检修管理体系。推行了安全生产经验反馈系统，建立了发现问题机制。利用 MIS 网在异常分析流程中实现各级人员的上下互动，即责任人及时分析，相关人员吸取经验教训，严肃责任追究，严格奖惩考核，实现设备、人员、安全生产管理的可控在控。三是搭建和拓宽了外部环。吸取其他单位的事故教训，实行新"四不放过"原则，把别人的事故当作自己的事故一样认真分析，把他人"亡羊"的教训，变成自己"补牢"的行动，培养忧患意识和开放思维，做到未雨绸缪、预防在先，扎牢企业自身安全的"篱笆"，避免重蹈别人的覆辙，从根本上杜绝"事故后现象"的发生。

3 年来，该公司将安全文化建设融入企业的全方位、全过程，形成了党政工团齐抓共管的"大安全""大文化"格局，为打造本质安全型企业，确保公司稳定的安全生产局面打下了坚实的基础。大唐三门峡发电公司在中国大唐集团公司安全性评价复查中获得了 91.3 分的优秀成绩，位列河南分公司系统第一。

3. 立足实际，营造温馨和谐的文化氛围

在深化安全文化体系建设的基础上，该公司结合实际，大胆进行了文化创新和理念创新，搭建并不断完善了以"同心文化"为根、以"和谐文化"为主干、涵盖多种"子文化"的具有丰富内涵、鲜明特色的企业文化体系。与此同时，公司以先进理念培育企业精神、以文化引导推进理念渗透、以文化互动营造和谐氛围，为公司的和谐发展奠定了良好的文化基础。

（1）以先进理念培育企业精神

通过广泛征求员工意见、组织专家评审和党委扩大会审定，提炼出了"制度管事、文化育人、注重创新、赢在执行"的管理理念，"人人肩上有责任、个个环节出效益"的经营理念，"三全四零"的安全文化理念，"技能靠学习、收入靠贡献、岗位靠竞争"的学习文化理念，"我爱我家"的家文化理念，"以廉为荣、以贪为耻"的廉文化理念，"清洁生产、

和谐发展"的绿色文化理念，"快乐工作、健康生活"的快乐文化理念，"天道酬勤、厚德载物"的道德文化理念，并确定了各个子文化的口号。教育员工既要继承、弘扬艰苦奋斗的创业精神，更要增强发展意识、竞争意识和责任意识，树立正确的价值观，并贯穿到企业生产经营活动中，成为激励广大员工立足岗位，为企业发展贡献力量的强大精神动力。

（2）以文化引导推进理念渗透

利用展板、标语、画册、宣传彩页等形式，向员工推广宣传企业文化理念，在厂区内开辟了"文化大道"，在公司网站中设置了《企业文化》专栏，宣贯企业文化理念，宣传部门、班组的文化建设动态；通过图片、漫画、标语、故事等形式，感染和熏陶全体员工，形成了有利于企业发展的良好文化氛围。同时，公司先后组织了三八妇女节健身系列活动、"迎五一全民健身月"活动、员工秋冬季百日健步走活动和足球、篮球、羽毛球、乒乓球、自行车和游泳比赛等活动，积极倡导"每天锻炼一小时，快乐工作一整天，幸福生活一辈子"的理念；通过开展青年辩论赛、奥运知识竞赛、国庆节合唱比赛、春节征联比赛、诗歌朗诵赛等内容丰富、形式多样的特色文化活动，引导员工形成朝气蓬勃、乐观向上的良好心态，为公司完成各项目标任务凝心聚力。

（3）以文化互动营造和谐氛围

公司积极搭建与员工之间畅通的沟通途径，时刻关注员工在工作和生活中存在的困难和问题，努力做到在决策中注重民意，在管理中吸纳民智，在监督上实行民主，在发展中依靠民力，为员工队伍解除后顾之忧，充分体现了企业对员工的人文关怀。公司通过开展企业文化宣传周、召开企业文化座谈会、企业口号征集、企业文化小故事征集等活动，促使员工对企业文化进行思索，积极主动对企业文化建设提出好的意见和建议。同时，公司始终坚持"以人为本、构建和谐"的原则，把提升员工的思想道德品质、科学文化素养和专业技能，促进员工的发展进步，作为一项长期的战略任务，为员工实现个人价值提供了良好的发展机会和平台，许多进入企业不超过五年的青年员工纷纷走上了主管、班长、机组长等重要岗位，成为公司生产经营的骨干力量。员工进一步增强了对企业文化的认同感，企业文化的凝聚力和影响力都得到了很大的提升。

二、五菱汽车公司运用安全文化提升员工安全意识的做法

上汽通用五菱汽车股份有限公司的前身是1958年柳州动力机械厂，2002年11月由上海汽车集团公司、通用汽车（中国）投资公司、柳州五菱汽车公司三方合资组建为新的大型中外合资汽车公司，主要生产排量在1.3升以下的微型客车、微型货车和微型轿车，现为国内最大的微型车生产厂商。

五菱汽车公司在安全管理方面，通过建立运行职业健康安全管理体系、通用汽车最佳

安全实践，以及国家安全质量标准化一级企业标准，不断完善公司的安全管理制度建设及硬件设施的本质安全。同时，公司注重安全文化的建设，不断提升员工的安全意识，关注员工的安全行为与习惯，通过引入零事故活动—危险预知训练，以"每个人都是不可或缺的"这一理念为出发点，贯彻"以人为本、安全第一"的安全宗旨，从理念、方法、实践三个方面开展零事故安全文化活动。自 2002 年至今，公司未发生过人员死亡及 3 人以上重伤安全生产责任事故，事故率逐年下降，取得了良好的成效。

五菱汽车公司运用安全文化提升员工安全意识的主要做法是：

1. 开展零事故活动，营造零事故安全文化

为了进一步提高公司全体员工的安全意识，使员工形成良好的安全行为习惯，公司引入了零事故安全活动。从理念、方法、实践三个方面对全体员工进行培训，从公司领导到一线员工，共培训 8 000 多人。通过"手指口唱""接触齐呼""一分钟冥想""危险预知训练"等方法进行实践，鼓舞员工参与安全事务的热情；通过班前会的"接触齐呼""健康确认与询问""5W1H 作业指示法"，使员工在上岗前对安全完成工作任务做到心中有数，并确保了员工上岗前具备良好的精神状态；通过"手指口唱"进行上岗前的安全确认，形成良好的文化氛围。

为了深化零事故的理念，提升员工参与安全现场改善的信心与决心，公司通过成立工厂零事故现场改善小组，对公司生产现场不符合人机工程原理、劳动强度大的岗位作业方式进行快速响应，实施现场改善，降低员工的作业强度，提高员工作业舒适度。2009 年共研究并实施了取消叉车作为运输工具、顶盖翻转辅助机构等现场改善项目 20 多个，投入改善资金 300 多万元，大大降低了公司的交通安全风险及员工的作业强度，提高了员工参与现场安全改善的信心。

为了使安全行为贯穿到员工的日常行为当中，公司加大督促检查力度，实行人车分流，使员工养成行走时走在人行道上，过马路走斑马线，在人车交会处司机与行人进行相互手势确认后通行等行为，使零事故理念在员工的日常行为中得到体现。

2. 加强安全教育与宣传，提高全员安全技能与意识

开展安全教育培训与宣传活动是提高员工安全技能与意识的重要途径，对于新员工培训，公司首先严把"三级安全教育"关，所有新员工必须经过安全考试合格后方可上岗，同时新员工经过 3 个月的工作后必须进行重复培训。公司每年开展一次公司级的安全培训，各部门每周通过安全主题学习对本部门员工进行安全知识、事故案例的培训教育。对于公司领导层培训，除了进行由安监部门组织的安全管理资格培训外，公司内每年进行一次领导层安全能力培训，提高公司管理人员的安全意识与安全管理水平。为了满足不同层级人

员的安全培训需求，公司针对各层级、各专业领域人员开发了"领导层安全能力""安全意识与行为""设计安全流程""人机工程""职业健康""现场急救""注册安全工程师培训"等安全核心课程，并编制出版了《零事故安全文化》《员工安全手册》《卓越成长 安全护航》等内部安全读物 2 万多册，针对不同人员以脱岗、班前会等多种形式实施教育培训。公司与中国安全生产科学研究院、柳州市红十字会、国内心理咨询专家机构等建立培训服务关系，对公司安全工程师、车间核心安全培训师、工段长进行职业健康安全管理体系、风险评估与控制、安全心理学、现场急救等方面培训，并使其获得相应的资格证书。目前公司具备注册安全工程师职业资格人员共 12 人，具备现场急救资格人员 340 多人，分布在公司各部门及车间工段，确保各个工段都具备 1~2 人的急救人员。

在安全宣传方面，以"安全活动月""消防活动月""交通活动月"等为主题在公司各餐厅、各部门宣传栏进行安全板报宣传，并通过电视、公司内网、公司刊物进行安全管理知识、安全经验的交流与宣传，通过组织员工观看《为了生命不再陨落》的安全宣传教育片，组织员工开展读后感征文比赛活动，提高员工参与安全管理、进行安全思考的积极性。同时，通过在公司读书角设立安全读物板块，使员工在工间休息时间可以及时地了解相关安全知识及最新的安全管理动向。公司通过不同的形式与渠道，不断拓宽员工掌握安全知识、提高安全技能与意识的途径。

3. 建立安全合理化建议机制，使员工参与安全事务管理

公司安全管理业绩提升的关键是最大限度地发挥全体员工的主动性，使员工的安全意识从"要我安全"向"我要安全"转变。为了充分发挥员工参与安全事务管理的能动性，建立安全合理化建议机制，使员工通过参与安全合理化建议对公司的安全管理工作及隐患提出建议，2009 年公司共收集实施安全合理化建议 6 000 多条，使员工从自身岗位出发，查找安全隐患与安全管理漏洞，避免了因存在死角隐患而导致事故的发生。同时鼓励员工报告所有的事故，包括险肇事故，避免了因没有控制小事故而使事故升级。为了进一步关注员工岗位作业安全环境，建立了员工安全关注流程，让员工自身所关注的安全问题得到反馈与根本解决，也促使部门的领导层将员工的安全摆在工作的首位，体现公司"以人为本"的安全理念，多渠道、多形式地激发了员工参与安全事务管理的激情。

4. 实施目视化管理，提升安全文化氛围

将各种安全信息进行目视化是使员工以最简单、快捷的方式了解公司安全运行状态及各项安全管理要求的最直接的方式。公司通过建立安全绿十字工程、事故指针图、安全人、安全操作规程、安全警示标识、能量控制卡等目视化管理工具，使员工对公司、部门、车间、工段及班组的安全事故情况、事故发生地点，岗位劳动防护用品要求，岗位安全操作

要求，岗位主要危险源，区域存在的能量及控制点有了最直接的了解，从而达到以最直接的方式提醒员工了解事故所遭受的损失、影响及其后果的目的，也提高了员工的安全意识，提升了公司的安全文化氛围。

三、蒋庄煤矿创建企业安全文化、形成特色安全管理的做法

蒋庄煤矿是山东枣庄矿业（集团）有限责任公司的骨干矿井之一，于 1989 年 6 月建成投产，年核定生产能力 275 万吨。枣矿集团是一个具有百年开采历史的老矿区，也是一个集煤炭生产、机械制造、化工、发电、建筑建材、铁路运输等于一体的大型企业集团，主要生产肥煤、气煤、焦煤，是华东地区重要的煤炭生产基地和全国十大出口煤基地之一。集团公司现有职工 58 000 多人，有 35 个二级单位。

近年来，蒋庄煤矿坚持以科学发展观为指导，积极认真落实企业安全文化创建要求，经过理论与实践的相互推动，逐步形成了独具特色的企业安全文化管理品牌，并发挥了文化的强势引领作用，促进了矿井各项工作的全面跃升。先后荣获全国煤炭工业企业文化示范矿、全国安全文化建设示范企业、全国"安康杯"竞赛优胜企业等荣誉称号。

蒋庄煤矿创建企业安全文化、形成特色安全管理的主要做法是：

1. 重以人为本，强化安全管理，找准强势文化的着力点

企业文化是管理文化，只有紧密结合煤矿实际，坚持实事求是，一切从实际出发的科学态度，才能取得扎实有效的创建成果。蒋庄煤矿自 2001 年以来，开展以基层、基础、基本功为主要内容的"三基"文化建设，并注重在理论上升华、在实践中创新、在发展中完善，收到了很好的效果。

安全是煤矿的天字号大事，抓好安全是煤矿以人为本的最好体现。该矿坚持把安全理念的培育与灌输作为文化管理品牌的头道工序，根据不断变化的安全形势，有针对性地进行提炼和导入。

在安全目标方面，确立了"安全事故向零进军""安全周期无限期延长"的高点定位。在核心理念方面，提出了"我要安全、安全为我""以人为本、本质安全、和谐发展""要安全，更要健康"的安全愿景。在安全管理方面，提出了"安全压倒一切、重于一切、高于一切""安全防线前移到现场、安全重心下移到区队班组、安全亲情教育自移到个人"。在安全责任方面，提出了"安全管理严在干部、严在流程、严在细节、严在小事""安全好不好，关键在领导"。在质量管理方面，明确了"不靠投入靠工作、不靠装备靠管理"，以大搞井上井下文明生产为突破口，着力提高产品、服务、工作、工程"四个质量"。在员工亲情教育方面，提出了"你是家中的梁、你是父母的心、你是妻子的天、你是儿女的山"

"安全是职工最大的福利"等理念。

为使这些安全理念真正入心入脑，该矿开展了文化进社区、进家庭、进区队、进班组、进头面、进岗位的"六进"活动，建立了家庭、社区、矿井"三位一体"的宣教阵地，广泛进行灌输。为每名职工印发了附有"亲情寄语""领导嘱托""父母忠告""妻子心语""儿女愿望"等内容的文化手册。每个区队会议室都制作了"全家福"牌板，让职工在入井前看一看父母妻儿的嘱托。在井上井下设立了看板、灯箱、标识牌、电子显示屏、文化长廊、工作现场安全栏及广播、电视等视听系统，以强烈的听觉、视觉冲击力，改变职工的心智模式。

2. 重思想道德，强化核心价值，形成强势文化的共振点

蒋庄煤矿将社会主义核心价值体系作为企业文化建设的核心内容，把诚信这一最基本的思想道德标准要求融入管理衍生文化，开展了诚信文化建设活动，实现了思想道德素质的提升和管理文化建设的同频共振。

（1）以诚信文化提升班组自主管理水平

"三基"文化的形成与发展，源于班组的实践与创造。"三基"文化的系统推进，又对班组建设提出了新的要求。近年来，该矿坚持"双向推动、双向提升"的发展理念，全方位、深层次打造班组建设新优势，稳固了矿井安全发展的根基。早在 2004 年，该矿就创新实施了班组长"两证"管理。按照班组长选拔任用机制，对竞聘上岗的班组长，经培训考试成绩合格的，由矿工会主席和生产矿长分别签发上岗资格证书、任命证书，进入班组管理岗位。在此基础上，近两年又配套实施了后备班组长挂职锻炼制度、竞争上岗制度、岗位津贴制度等，形成了矿对班组的宏观管理体系和长效管理机制，普遍提升了班组长队伍的价值观念。

（2）在基层班组推行"安全合作伙伴"诚信管理法

这一管理方法以双方不违章、零伤害、无事故为目标，每两名职工或同一岗位的两名职工自愿结伴，从入井至升井，全程相互提醒和警示，如一方出现违章、工程质量等问题，责任人、合作伙伴各承担罚款的 70%、30%。通过利益共享、风险共担，构建了员工自律、诚信的长效管理机制。目前，从月初集体签订安全公约，到班前安全宣誓，再到班中结伴保安全，诚信建设已在该矿区队班组落地生根、开花结果，为文化建设注入了新的动力与活力。

3. 重素质提升，强化组织创建，筑牢强势文化的支撑点

创建学习型组织是提升企业和个人素质的基本途径，只有广泛开展学习型组织创建活动，才能实现全员内涵素质提升的目标。

围绕创建学习型组织，蒋庄煤矿开展了创建学习型科室、学习型团组织、学习型区队和学习型个人活动。先后编辑《学习型组织与企业文化建设》系列读本，编印了上级会议、文件精神、"三个亮点"知识学习资料汇编，为全矿各支部配备了《共同愿景》《没有任何借口》《自动自发》等企业文化专业书籍。并通过组织全员学习、考试，强化全员学习力、执行力的提高，特别是组织了副科级以上管理人员的闭卷考试。矿党政主要领导亲自编考题、出试卷、监考、阅卷，并对不及格人员分别进行补考和经济处罚。同时，坚持"走出去、请进来"，分期分批组织中层以上管理人员到知名院校进行深造，到优秀企业学习考察，放眼世界，开阔眼界，提升境界。

蒋庄煤矿还不断创新激励机制，推行"3331"安全质量结构工资制，即安全占30%，质量占30%，任务占30%，安全教育培训占10%，月考核、月兑现，达到了连薪、连利、连心。坚持年度评选"六型"集体或个人，分别授予荣誉证书和适当嘉奖；季度评选"五好六型"班组，分别颁发流动奖杯并表彰奖励；月度评选"安全之星""安全卫士"，分别给予50～100元/人的嘉奖。为进一步加大教育激励作用，该矿2011年又将"3331"工资结构调整为"3322"，增加教育培训工资10个百分点，极大地调动了全员学习的积极性和自觉性。

近几年蒋庄煤矿先后投资300余万元建立了三级安全培训中心及实景实训基地，大力实施套餐式、订单式教育培训模式，深入开展职业理论培训、岗位练兵、技术比武及首席技师、金蓝领评选等活动，自上而下逐级开展"导师带徒"活动，广泛开展以知识功底、专业功力、技能功夫、身心素质、职业素养为主要内容的全员基本功"五要素"修炼行动，持续打造全员素质提升新平台。同时，全面启动了"普通工—高级工—技师—技能专家"层级梯度提升计划，以季度为周期，按照四个档次动态转换和兑现收入。近三年来，矿井先后涌现出各类技术尖子、岗位能手等1 300余人，技师、高级技师、首席技师占到了全矿员工总数的40%以上。

4. 重人本管理，强化和谐建设，共建和谐温馨家园

蒋庄煤矿党政班子始终将民心工程作为企业文化建设的最终落脚点，尽心竭力为职工家属解决实际问题，提高生活品位和档次，体现了根本的人文关怀。

近年来，蒋庄煤矿坚持班前为井下职工测量血压，班中为职工补充能量，班后让职工充分享受高品位的生活，在井下主要巷道、斜巷运行了人行车、缆车和助力车，在候车室、人行车、大巷安装了音乐播放系统，在井下南北大巷设置了加能站，改造了职工洗浴中心，每年定期为井下职工进行健康查体，定期组织先进模范、优秀职工等康复疗养，广泛开展各类困难救助、救济活动。现如今，该矿工厂、社区内道路宽敞明亮、动态保洁，绿化带、园林景点错落有致、生机益然，居民生活和谐温馨。职工洗浴中心波浪浴、桑拿浴、水泡

浴等益于职工身心，营养配餐中心各种食品科学搭配营养每位职工。特别是利用废弃煤气站，改建了总占地面积达 4 789 平方米的怡心园，彻底解决了以往活动场所偏少且档次较低的问题，成为职工家属学习、休闲、娱乐的理想去处。对生活社区进行软化水改造，使职工家属喝上了可口的纯净水。利用电厂余热，实施社区热水进户工程，提高了职工生活质量，被职工誉为"民心水""暖心水"。坚持生态环境与区域经济发展相结合，投入 700 余万元改造治理千亩塌陷复垦园区，改善周边生活环境，现如今塌陷区内碧波荡漾，空气清新，成为职工群众休闲娱乐的新去处和种植养殖示范基地，进一步提升了"全国文明煤矿"的美誉度。

四、京煤化工公司建设安全文化、打造安全企业的做法

北京京煤化工有限公司前身是北京矿务局化工厂，始建于 1959 年，主要从事民爆器材产品生产，目前已经发展成为一个拥有一家独资子公司、两家控股子公司、两家分公司的集团化民爆产品生产经营实体，拥有三个生产基地，员工 850 人，资产总额达 4 亿元，年生产总值达 2.6 亿元。

近年来，京煤化工公司以科学发展观为指导，把安全视为企业的第一生命线，摆在高于一切、重于一切、先于一切、影响一切的突出位置，以实现"安全、科技、品牌京煤化工"为目标，以"大安全"管控模式为手段，全力打造以"安全可控、事在人为"为核心理念的安全文化建设，探索形成了具有民爆企业特色的"大安全"文化体系，充分发挥文化管理的导向、激励、凝聚、规范作用，引导全体员工增强安全意识、责任意识、大局意识，形成了共识共为、凝心聚力抓安全的强势氛围，保持了良好的安全生产态势。

京煤化工公司建设安全文化、打造安全企业的主要做法是：

1. 京煤化工的特色安全文化理念

京煤化工公司把安全文化建设作为企业安全生产的治本之策，汲取现代工业安全文化精华，提炼企业独具特色的安全文化成果，形成了以"安全可控、事在人为"为核心的内容完整、目标清晰、切合实际的具有京煤化工特色的安全文化体系。

京煤化工在安全管理和生产实际中还总结提炼了符合企业特色的"安全生产十天条"、开复工"六必须"、节假日收工"六到位"、施工管理"十定案"等安全文化理念，这些安全文化理念和行为规范的形成是几代京煤化工人集体智慧的结晶，是京煤化工全体员工共同遵守的安全价值观、安全承诺和行为规范的统一，成为推动京煤化工公司持续健康安全发展的强大驱动力。

2. 建设企业安全文化的主要做法

从 2004 年开始，公司先后召开了安全文化建设专题研讨会，认真总结京煤化工公司多年来安全生产管理经验，凝聚几代京煤化工人的安全智慧，提炼京煤化工公司独具个性的安全文化成果，以"安全可控、事在人为"的安全理念和一切意外事故均可避免的科学观，对多年来形成的安全管理思想、安全管理行为和安全管理机制进行了系统思考，从表层的安全文化现象、中层的安全管理制度、深层的安全价值观三个方面进行提炼整合，编辑出版了公司安全文化手册，提出了安全文化建设导向功能、凝聚功能、激励功能和约束功能，明确了安全文化管理的流程、安全文化建设的基本任务。

（1）坚持安全理念引导，推动安全文化建设

公司把培育安全理念文化当成安全工作的一项重要工程来抓，有步骤地精心培育安全理念文化。公司下发了《企业安全文化体系宣贯决定》，明确规定了各部门、科室党政负责人是第一责任人，要认真组织学习，切实抓好企业安全文化体系的宣贯和渗透，真正把安全文化融入实际操作和日常行为中，确保公司"十无"安全目标的实现。同时，成立了宣贯活动考核领导小组，对安全文化体系的学习掌握情况采取现场提问、查看记录、活动检验、查看作业现场的方式进行抽查。公司还组织动员全员参与，充分利用科务会、安全例会、班组施收工会等形式，组织员工进行集中学习安全文化手册，通过举办"安全文化"讲座、"安全文化伴我行"先进人物访谈、"安全管理文化成果"演讲比赛等活动激发员工的学习热情，形成了"学习手册、提高认识、践行理念、确保安全"的良好氛围，使每一名员工既能做到熟知安全文化手册的主要内容，又能够把安全文化手册的主要内容转换成自身的自觉行动，真正融入实际操作和日常工作之中。

（2）加大安全培训力度，提升员工整体安全素质

安全以人为本，人以素质为本。为进一步在教育方法和途径上寻求突破，力求做到人情化、人性化、形象化、知识化，把安全理念内化于心、外化于行。京煤化工公司从人的安全意识入手，实施常态化的安全教育培训机制，一方面严把培训关，狠抓开工前、上线前、上岗作业前的"三前一全员"安全培训和新从业人员的三级安全培训教育工作，严格执行未经安全培训的坚决不准开工、不准上线，安全培训考核不合格不准上岗的"三不准"规定，坚持每年的第一个培训是对全员的脱产回归教育培训；另一方面，在全员安全质量培训的基础上，增加了安全文化建设、安全文化理念等方面的知识，并在新入企员工三级安全培训中，增加了企业安全文化手册主要内容的培训，由专职安全管理人员对新入企员工进行安全文化知识的培训，使其一入企就受到京煤化工公司安全文化的熏陶。公司还组织开展了"安康杯"竞赛、安全生产月、技术练兵、技术比武、防汛及消防演习、安全知识竞赛和安全生产签名、安全演讲、安全警示教育、安全读书等活动，提高全体员工安全

生产意识，积极营造安全和谐的企业文化氛围，强化了意识，提高了素质，推动了企业持续安全健康和谐发展。

（3）将安全理念落到实处，创新安全管理文化

安全的源头在于理念，而理念的生命力在于落实。为适应安全发展新形势，公司高度重视公司安全文化建设，大力倡导人本管理、精细管理和闭环管理，坚持"观念创新、管理创新、制度创新"理念，持续创新管理手段和管理模式，先后引入实施了职业健康安全认证管理、ERP 企业资源管理、全员绩效考核管理、员工职业生涯规划管理、"6S"管理等模式。将"安全可控、事在人为"理念融入安全管理全过程，每年围绕安全生产管理工作的重点、难点问题抓好一个载体，实现一个突破，做到所有工作首先确保安全工作，所有投入首先保证安全投入，所有责任首先落实安全责任。

3. 运用安全文化规范员工安全行为

人的安全意识决定人的安全行为，员工是安全管理的最直接层面，员工能不能安全、员工会不会安全是对安全文化是否真正形成的一个检验，公司从强化员工思想教育入手，不断完善理念文化体系，加强企业安全规章制度建设，规范员工的安全行为。

（1）进一步修订和完善了公司基本理念、系统理念，使理念体系更加科学合理，以"安全可控、事在人为"理念为核心，以"上规范岗、干标准活、做安全人"为准则，制定实施了"安全生产十天条"，规范员工安全行为。"安全生产十天条"的内容为：安全第一，预防为主；一切意外事故均可避免；在岗一分钟，警惕六十秒；珍惜生命，远离"三违"；员工必须接受严格的职业安全培训；管理层必须严格检查安全设施及行为；遵守规章制度，一点儿隐患也不放过；尽一切可能控制容易引起危险的岗位；发现任何错漏，必须立即纠正；无论是上班还是下班都要注意安全。

（2）通过专题安全培训、安全大讨论、安全演讲、网络共享等形象生动的教育形式，引导干部员工算好安全经济、社会、政治、生命、家庭"五笔账"，使员工真正理解安全生产不仅是为了企业，也是为了家庭和自己，从而进一步增强员工的安全意识，牢固树立"我要安全"的思想观念，实现由"要我安全"向"我要安全"的转变。

（3）狠抓安全管理，强化制度落实，用强有力的措施影响和约束员工的不安全行为。持续完善了公司以人为本的安全生产机制和规章制度体系，建立健全安全生产保障体系、监督体系，积极探索和创新安全管理的新路子、新方法，结合京煤集团公司安全质量标准化考评工作，集中力量、系统梳理、认真整合、标准量化，对照公司规章制度、管理规程、工艺规程、安全操作规程，编制实施了《京煤化工公司大安全管控检查考评实施细则》和《班组安全管理标准》。建立健全了公司大安全管控体系，制定大安全管控工作标准193项，检查考评项目14个；按照生产实际，制定班组安全管理工作标准64项，检查考评项目10

个，并严格把大安全管控体系检查考评实施细则作为部署、指挥、检查、考评安全工作的标准，通过规范化管理、标准化作业，引导员工在生产过程中良好习惯的养成，让员工严格按照每个过程、每个流程的标准去认真贯彻落实，实现安全生产的可控和在控。

在建设企业安全文化的过程中，几年来，为改变厂区的面貌，改善员工工作条件，公司对厂区进行了综合治理，建成了四季常青、三季有花、绿树掩映、芳草如茵的花园式工厂。昔日杂草丛生的光土地，变成了赏心悦目的绿地花园，运动器材齐备的文体中心，宽敞整洁的员工餐厅，装备先进的员工电教室、会议中心，干净的员工浴室，新颖别致的观光景点、喷水池，使员工们的心情愉悦了，工作时心情舒畅了，进而为企业安全文化建设起到了潜移默化的推动作用。

五、山东银光科技公司凝心聚力打造平安文化的做法

山东银光科技有限公司是新加坡独资企业，主要生产工业导爆索、起爆具等产品，产品畅销全国各省市区，并出口美洲、澳洲、欧洲和中国周边地区。2006 年，在新加坡成功上市。

山东银光科技公司长期以来把夯实安全基础，提升产业本质安全作为促进安全生产的第一保障，坚持"以人为本"，围绕"零违章、零事故、零伤害"目标和"建设平安和谐的百年银光"的安全愿景，创新"以人为本、管理科学、全员参与"的"333 安全模式"，加大安全投入、强化细节管理，在严肃、细致、苛刻的安全氛围中不断营造亲情化、和谐向上的企业安全文化，筑起民爆生产坚不可摧的安全防线，推动银光科技公司安全生产的长治久安和全面和谐进步。30 多年来，公司没有发生造成人员重大伤亡的安全生产事故。

山东银光科技公司凝心聚力打造平安文化的主要做法是：

1. 创新完善工作方法，健全安全文化制度

公司在生产工作中，坚决贯彻"一切事故都是可以预防的"和"生命第一"的安全生产理念，以"控制安全风险、人人享受安全"的安全使命狠抓责任落实、规章制度建设并创新安全管理模式，强化安全细节管理，构建严密的安全防范体系，使公司危险源始终处于可控状态。

（1）构建员工集中培训与自我学习相结合的素质提升长效机制

很多情况下，安全事故的发生是由于操作者的无知、习惯性错误做法及管理者的蛮干等造成的。预防安全事故必须要提高从业人员的素质。第一，完善员工进入企业的三级安全教育机制，在员工进入企业、车间、班组时均受到不同层面严格的安全教育，对规定学时内的课程内容实行闭卷考试，将及格线由 60 分提至 70 分。第二，充分运用班前班后会、

停产检修等时机，邀请专家教授集中开展安全教育。第三，强化员工的自学能力，先后出台一系列关于安全生产的规定，整理编辑了安全技能综合培训教材，发布了安全文化手册，面向生产一线员工，借助班前班后会等宣传普及安全文化知识，提高员工安全文化水平。第四，制作相关危险因素告知牌安放于工房门口，使员工及外来人员在进入工房时能够时刻清楚所处的环境，增强安全防护意识。

（2）完善全员参与的安全责任与绩效考核体系

民爆产品的特性决定了安全生产责任的重要性，杜绝事故，必须要调动全员参与安全生产的自觉性。一是每年年初，上至公司法人、经理层成员、相关部门负责人，下至班组长、一线操作员工，均要考核兑现上一年度安全责任状并层层签订本年度安全责任状和安全承诺，构建"横向到边、纵向到底"的安全生产网格化管理。二是借助工资杠杆作用，建立以安全绩效为主的"ABC"安全考核办法，将员工的安全技能、日常安全行为、隐患查处整改等列入考核内容，调动全体员工参与安全生产的积极性，形成了"千斤重担万人挑、人人肩上有指标"的安全生产责任体系和以安全为主要分配要素、引导员工时刻关注安全的监督考核体系。三是完善优秀员工、安全标兵、安全生产突出贡献奖等多层次的年终综合评比体系，形成以安全为荣，尊重生命、尊重安全的良好氛围。

（3）筑造"安全巡视卡""交叉检查"等安全隐患检查机制

一是按照安全生产"全员、全过程、全方位、全天候""安全隐患零容忍"管理的要求，积极推行重点危险岗位巡视卡制度，规范了各级管理人员、操作人员对本车间、本工位巡回检查的频次、范围和重点，对不常用的设备、易被忽略或易造成检查盲区并有可能造成危险的部位和作业点设立"巡视点"，加强安全监管，层层设防、时时监控，杜绝了安全检查中的"盲点"与"死角"。二是全面加大检查力度，从不同厂级、不同车间、不同班组、不同工序、不同岗位的角度出发，组织安全部门开展多层面、综合性的交叉检查，充分识别各项活动的危险源。

2. 提炼安全文化精髓，完善安全文化体系

安全文化是企业在长期安全生产中形成的安全意识和安全行为的总和。30余年民爆安全生产管理，使公司形成了具有企业特色、领先行业发展要求的安全文化。

（1）以安全"上路、上墙、上报"改进视觉效果

一是将绿色、安全、环保可持续发展的现代元素融入公司原有的视觉识别中，规范安全标准字体、安全标准用语，运用了安全刀旗、彩旗、信封、信签，更换了新式工作服等。二是运用多种载体强化视觉识别。生产厂区地面设有黄色标线、道路两旁立有标准路牌、公房墙壁印有醒目安全标语，营造出人人关注安全、时刻注意安全的氛围。三是通过《银光简报》、安全漫画展、撰写安全论文、向《中国安全生产报》及《民爆行业工作简报》投

稿等，丰富安全文化内涵。

（2）以安全"入耳、入心"冲击听觉感官

一是充分利用上下班途中时间以安全广播的形式对员工进行安全熏陶。把《生命第一——员工安全意识手册》收录到公司班车广播中，以音频广播的形式在上下班途中分章节宣讲，不但充分利用了时间，广播形式更能适合所有年龄层和知识层的员工，收到了良好的效果。二是在各分厂均设置一名优秀的安全宣讲员，利用班前班后会的时间，以安全讲堂的形式，为员工讲解安全常识，使员工学习安全法律法规等知识，分析安全事故，掌握安全操作注意事项。2011年安全月活动中，公司广泛宣传、精心组织，开展以"生命第一"为主题的演讲比赛活动，职工通过演讲的形式表达自己对安全的感想、传达自己的心声、分享自己的经验与教训，使广大职工真正参与到安全文化建设之中。

（3）以"安全隐患零容忍"规范安全行为

针对产品易燃易爆的危险特性，从强化员工最基础的日常行为入手，本着"安全隐患零容忍"的态度，规范员工安全行为。一是针对高强度的移动电话信号可能引起的辐射反应，加装信号屏蔽装置，规定生产区内禁止打电话，对违反规定的员工甚至领导，查处后给予停岗学习、降职降薪乃至调离岗位处分。二是将职工上班途中的工伤纳入保险范围，为避免人身伤害，要求员工上下班途中骑电动车、摩托车必须佩戴头盔，借助监控录像资料对违反者给予严厉处分，屡次违反的解除劳动合同。三是本着有奖有罚的原则，通过未遂事故报告制度，动员员工主动报告影响安全、可能发生的安全隐患，对意义深刻的未遂事故（隐患）给予表彰奖励，安全部门通过加强整改并建立相应的安全制度将隐患消除在萌芽状态。

（4）以"享受安全、享受工作"更新安全理念

在提炼安全理念过程中，公司摒弃强硬命令式传统安全思维方式，转变安全观念，将企业的安全和谐发展与员工的安全工作、幸福生活相结合，创新安全思维。如企业把安全使命定位为"控制安全风险、人人享受安全"，不再把安全作为工作的负担，而是当作人生的享受等。

3. 以文化管理安全，营造安全文化氛围

围绕打造"平安和谐的百年银光"愿景，通过创建安全文化示范企业，实现安全物质基础和文化理念的大幅提升，将安全与文化、文化与管理有机融合，以文化管理安全，做到安全管理"四化"。

（1）厂区标准化

在严格执行行业安全规范的基础上，公司在建设标准化厂区上做进一步严格要求。一是划定行车道和人行道，设立路口指示标志、斑马线等标识，厂区内员工一律靠右行走，

两人成排，三人成行，培养员工良好的行路习惯。二是重点岗位和重要设备悬挂安全标识牌、安全提示牌，重要路段设立警示牌，在潜移默化中提升员工的安全意识，行安全路、干标准岗、交标准班已成为全体员工的自觉行动。

（2）管理人性化

一是公司专门配备 6 辆大客车接送员工上下班，员工排队上下车，不拥挤、不推搡，同时随车插播员工撰写的安全散文诗、安全警句等；车辆到达工作地点时，安全管理人员进行上岗前安全注意事项、集中精力操作等安全提醒。二是充分利用生产空隙，在各班组推行了工间操活动，让员工调节活动身体，缓解紧张的精神状态，始终保持最佳状态，大大降低了身心疲劳带来的人为失误。工间操推广初期，员工对其重要性认识不统一，实行一段时间后，员工发现适量运动可以很好地调节身体健康，减少职业病。

（3）氛围温馨化

公司以"亲和力、人性化"的理念创建企业安全文化氛围，在车间工房走廊处设有安全管理温馨角。"把安全带上岗，把幸福带回家""坚持五步法，安全你我他"等温馨提示，使员工不知不觉筑牢了安全生产的观念，使车间走廊变成了文化长廊、温馨长廊，让全体员工接受了公司的安全文化教育，避免了"以罚代管"现象，营造了"关注安全、人人参与安全、人人管理安全"的浓厚氛围，增强了自身安全责任感和使命感。

（4）责任亲情化

时时刻刻提醒安全，处心积虑规范安全，打造"比在家里还要安全"的工作环境，银光的安全文化触角已经延伸到家庭，使员工从最初的不理解到现在对公司的高度自豪感，受到家属及社会的高度认可。上岗前，全体员工在班组长的带领下庄严宣誓："我是一名银光员工，保证安全是我的职责，为了企业的发展，为了生命的安全，为了家庭的幸福，我坚决做到：恪尽职守，遵章守纪，珍惜生命，保护环境，做有责任心的人，让企业放心，让亲人放心。"这样，可以使员工时刻保持高度警惕性，认识到安全生产不仅是对自己负责，也是对家人和同事负责、对企业负责，使安全操作成为员工的自觉行动。